本书为教育部人文社会科学重点研究基地中华伦理文明研究中心资助项目

MORAL CONCEPTS
AND MORAL BEHAVIORS OF
ADOLESCENTS

A EMPIRICAL ANALYSIS
BASED ON INTERDISCIPLINE

罗忠勇 等 —— 著

青少年的道德观念与道德行为

基于跨学科的实证分析

社会科学文献出版社
SOCIAL SCIENCES ACADEMIC PRESS (CHINA)

前 言

为什么有些人更合群、更友好、更仁爱、更公正,更愿意不计回报地付出,表现出更多助益社会的行为;而有些人则更自利、更虚伪、更无耻、更卑劣,总是对他人充满猜忌、仇恨和敌意,表现出更多的暴力和攻击性?如果说人有善恶两面(有时理性而有时又容易冲动,有时会无耻地堕落而有时又极其善良,有时会不知廉耻地自利行事而有时又能做到完全大公无私),那么是什么特别因素决定了他们在什么时间或情境表现出人性的哪一面呢?如何基于道德引导系统的核心机制,激发出更多的善和美德、培育出更多的道德行为,构建一个繁荣与幸福的道德社会?这些都是道德科学无法回避的问题,也一直是社会学、行为经济学、社会认知神经科学、利他主义和合作的进化研究,甚至是幸福学研究关注的既传统而又前沿的话题。

青少年是一个在生理上正处于向成年过渡阶段的群体,其道德发展经历了科尔伯格道德发展的前四个阶段:从惩罚与服从定向到维护社会秩序定向。尤其是阶段3和阶段4主要是在青少年时期完成,但很少有人能超越阶段4达到社会契约定向和普适伦理原则定向这两个阶段。可见,青少年处于人的道德发展历程中的一个关键阶段,其道德发展和培育对于建立一个有序而公正、繁荣而幸福的社会有着极为重要的意义,在过于强调主体利益、个人主义、匿名性和灵活性的当下中国显得意义非凡。

正是基于上述观察和思考,本书从跨学科视角,利用全国性的较大样本数据,考察了青少年的道德观念/心理和道德行为,具体涉及青少年道德观念或心理层面的道德认同、移情和道德推脱及行为层面的亲社会行为和攻击性行为。本书包括两编共七章。主题篇在描述青少年道德观念/心理和道德行为现状的基础上，从社会关系（社会学）、等级式权威（政治学）和理性选择（经济学）三种理论（学科）视角比较分析了它们的决定机制，并基于实证发现提出了一些培育良好道德行为的对策建议。专题篇包括六章，分别在主题篇的基础上，从不同角度更进一步考察了青少年道德观念/心理和道德行为的各个维度：道德认同、道德推脱、攻击性行为和亲社会行为。

专题篇各章之间及其与主题篇在内容和文字上有个别重复之处，但主要限于对青少年道德观念/心理和道德行为各维度的测量、调查结果的描述以及研究方法部分的数据来源（含样本分布）和有关变量的测量。我们之所以没有从技术层面删除重复部分，主要是为了让各章保持相对的独立性和完整性，便于读者有选择地阅读自己感兴趣的章节，不必翻阅全书也能有所收获，而愿意通读全书的读者可跳过重复部分。

尽管本研究试图全景式地实证考察当前中国青少年的道德观念/心理和道德行为，但受限于我们自身的知识视野、数据资料和可用的时间，我们尚未顾及道德认知、道德判断、道德推理等相关维度和领域，即使已经呈现的研究结果还存在诸多不足。一是变量测量上的不足。例如，对理性选择视角下有关变量的测量在效度和信度上可能都还存在一些问题，用家庭教养方式测量等级式权威也存在明显的效度问题。二是统计技术有待进一步精细化。在研究中，我们尚未分析和检验各变量间更复杂、更细微的关系，在既有的统计模型中可能还缺失了个别很关键的变量，例如，有关制度和文化因素在模型中没有给予足够重视。三是分析深度、理论提炼和学术对话还很不够。当然，我们的研究肯定还存在其他诸多不足，有待在今后的研究中不断优化和完善。

本书经多人合作才得以最终完成，具体分工如下。

第一章：罗忠勇（教育部人文社会科学重点研究基地中华伦理文明研究中心、湖南师范大学公共管理学院社会学系）

龙国莲（长沙民政职业技术学院通识教育中心）

第二章：何波（中国长江三峡集团有限公司流域枢纽运行管理中心）

何微（中共郴州市苏仙区委党校）

第三章：龙国莲、罗忠勇

目 录

主题篇

第一章 社会关系、等级式权威还是理性选择？
——青少年道德观念与道德行为的决定模型 ………………… 3

专题篇

第二章 父母教养方式、同伴关系、社区暴力接触与
青少年的道德认同 ………………………………………… 111

第三章 父母教养方式、同伴关系、社区暴力接触与
青少年的道德推脱 ………………………………………… 126

第四章 社区暴力接触对青少年攻击性行为的影响 ……………… 147

第五章 社区暴力接触、家庭教养方式对青少年攻击性行为的影响 …… 166

第六章 影视媒介接触对青少年攻击性行为的影响 ……………… 178

第七章 青少年的亲社会行为及其嵌入性 ………………………… 204

参考文献 ……………………………………………………………… 232

附录 青少年道德状况调查问卷 …………………………………… 266

第四章：罗忠勇

第五章：罗忠勇

第六章：任雪婷（湖南师范大学公共管理学院社会学系）

　　　　陈英：深圳市翠园文锦中学

第七章：罗忠勇

除了上述撰稿人之外，还有一些研究人员参与了研究和调查，包括：

魏奎：湖北省水果湖高级中学

窦雪梅：武汉市第三十九中学

吴汉平：中山大学附属中学

刘银灿：福建省长乐华侨中学

刘若云：国家税务总局库尔勒市税务局

潘昭弘：湖南师范大学公共管理学院社会学系

在此，向所有参与本项研究的好友和同人表示感谢！另外，要特别感谢教育部人文社会科学重点研究基地湖南师范大学道德文化研究中心暨中国特色社会主义道德文化省部共建协同创新中心在本书出版方面提供的大力支持。

罗忠勇

2023 年 3 月 6 日

主题篇

第一章
社会关系、等级式权威还是理性选择?

——青少年道德观念与道德行为的决定模型

一 导论

(一) 问题的提出

偷窃、恐吓、欺骗、攻击、性骚扰、辱骂诽谤他人、迟到早退、消极怠工、使用地沟油和瘦肉精等个人和组织层面的不道德行为作为我们生活世界中不光彩的一面,并不会因为我们不愿见到而从我们的视野中消失,而是作为一个客观的社会事实存在于我们生活世界的某个角落。暴力作为一种最残忍、最极端的个体层面的不道德行为,近年来在青少年中似有突增之迹象。例如,自2015年以来,广州市检察机关已办理中小学生遭受校园暴力伤害案件70件,涉案人员106人;北京市高级人民法院近5年审结了近200起校园暴力犯罪案件(曹菲、孙皓辰,2016)。2011年1月至2015年12月,湖南省永州市冷水滩区人民法院共审理未成年人犯罪案件38件,其中普通刑事犯罪案件31件,校园暴力犯罪案件7件(文静等,2016)。这些频繁发生于校园或社区的暴力事件,使青少年经常性地暴露于暴力之中(exposure to violence),或者目击暴力行为,或者亲历暴力事件,这已成为一个不容忽视的公共安全问题(Benhorin & McMahon, 2008; Mejia et al., 2006)。2016年6月,李克强总理曾针对频发的校园暴力指出:"校园暴力频发,不仅伤害未成年人身心健康,也冲击社会道德底线。教育部要会同相关方面多措并举,特别是要完善法律法规、加强对学生的法制教育,坚决遏制漠视人的尊严与生命的行为。"[①] 这些令人震惊的不道德现象不得不让我们思考:今天中国青少年的道德观到底怎么啦?他们真是"垮掉的一代"、没有"道德底线"的一代吗?抑或是网络媒体放大了青少年的不道德行为,以致遮掩了其原本值得褒扬的道德面向?如果是,那今天中国青少年各道德面向的实况到底是怎样的?

在回答这些问题之前,明确界定青少年是一个什么样的群体是非常必要的。关于青少年,有三种看法。一是生物观。卢梭(Rousseau,1955)是该领域早期观点的代表,他认为青春期引发的生理巨变增强了青少年的情绪性、心理冲突和与成人的对抗。霍尔(Hall,1904)把青少年期描述成这样一个阶段:它是如此动荡和骚乱,和人类从野蛮向文明进化的时代相似。与之类似,安娜·弗洛伊德(Freud,1969)扩展了其父亲弗洛伊德的理论,把青少年期看作一段建立在生物基础上的、普遍存在的"发展动荡期"。二是社会观。玛格丽特·米德(Mead,1928)认为,青少年期的适应性失调不具有普适性,而有很高的变异性。她基于萨摩亚群岛的人类学研究指出,由于该文化中社会关系的随意性以及性的开放性,青少年期可能是萨摩亚群岛的女孩(或男孩)最快乐的时光。她认为,社会环境决定青少年的经历,从古怪、躁动不安到平静而无压力。据此她提出,要理解青少年的发展,研究者必须关注社会和文化影响。三是平衡观。持该类观点的研究者认为,生理、心理和社会环境共同影响了青少年期的发展(Magnusson,1999;Susman & Rogol,2004)。生理变化普遍存在,在所有灵长类动物和所有文化中都可见。当内部压力和社会期望一起指向青少年时,他们便放弃了孩子气的行为方式,形成新的人际关系,承担起更大的责任,这可能在所有青少年中引发一些不确定性、自我怀疑和失望。在面对这些挑战时,青少年先前和当前的经历都会影响他们能否顺利成长。此外,青少年的需求和压力也因文化的不同而不同。在部落和村庄社会,都有一个介于儿童和完全扮演成人角色之间的短暂时期(Schlegel & Barry,

---

[①] 《李克强对近期校园暴力频发作出重要批示》,中国政府网,https://www.gov.cn/guowuyuan/2016-06/12/content_5081199.htm。

1991；Weisfield，1997）；在工业化国家，成功地参与经济生活需接受多年的教育。因此，青少年期被延长了。基于这种认识，青少年期通常被划分为三个阶段：青少年早期（11～14岁），这是一个迅速发育的时期；青少年中期（14～16岁），发育几乎完成；青少年晚期（16～18岁），年轻人有了成人的体格，并渴望扮演成人角色（伯克，2014：388～389）。

青少年正处于道德发展的关键期。科尔伯格（Kohlberg，1969）将人的道德发展划分为三个水平六个阶段。前习俗水平，含阶段1——惩罚与服从取向和阶段2——工具性的目标取向；习俗水平，含阶段3——"好孩子"取向或人际合作道德和阶段4——维护社会秩序取向；后习俗水平，含阶段5——社会契约取向和阶段6——普适伦理原则取向。除少数人例外，多数人按照预期的顺序，依次通过前四个阶段（Dawson，2002；Walker & Taylor，1991），但很少有人能超越阶段4。道德发展是缓慢和渐进的：青少年早期，阶段1和阶段2的推理开始下降；到青少年中期，阶段3的推理先增加后下降；从十几岁到成年早期，阶段4的推理逐渐增加。也就是说，青少年经历了道德发展的几个关键阶段。至此，大部分人的道德发展已基本完成。

另外，青少年（尤其是早期）处在这样一个时期：许多个体开始展示较高水平的问题行为，包括攻击性（Pellegrini，2002）；这一时期还伴随一系列身体的、社会的和认知的变化，而这些变化容易触发各种问题行为；青少年开始拥有日渐增加的自由，拥有了更多不受监管的时间。与新的社会环境和不同价值体系的联系使青少年特别容易受到问题行为的伤害（Seidman et al.，2004）。

综上所述，青少年基本完成了科尔伯格道德发展六个阶段的前四个阶段，其生理的、心理的和社会的特点使他们易产生问题行为，也易受问题行为的伤害。之前提到的频发的青少年暴力行为就是例证。那么，青少年的道德观念和道德行为是否如媒体所暴露的那样悲观？显然，个别案例无法为我们提供可信的答案。针对这一问题令人信服的回答有赖于对青少年的道德观念和道德行为做大样本的经验调查，并在分析调查数据的基础上描述其现状，厘清其机制。

(二) 文献回顾

道德是人们在社会交往互动中形成的用来调节个人与他人及社会间关系的一系列规范和准则。它和法律共同构成了社会秩序得以维系的基础：法律借助强制力量让人们遵守规范；而道德则是依靠一个内化和自觉的过程来实现人们对共享规则的遵从，同时也为法律的运行提供文化基础。

道德涉及两个面向：一是观念/心理面向，包括道德认知、道德判断和道德情感等；二是行为面向，包括积极意义的亲社会行为和消极意义的攻击性行为或反社会行为。学术界围绕道德的这两个面向已开展了大量的研究，下面我们对该领域的一些主要研究发现（尤其是经验研究发现）做一简要梳理。

1. 道德的观念/心理面向研究

本部分主要梳理有关道德认同、道德推脱和移情的文献。

（1）青少年道德认同研究

布拉西是道德认同研究取向的奠基人，他批判与超越了科尔伯格道德发展的研究传统，对道德认同的内涵做了详细的阐述，他认为道德认同意味着个人的道德系统（moral systems）和自我系统（self systems）的同化与融合，从而使道德观念（sense of morality）与个人认同（sense of identity）达到一定程度的统一（曾晓强，2011）。阿奎诺和里德（Aquino & Reed，2002）关于道德认同的定义被学界广泛采纳，他们将道德认同定义为人们围绕一系列道德品质而组织起来的自我概念，并将其分解成内在化道德认同（internalization）与外在化道德认同（symbolization）两个维度，内在化道德认同是指道德品质根植于人们自我观念中的程度，而外在化道德认同则反映的是人们在多大程度上用自身的行为举止来强化道德品质，使之得以公开。与阿奎诺和里德的研究相类似，吉布斯等将道德认同理解为道德自我相关（moral self-relevance），即道德品质对于个体的重要程度，道德自我相关在人们成为一个道德人的过程中具有重要作用（Barriga et al.，2001）。哈迪（Hardy et al.，2014）在此基础上发展出道德理想自我（moral ideal self）的概念，他认为道德认同意味着人们在一定程度上将道德特质作为理想自我的一部分。曾晓强（2011）对国内外的研究进行总结归纳后，将道德认同理解为德行对自我或认同的重要性程度,并从阿奎诺和里德关于道德认同的两个维度出发来理解道德认同的结构。

道德认同被众多学者用来解释个体的道德行为。人们围绕道德信仰组织起来的道德观念,将会在他们的人生中不断转化为行动(Blasi,1993),当道德认同趋于稳定时,它会影响人们的道德判断、选择和行为表现(Reed,2004)。里德、阿奎诺和利维(Reed et al.,2007)对242个社区成员的调查数据进行分析后发现,道德认同对人们的道德行为具有积极影响,无论是贡献自己的空闲时间还是捐献金钱,道德认同水平高的被调查者都具有良好的表现。他们在另外一些研究中也表明,道德认同水平越高的青少年或成年人越愿意服务社区或社会(Aquino & Reed,2002),对外群体有越多的道德关怀,自身的越轨行为也越少(Aquino et al.,2009)。潘红霞(2013)基于400名大学生志愿者的调查研究表明,大学生道德认同对其志愿服务具有重要影响,内在化道德认同能正向预测"责任"这一志愿服务动机,负向预测"被动"这一服务动机,内心真正认同道德特质的大学生,倾向于将志愿服务作为一种责任。布里加等(Barriga et al.,2001)的研究也表明,道德品质对于个人越重要,即道德自我相关越强,青少年的反社会行为则越少,并且他们有着越强的社会责任感。

研究表明,道德认同对道德行为起积极作用,但是两者之间联系的本质至今尚未明确,众多学者将道德认同作为中介变量,从而研究它的调节作用。林志扬等(2014)采用结构方程模型对453名高校学生及游客的调查数据进行了分析,结果表明,外在化道德认同会弱化功利导向与慈善捐赠之间的负向关系,内在化道德认同与外在化道德认同则强化了义务导向与慈善捐赠的正向关系。此外,有学者从道德推脱、自我规范与道德行为之间关系的角度,对道德认同的调节作用进行了分析。例如,Hardy等(2015)采用结构方程模型对384名美国青少年的调查数据进行分析后发现,道德认同能缓解自我规范与道德行为之间的关系,个人的道德认同水平越高,自我规范与道德行为的关系越弱化。王兴超、杨继平(2013)基于550名在校大学生的调查发现,道德认同会对道德推脱与道德行为之间的关系产生显著调节作用,在高道德认同水平下,大学生的道德行为会随着道德推脱的降低而显著增加,而在低道德认同水平下则无明显变化,这一研究结论与 Hardy 等（2015）的研究相互补充，从负向角度研究了道德认同的调节作用。除了个体层面，研究者发现道德认同在组织层面也具有调节作用。我国学者吴明证、沈斌和孙晓玲（2016）基于 302 名企业员工的研究表明，内在化与外在化道德认同共同调节组织承诺与亲组织非伦理行为（UPB）的关系，组织承诺对 UPB 的影响主要体现在"低内在化道德认同－高外在化道德认同"的员工中。

学界关于道德认同的研究集中在道德认同对道德行为的影响上，或者将道德认同作为中介变量研究其作用机制，关于道德认同本身的影响因素与形成机制的研究不多，什么因素影响着道德认同的形成与变化？先前的研究零散地呈现在人格特征（Hart，2005）、家庭环境（万增奎，2009）、同伴关系（Damon & Gregory，1999），以及社区或团体氛围对道德认同影响的研究中，学界对于这一问题还缺乏系统的研究。

（2）青少年道德推脱研究

道德推脱（moral disengagement）是班杜拉（Bandura，1986）在社会认知理论框架下提出来的，用来解释不道德现象的一个重要概念。在班杜拉看来，道德推脱指的是个体的一种认知倾向：使用一些可导向道德谴责的选择性推脱的机制，它通过重新定义自己的行为、模糊因果机制、扭曲伤害后果和归责受害者等机制来实现（Paciello et al.，2008），从而达到弱化和抑制道德自我约束对个体行为的调节作用。上述四类道德推脱机制又可分解为道德辩护（moral justification）、委婉标签（euphemistic labeling）、有利比较（advantageous comparison）、责任转移（displacement of responsibility）、责任扩散（diffusion of responsibility）、忽视或扭曲伤害后果（disregard or distortion of harmful consequences）、非人性化（dehumanization）和罪责归因（attribution of blame）等八种更具体的机制（Bandura，1990）。道德辩护通过将不道德行为描绘成服务于道德目的的手段，而使其为个体和社会所接受；委婉标签为掩饰那些应受谴责的行为甚或赋予其受尊敬的地位提供了一种便利的手段；有利比较即通过与臭名昭著的非人性行为进行比较，那些应受自我谴责的行为会显得微不足道，或变成正义的或慈善的行为；在责任转移条件下，个体将其行为视为权威指令的结果，而自己不应为此担负责任；当行为与其后果之间的关系被责任扩散所模糊（在集体决策和劳动分工条件下，表现得尤为明显）时，自我约束的抑制性力量将弱化；当个体为个人目的或因社会诱因而伤害他人时，他们倾向于回避面对那些因其引致的伤害或将伤害后果最小化、扭曲或使其不可置信，从而免除内心的自我谴责；剥夺伤害对象作为人的属性，可钝化对残酷（不道德）行为的自我约束，因为非人性化的个体不仅被视为没有感觉的，而且只能以残酷的手段来对待；将伤害责任归咎于受害者或环境也是一种达到自我免责目的的手段。在具体的道德运作过程中，道德推脱是通过这八种机制来发挥作用的。

　　道德推脱一经提出，就被广泛地用来解释各种个体的和组织的不道德行为。班杜拉等（Bandura et al.，1996）采用路径分析对799名青少年的调查数据进行分析后发现，道德推脱通过降低亲社会性和减少预期的自我谴责以及增加导向攻击性的认知性和情感性反应来增加不道德行为；尽管道德推脱的各种机制协调运作，但有关伤害行为的道德重构更有助于青少年做出不道德行为。佩尔顿等（Pelton et al.，2004）也发现，道德推脱对孩子的攻击性和过错行为有显著的正向影响，且在积极的教养方式与孩子的过错行为之间起了部分中介作用。帕西埃罗等（Paciello et al.，2008）基于366名青少年的追踪研究发现，那些道德推脱水平起初较高的青少年更可能在青少年晚期表现出更多的攻击性和暴力行为。蔡居杰等（Tsai et al.，2014）基于台湾地区462名大学生运动员的分析发现，较高程度的外部控制与运动中的道德推脱和频繁的犯规呈正相关，且道德推脱在外部控制与犯规之间起了中介作用。基尼等（Gini et al.，2015）采用分层线性模型分析918名青少年的数据后发现，在个体层面上，个体道德推脱和学生感知的集体道德推脱可解释青少年的攻击性行为，且学生感知的集体道德推脱可调节个体道德推脱与同伴攻击之间的关系；在班级层面上，班级集体道德推脱可解释班级层面上的攻击性行为。道德推脱还被用来解释公众有关军事打击的态度。例如，麦卡利斯特、班杜拉和欧文（McAlister et al.，2006）考察了道德推脱与对军事力量的支持之间的关系，发现"9·11恐怖袭击"提高了公众使用军事力量的道德推脱水平，而后者又促进了公众对针对国外的一些可疑的恐怖主义驻点立即进行报复性打击的支持。国内学者也在个体层面上较广泛地探讨了道德推脱对青少年攻击性行为的影响。例如,杨继平和王兴超(2012)研究发现,道德推脱在父母冲突与青少年攻击性行为之间起着部分中介作用,而这一中介作用又受到道德判断的调节;他们在另一项研究中也发现了道德推脱对青少年攻击性行为的显著正向影响,且受道德判断的调节,而且这种调节作用存在性别差异(杨继平、王兴超,2013);另有研究发现,道德推脱对青少年攻击性行为的影响还受到道德认同的调节(王兴超、杨继平,2013)。

道德推脱还被广泛用来解释组织中的不道德行为。克莱伯恩(Claybourn,2011)基于133名大学雇员的调查发现,那些有较强的道德推脱倾向的雇员更可能在其工作中做出破坏性行为。另有研究者用道德推脱来解释企业管理人员的不道德行为。例如,巴伦等(Baron et al.,2015)发现,企业家的经济动机与其道德推脱呈正相关,而后者又与企业家做不道德决策的倾向呈正相关。邦纳等(Bonner et al.,2014)的研究发现,雇员的道德推脱水平可调节管理人员的道德推脱与雇员有关道德领导的感知之间的关系,即当雇员的道德推脱水平较低时,管理人员的道德推脱与雇员有关道德领导的感知之间的负向关系更强。在班杜拉的基础上,莫尔(Moore,2008)构建了一个用道德推脱分析组织腐败的理论框架:道德推脱在纵容能带来组织利益的不道德决策过程中催生组织腐败,在抑制个体有关他们所做决策的道德内容的意识中助长组织腐败,最后,在因增加组织利益而得到奖赏的过程中使组织腐败长期存在。在另一项研究中,莫尔和他的同事基于经验资料证实了道德推脱倾向对自我报告的不道德行为、做出错误的决定、工作场所的利己决定和管理者与同事报告的不道德行为等多种行为结果有预测作用(Moore et al.,2012)。

已有研究多将道德推脱作为一个既定因素,探讨其对个体生活和组织工作中的不道德行为的影响,而很少有研究较系统地关注道德推脱的先定因素:是什么因素决定和促成了道德推脱的形成和变化?即使之前有研究关注过这一问题,也仅零星地分析了人口学变量(McALister et al.,2006)、个体特征(Detert et al.,2008)和个体所处环境(Osofsky et al.,2005)对道德推脱的影响。

(3)青少年移情研究

铁钦纳最早提出了移情这一概念,他把人类能用心灵感受到他人的情感的情形定义为移情。随后，美国心理学家霍夫曼（Hoffman，1982）在研究移情的发展过程中发现移情具有某种道德意义，他还进一步提出道德情感的核心就是移情。

在霍夫曼看来，情感性唤起和对他人的社会认知能力的提高促进了移情的产生和发展。经过大量的研究，他勾画出了移情发展的四个阶段，即普遍性移情（globle empathy）、自我中心式移情（egocentric empathy）、对他人情感的移情（empathy for another's feeling）和对他人生活状况的移情（empathy for another's life condition）。他还进一步强调了情感的功能和作用，指出移情对道德价值观内化、道德判断和道德规范形成、道德行为的产生等都具有重要影响。

移情这一概念一经推出，便广受哲学家和心理学家的追捧，经过对移情的结构、功能等几十年的研究与探讨，目前，关于移情在国外已有一些重要的基础性和奠基性研究。休谟和亚当·斯密从哲学传统层面分别对移情进行了探索性分析，他们认为移情是自然赋予的，是人的本性。而无数心理学家则认为移情对个体道德的发展发挥着核心作用，它有利于增加亲社会行为和阻止攻击他人的因素的产生（Feshbach，1975；Miller & Eisenberg，1988）。在关于移情的理论和实证研究中，主要涉及移情的定义问题、测量问题和其他一些相关问题。探讨定义问题的研究主要有：霍夫曼（Hoffman，1982）基于大量研究指出移情是一种更适合于另一个人的而不是自己的情境的情感反应；而艾森伯格等则认为，移情是一种与他人的感受相同或相近的情绪性反应（Eisenberg et al.，1988）；贝特森（Batson，1991）提出移情是看到另一个人遭受痛苦时所产生的他向性情感反应。移情的测量问题包括HES量表、QMEE量表、TECA量表、ESE量表等客观和主观的自我报告的生理测量方法研究（Hogan，1969；Mehrabian & Epstein，1972；Bryant，1982；Leibetseder & Laireiter，2007）。移情的相关关系问题主要包括移情与道德行为和亲社会行为等的关系问题研究。2002年，弗雷德里克（Frederic，2002）在研究大学生亲社会行为过程中发现移情的测验分数与亲社会行为的相关性十分显著；在同情能增加利他行为的理论假设下，卡罗、豪斯曼、克里斯蒂安森和兰德尔（Carlo et al.，2003）也指出青少年自我报告的移情与报告的和需要有关的亲社会行为或利他的青少年行为有更高的相关性。总之，国外对移情的研究与探索在霍夫曼的卓越贡献下已成体系，且趋于成熟。

在中文文献中，关于移情的研究并不是很多，对移情的理论和实证研究都不是很系统。现有的研究可归纳为以下方面。

一是移情的概念及其功能研究。关于移情的概念，学者们莫衷一是，对它的界定与论述也各不相同。常宇秋和岑国桢（2000）较系统地论述了霍夫曼对移情的定义及其功能理论。在此基础上，姬慧和乔建中（2004）在探讨移情发展与道德发展的关系时，进一步指出移情是道德发展的基础，能促进道德准则的内化。此外，徐晨晨（2014）在前人的基础上，首先综合了西蒙·伯龙·科恩、卡恩·伯特和亚当·斯密三位学者对移情含义的界定，创造性地提出移情是道德主体自发的换位思考问题，感受他人的态度观点，理解他人的情感及行为。然后，更进一步阐述了移情能力的四大构成要素，包括道德情感、观点采择能力、想象力及情绪调节能力，让读者对移情有一个较系统的认识。而李朝运（2015）与徐晨晨的观点不同的是，他更着重强调了移情的情感作用，把移情界定为将自身置于他人的境地，设身处地为他人着想而产生的情绪和情感。他还进一步提出移情对于个体道德形成有积极作用，它在深化个体的道德认识、促使道德行为产生、形成道德规范和促使个体道德内化等方面都有不可忽视的影响。

二是移情的应用研究。移情与道德及道德教育都有千丝万缕的联系，且有极其重要的道德教育价值和意义，对此，广大学者纷纷将其纳入不同领域，提出自己的有关见解，以期更好地完善道德教育。姬慧（2002）从移情引发的道德情感体验入手，对道德移情的具体作用机制及其德育价值进行了有关探讨，在此基础上提出移情培养应作为早期道德教育、体验式道德教育的一条重要途径，遵循人际关系亲疏层次是移情培养与道德教育实施的基本途径。郑培秀（2008）则从移情与道德教育的紧密联系出发，在系统探讨了移情对道德教育的价值后，对移情进行跨学科的研究，重点突出道德移情的全景式研究，对此，他还进一步从学校教育、家庭以及社会实践中提出了培养学生移情能力和提高学生移情水平的有关策略。另外，石哲（2015）、马小又和廖韦韦（2015）、齐贵云（2015）等则分别探讨了移情在小学、中学及高校的德育工作中的作用与启示。石哲认为，小学是道德形成最关键的时期，因而小学德育是最重要也是最需要重视的，对此，他着重强调了学校教育对移情的运用。马小又和廖韦韦则在准确把握移情的内涵与特征后，提出加强青少年的移情教育，需要发挥家庭、学校、社会三方面的联动作用。针对高校德育普遍重视道德认知教育、忽视道德情感教育的情况，齐贵云借鉴移情的功能理论，指出高校德育要注重培养和提高学生的移情能力，一方面加强体验式道德教育，激发道德动机；另一方面提高学生观点采择能力，活化道德认知。

三是移情的关系比较研究。国内对移情的关系研究着重探讨的是与亲社会行为的关系，所涉及的群体也大多是学生。在探讨儿童的道德判断、移情与亲社会行为时，丁芳（2000）主要采用心理学测量方法通过DIT测验随机选取80人作为样本，实施移情唤醒操作等对其关系进行研究，发现儿童的道德判断和移情对其亲社会行为的影响有明显的交互作用。而朱丹和李丹（2006）则主要通过对上海市初中三个年级217名学生的问卷调查来测量道德推理、移情反应、亲社会行为及探讨三者间的相互关系，结果显示移情反应中的个别指标与亲社会行为之间相关性显著。基于对福建师范大学、福建农林大学和福州大学三所本科院校的210名大学生样本的实证研究，卢永兰（2013）发现，移情与亲社会行为存在显著正相关关系，移情对亲社会行为有显著预测作用，且移情在道德推脱和亲社会行为之间起完全中介作用。此外，洪丽（2005）和王俊雯（2014）也通过采取实证研究的方式探讨了高中生利他行为与移情和道德判断之间的关系，以及大学生移情能力与道德行为水平之间的关系。

2. 道德的行为面向研究

本部分主要梳理亲社会行为和攻击性行为两个方面的经验文献。

（1）青少年亲社会行为研究

亲社会行为标示的是一个广泛的行为范畴，被社会的一些重要部门和社会群体定义为在总体上有利于他人的行为（Penner et al., 2005）。在心理学中，对亲社会行为的关注可溯源到麦独孤（McDougall, 1908）的研究，他认为，亲社会行为是由亲代本能的温柔情感（tender emotions）所作用的结果。但有关亲社会行为的大多数现代研究建立在对凯瑟琳的"小鹰"热那亚事件中冷漠旁观者的科学的反映的基础上。自此,亲社会行为已经演变为一个广泛涉及生物的、动机的、认知的和社会的过程的行为类属。几年来,有关亲社会行为的研究主要涉及以下几个方面。

一是亲社会行为的测量及其结构。菲利普·拉什顿等(Rushton et al.,1981)设计了一个测量亲社会行为的自我报告式利他主义量表,该量表共包括20项指标,主要涉及为陌生人、邻居、熟人和同学提供帮助,向慈善机构捐献钱和物,从事志愿工作,等等。该量表一经发表,就被广泛地引用,后来有关亲社会行为的测量也大多源于拉什顿等的利他主义量表。在拉什顿等的利他主义量表的基础上,马洪强和梁曼迟(Ma & Leung,1991)基于香港儿童构建了一个利他主义倾向量表,具体包括帮助、同情、分享等方面共24项指标。泽尔丁等(Zeldin et al.,1984)为亲社会行为提供了一个操作化定义,他们认为亲社会行为满足三个标准:一是行动有益于他人或群体;二是行动者不是履行明确规定的角色义务;三是行动者的行为不是别人恳求的。基于此,亲社会行为被分为体力性帮助、体力性服务、分享、语言性帮助和语言性支持五类,帮助行为的受益者被分为同伴、群体和提供帮助的人。威尔和杜维恩(Weir & Duveen,1981)设计了一个由教师评价的孩子亲社会行为量表,涉及调解、移情、合作、帮助、分享、赞赏、安慰等共20项指标。卡罗和兰德尔(Carlo & Randall,2002)认为,亲社会行为在不同情境中可能有不同的表现,很难说是完全一致的。基于这种认识,他们设计了一个测量晚期青少年亲社会行为的量表,该量表共包括23项指标,在经验测量中经因子分析提取了六类亲社会行为:利他型亲社会行为(altruism)、要求-回应型亲社会行为(compliant)、情感唤起型亲社会行为(emotional)、显露型亲社会行为(public)、匿名型亲社会行为(anonymous)和危机刺激型亲社会行为(dire)。卡罗和她的合作者(Carlo et al.,2010)在后续的研究中又为亲社会行为的上述六种类型提供支持性证据,并在不同种族和性别群体中对其进行了检验。博克瑟和他的合作者(Boxer et al.,2004)受攻击性行为被区分为主动性攻击行为和反应性攻击行为的影响,将亲社会行为区分为利他性亲社会行为、主动性亲社会行为和反应性亲社会行为三种类型,并利用经验数据对其进行了检验。国内学者(寇彧、张庆鹏,2006;寇彧等,2007;张庆鹏、寇彧，2011，2008）采用青少年提名法考察了青少年认同的亲社会行为及其维度结构，将青少年的亲社会行为分为利他性亲社会行为、特征性亲社会行为、遵规公益性亲社会行为和关系性亲社会行为四个类别或维度，或将其区分为关系型亲社会行为和外显型亲社会行为。

二是亲社会行为的影响因素研究。什么因素决定或影响了亲社会行为的形成和发展，是该领域研究的核心，也聚集了绝大多数相关研究成果。梳理已有研究文献可发现，研究者主要考察了认知情感、关系地位、宗教文化及其他因素对亲社会行为的影响。

认知情感因素。罗伯特斯和斯特雷耶（Roberts & Strayer，1996）基于早期青少年的研究发现，情感表达、情感洞察和角色扮演对潜在的移情有很强的预测力，男孩的移情是亲社会行为强有力的预测项，女孩的移情则只与针对朋友的亲社会行为有关，而与同伴间的合作无关。克里文斯和吉布斯（Krevans & Gibbs，1996）发现，父母使用诱导的孩子有更高的移情水平，而移情水平更高的孩子表现出更高的亲社会性，且孩子的移情在父母约束与孩子的亲社会行为之间起了中介作用。帕迪拉-沃克和克里斯坦森（Padilla-Walker & Christensen，2010）基于追踪研究发现，导向陌生人、朋友和家人的亲社会行为的预测项是不一样的：移情和自我调节在积极的教养方式与导向陌生人和朋友的亲社会行为之间起着中介作用，只有积极的母亲教养方式才与导向家庭的亲社会行为有显著关系。哈迪、卡罗和罗施（Hardy et al.，2010）基于140名青少年的调查发现，青少年期望他们的父母恰当回应其亲社会行为的程度与其亲社会的价值观存在正向关系，而后者又与他们从事亲社会行为的倾向存在正向关系。尹哈那等（Yoo et al.，2013）则发现，青少年对父母的恳切要求和心理控制的感知经由他们感知到的他们与父母的和谐关系而与其移情和亲社会行为存在关联。范多伦等（Van Doorn et al.，2015）基于试验研究发现，当一个请求伴随失望而不是愤怒或无表情时，人们更愿意提供帮助和做慈善捐赠；失望的情感表达培育慷慨，而愤怒则侵蚀它；失望比愤怒更能有效地引出承诺。艾森伯格等（Eisenberg et al.，2001）研究发现，女性气质倾向可预测移情和观点采择，观点采择可预测亲社会推理和移情，而移情则可直接和间接地影响亲社会行为。卡罗等（Carlo et al.，2012）基于对850名青少年的调查发现，自我调节与多种形式的亲社会行为存在正向关系，而情绪反应则与导向同伴的亲社会行为存在负向关系。哈迪、比恩和奥尔森（Hardy et al.，2015）考察了道德认同对道德推脱和自我调节与亲社会行为和反社会行为间关系的调节作用，发现道德认同与道德推脱和自我调节的交互作用不能显著地预测亲社会行为，但道德认同与道德推脱的交互作用能预测青少年的攻击性行为，而道德认同与自我调节的交互作用能预测攻击性行为和违规行为。

关系地位因素。关系地位因素主要涉及亲子关系、同伴关系、邻里关系及青少年在相应关系尤其是同伴关系中的地位。越来越多的研究表明，攻击性行为和亲社会行为是嵌入社会关系之中的，这些社会关系在同伴生态中扮演着功能性角色（Berger & Rodkin，2012；Molano et al.，2013；Rodkin et al.，2013；Sijtsema et al.，2009）。从亲子关系看，卡罗、帕迪拉-沃克和戴（Carlo et al.，2011b）基于478名青少年的追踪研究发现，经济压力与父母的抑郁症存在正向关系，后者能导致低水平的亲子关系，而亲子关系对青少年的亲社会行为有正效应。罗曼诺等（Romano et al.，2005）基于对2745名孩子的调查发现，那些经历了高于平均水平的母亲敌对的孩子表现出更多的攻击性行为和更少的亲社会行为，成长在母亲有更多沮丧情绪和更多地使用惩罚性教养方式的家庭中的孩子表现出更多的身体性攻击性行为和更少的亲社会行为，生活在贫困社区的孩子有更多的攻击性行为。从同伴关系或同伴地位来看，埃利斯和扎巴坦尼（Ellis & Zarbatany，2007）研究了共涉及526名青少年的116个群体后发现，高群体中心性放大了关系攻击性、偏离行为和亲社会行为的社会化，低群体接受度则放大了偏离行为的社会化；这表明，群体对行为的影响并不一致，这种影响依赖于群体地位，尤其是在较大群体背景中的群体能见度。李艳和赖特（Li & Wright，2014）基于对405名早期青少年的调查发现，社会地位目标（受欢迎和社会选择）与青少年的攻击性行为和自我报告与同伴提名的亲社会行为存在明显的关系：对受欢迎目标的认可度越高，青少年表现出的自我报告的关系性攻击行为则越多，而表现出的同伴提名的亲社会行为则越少；与之相反，对社会选择的认可度越高，青少年表现出的自我报告的关系性攻击行为则越少，而表现出的自我报告的和同伴提名的亲社会行为则越多。夸德拉多等（Cuadrado et al.，2015）基于对118名西班牙大学生的调查发现，当被排斥的个体看到有可能被重新接纳时，他们较那些已被包含的个体表现出更多的亲社会行为；被接纳或被排斥的经历可调节被拒绝的敏感度与情感状态和亲社会行为之间的关系，还可调节信任在情感状态与亲社会行为之间所起的中介作用。卡罗和她的合作者（Carlo et al.，2007）基于追踪研究发现，同伴关系质量的提高可预测女生亲社会行为的减少，但对其背后的机制还不是很清楚。从社区邻里关系与社会资源来看，伦兹等（Lenzi et al.，2012）基于对1145名意大利早期青少年的调查发现，被感知到的邻里机会和社会资源越多，青少年表现出的亲社会行为也越多，被感知到的来自朋友的社会支持在两者之间起了部分中介作用。

宗教文化因素。几乎所有的宗教心理学理论都假定，宗教有助于亲社会性的形成。作为文化的一部分，宗教提供了一些控制由自恋和性冲动引发的人类天生的破坏性的机制（Freud，1961）。慷慨作为成年中期的主要发展任务（Erikson，1963），在宗教视角下得到了特别的强调（McFadden，1999）。从社会学和进化的视角来看，宗教被假定促成了由仅限于天然亲属的利他主义向已延伸到更大文化"亲属"的文化利他主义的转变（Batson，1983），这种扩大联盟的创建增进了拓展型互惠利他关系（Kirkpatrick，1999）。然而，有关宗教与亲社会行为关系的经验研究一直存在争议。萨诺格罗等（Sarogluo et al.，2005）指出，宗教对亲社会性的影响是有限的，却是存在的。谢里夫和诺伦萨扬（Shariff & Norenzayan，2008）的研究发现，上帝观念可增加亲社会行为，即使这类行为是匿名的，且是指向陌生人的。埃诺尔夫（Einolf，2013）基于一个全国性的美国调查的数据，考察了日常精神体验与亲社会行为的关系。他发现，日常精神体验在统计上可显著地预测人们的志愿行为、慈善捐赠和帮助他们认识的个体；日常精神体验在预测指向陌生人的帮助上较指向朋友和家人的帮助，效果更好，这意味着他们通过培育一个广义上的道德共同体激发了助人行为。班卡德（Bankard，2015）也指出，仁爱沉思（loving-kindness meditation）训练可培育同情心，并最终带来同情行为的增加。但也有研究者（Grossman & Parrett，2011）基于实验研究指出，没有发现宗教影响亲社会性的证据。

另有研究者探讨了文化因素对亲社会行为的影响。例如，酷姆鲁等（Kumru et al.，2012）基于青少年的跨国调查表明，青少年的亲社会道德推理和同伴评价的亲社会行为存在显著的文化群体差异：西班牙青少年的得分较土耳其青少年高。还有研究者探讨了信任和社会资本与亲社会行为的关系。例如，卡登黑德和里奇曼（Cadenhead & Richman，1996）基于大学心理学专业学生的调查发现，不论其信任水平如何，大学生指向内群体的亲社会行为较指向外群体的亲社会行为多；但趋势分析表明，随着信任的增加，总体亲社会行为也会增加。埃文斯和斯莫科维斯基（Evans & Smokowski，2015）基于5752名农村青少年的调查发现，表现为朋友和教师支持、种族认同、宗教取向和未来乐观主义的社会资本与青少年从事亲社会旁观者行为的增加存在显著关系。

近年来，国内学者也较广泛地探讨了社会比较（郑晓莹等，2015）、道德自我调节（李谷等，2013）、同伴关系（杨晶等，2015）、移情（肖凤秋等，2014）、心境（寇彧、唐玲玲，2004）、自恋（丁如一等，2016）、阶层地位（乐国安、李文姣，2010；芦学璋等，2014）等因素对亲社会行为的影响。

三是亲社会行为的后果研究。哈罗兹等（Haroz et al.，2013）基于乌干达阿乔利地区102名青少年的调查数据考察了亲社会行为、被感知的社会支持与抑郁症和焦虑症的改善之间的关系，他们发现，高水平的亲社会行为与青少年抑郁症和焦虑症的改善之间存在关系，这暗示亲社会行为与恢复能力的提高有一定关联。卡罗等（Carlo et al.，2011a）基于531名农村青少年的调查发现，跟那些仅表现出较低水平亲社会行为的青少年相比，那些频繁地表现出亲社会行为的农村青少年使用毒品的可能性更低，这也暗示亲社会行为对身心健康有较积极的作用。格里斯和布斯（Griese & Buhs，2014）基于511名五年级孩子的调查数据发现，在控制被感知的同伴支持的条件下，亲社会行为可显著地调节同伴侵害与孤独感之间的关系，但这种调节作用只在男孩中存在。另有研究者探讨了作为亲社会行为的志愿行为对志愿者本人的影响，他们总体上认为，志愿行为可增强孩子的自尊和心理幸福感，提高社会职业技能，培育亲社会的态度、观念和技能，同时可减少危险的反社会行为的发生及增加成年后的社区参与（Penner et al.,2005)。

(2)青少年攻击性行为研究

此处主要回顾社区暴力接触、家庭教养方式对青少年攻击性行为的影响。

一是社区暴力接触对青少年攻击性行为的影响。这方面的研究可归为两大类：一类是社区暴力接触对青少年的否定性影响研究，另一类是社区暴力接触对青少年的肯定性影响研究。从否定性影响来看，社区暴力接触容易引发青少年焦虑、沮丧、创伤性压力和攻击性行为等诸多心理和行为层面的适应性困难（Buka et al., 2001），而其对攻击性行为（aggressive behavior）的影响则尤受关注。辛格等（Singer et al., 1999）发现，社区暴力接触能预测城市非洲裔美国人和白人青少年（3~8年级）的暴力行为；与之相似，施瓦布-斯通等（Schwab-Stone et al., 1999）调查研究6、8、10年级的孩子后发现，暴力接触与孩子时隔两年后的外显性症状存在较显著的关系。格拉、休斯曼和斯宾德勒（Guerra et al., 2003）基于4458名城市青少年的调查数据发现，社区暴力接触会增加青少年随后的攻击性行为和支持攻击性行为的社会认知，而有关攻击性行为的正当化信念（支持攻击性行为的社会认知）在其中起到了重要的中介作用。他们认为，通过社区暴力接触，将攻击性行为看作正当的，使孩子对其真正的后果变得不敏感，并营造一种被视为生活方式的背景，从而达致易引发攻击性行为的状态。他们也发现，正当化信念在社区暴力接触与青少年攻击性行为的关系中只起到了部分中介作用。博克瑟等（Boxer et al., 2008）沿循尼格-马克等（Ng-Mak et al., 2002）的病理适应模型（Pathologic Adaptation Model）提出了应对社区暴力接触的两条路径：一是社区暴力接触经由攻击性-支持认知而引发攻击性行为的正当化路径（normalization pathway）；二是社区暴力接触经由回避式应对而引致情感性症状的伤痛型路径（distress pathway）。他们基于调查数据的分析结果支持了这两条假设性路径，同时也回应性地支持了格拉等的研究发现。麦克马洪等（McMahon et al., 2009）在格拉和博克瑟等研究的基础上引入了一个新的中介变量，基于对城市非洲裔美国青少年样本的分析发现，社区暴力接触易产生支持攻击性的报复性信念，而后者使得控制攻击性的自我效能感下降，从而引发更多的攻击性行为。麦克马洪等（McMahon et al., 2013）在另一项研究中，用自我报告、同伴评价和教师评价三种方法测量青少年的攻击性行为，得到的结果与之前的研究发现基本一致。爱贝苏坦尼等（Ebesutani et al., 2014）的研究则发现，负性情感（negative affect）和社区暴力接触能显著地预测青少年的攻击性行为，而负性情感在社区暴力接触和攻击性行为之间起到了部分中介作用。法雷尔等（Farrell et al., 2014）基于1156名高风险青少年的追踪调查发现，社区暴力接触与攻击性行为之间存在双向纵向效应。上述研究均较为一致地表明，社区暴力接触易引发青少年攻击性行为，且多是以经观察习得的攻击性合法化认知（Bandura, 1973）或与暴力相关的负性情感为中介影响青少年的攻击性行为。

尽管以往多数研究关注和发现了社区暴力接触有助于引发青少年的攻击性行为，但也有研究发现，社区暴力接触能导致与攻击性行为相对的亲社会行为的产生。马克索德和阿伯（Macksoud & Aber, 1996）基于黎巴嫩遭受战争破坏的地区10~16岁青少年的研究发现，跟没有直接受到暴力影响的孩子相比，那些目睹了家庭成员被军队恐吓或在社区看到过有人被杀害或伤害的孩子在亲社会行为量表上的得分更高。范德默韦和道斯（Van der Merwe & Dawes, 2000）也发现，尽管社区暴力接触比较多，但青少年依然表现出相当多的亲社会行为。麦克马洪等（McMahon et al., 2013）的研究也支持了范德默韦和道斯的上述发现。沃尔哈德（Vollhardt, 2009）在梳理了一些有关目击或亲历暴力伤害后仍或更表现出亲社会行为的研究后，基于临床视角和应用社会心理学理论建构了一个解释其因果机制的动机过程模型（a motivational process model）。他认为，对于那些受害者或处于高度压力下的个体来说，助人是一种有效的应对机制：转移伤痛、改善心情、提高自我效能感、促进社会整合和重新发现遭受伤痛后生活的意义；因目睹他人的伤痛而倍感压力的人可通过助人而使压力得到舒缓；感知到与受害者的相似性有助于移情和观点采择（perspective-taking），并达致助人概率的提高。

二是家庭教养方式对青少年攻击性行为的影响。家庭教育被认为在防止青少年从事过失行为或暴力性攻击行为中扮演了一个核心角色（Herrenkohl et al., 2003; Spillane-Grieco, 2000）。从行为的主动-被动关系角度，攻击性行为可分为主动性攻击行为（proactive aggressive behavior）和反应性攻击行为（reactive aggressive behavior）。主动性攻击行为被认为是工具性的、目标取向的，为获得回报的期望所驱动；反应性攻击行为源于有关攻击的挫折-愤怒理论，被概念化为一种应对威胁或挑衅的敌对性行为（Dodge，1991）。攻击性孩子的认知图式，特别是其自我感知有别于他们的同伴。许多攻击性孩子没有明确的自我观，觉得他们需要在他人面前维持一种高地位的外表。当他们的能力或价值遭到其他孩子的挑战时，他们试图捍卫他们不明确的自我观以不受外力的威胁（Baumeister et al.，1996）。这样，不清楚自己的能力或价值可能导致他们将他人视为一种威胁、敌对和拒绝，从而引发敌对、防卫和攻击性行为（De Castro et al.，2007）。从社会学习理论（Bandura，1973）视角来看，当孩子观察一个被强化的攻击性榜样时，他们会模仿攻击性行为。当孩子在家里遭受攻击时，他们对一些敌对性的暗示变得高度敏感，并由此习得了一种这样的观念：攻击是应对问题的一种可接受的策略。通过这种方式，孩子发展了有关自己和他人预期的认知图式，并最终影响其行为。这样，观察父母做敌对性归因、设置支配性目标、引发攻击性反应、采取攻击性行为，孩子可能会产生类似的社会认知和行为模式。也正是因为这样，积极的教养方式使青少年表现出更少的攻击性行为，而消极的教养方式则导致其更少的积极性自我认知，使其表现出更多的攻击性行为（Stoltz et al.，2013）。有研究者更是明确地指出，主动性攻击行为看起来是故意的，与过分支持、疏于监管和容忍攻击性行为作为成就目标的一种手段之类的父母教养方式有关；它还可经由严苛的教养方式习得或被强化（Vitaro et al.，2006）。相反，反应性攻击行为被认为是"易激动的"，与父母的敌对、拒绝和身体性虐待有关。大量的经验研究均已经表明，放任（Clark et al.，2015）、严苛（Xu et al.，2009）和拒绝（Khaleque & Rohner，2002）之类的教养方式都易引发青少年攻击性行为；而能提供关爱、相互信赖和工具性帮助的高质量亲子关系（O'Brien & Mosco，2012）则与其存在负向联系（Murray et al.，2014）。

家庭教养方式不仅可直接影响青少年攻击性行为，还可调节暴力接触与青少年攻击性行为之间的关系：在那些家庭支持水平低或父母疏于教养的青少年中，暴力接触与攻击性行为之间的关系更强（Mazefsky & Farrell，2005）。因为父母可为暴露于暴力之下的青少年提供潜在的支持资源，例如，安慰、帮助他们处理事件、恢复安全感（Duncan，1996）。作为积极型教养方式的家庭支持通过降低对同伴负面影响的感受来间接影响青少年的攻击性行为（Gomez & Gomez，2002），还可通过控制那些与攻击性行为有关的条件和强化暴力不是应对困难形势的可取方式之类的观念，调节社区暴力接触与青少年攻击性行为之间的关系（Patterson et al.，1998）。追踪研究结果也表明，内含于家庭教养方式之中的亲子关系对青少年起到了一种保护性的缓冲作用，那些有高质量亲子关系的暴力受害者卷入暴力性攻击行为的可能性更小，但这种作用只对男性是显著的（Aceves & Cookston，2007）。

3. 对文献的简要评价

尽管国内外学者已就青少年道德观念/心理和道德行为开展了多角度、多层面的深入研究，为该领域进一步的研究奠定了坚实的基础，但该领域的研究还存在以下方面的明显不足。

（1）侧重心理学的研究，学科视角较为单一

尽管道德问题长期以来就是哲学研究的核心领域之一，但哲学主要从思辨角度探讨道德问题，这不是本研究关注的重点。综观该领域的经验研究成果，我们可以发现，该领域更多的是心理学的研究成果，而社会学和政治学对该领域的涉足表现出明显的缺位。

（2）道德心理多被视为前置变量，自身则很少得到解释

在已有的研究中，道德认同、道德推脱和移情等道德心理层面的变量多被视为已知变量，被用来解释道德行为层面的变量，而其本身变化的机制到底是怎样的，却往往被忽视。

（3）国内外研究水平不平衡，国内研究明显滞后

国外同行在该领域的研究已非常深入、细致，但国内学者更多的是简单地利用国外该领域的一些概念、量表或理论来分析国内的道德现象，在研究问题和理论视角方面很少有新的突破。

（4）基于大样本的研究比较少见，多为针对特定区域或人群的研究

不管是国外还是国内，该领域很少有基于大样本的调查研究，样本量

为 4000 以上的研究已经很少了，且有不少研究关注的是某一特定的青少年群体，例如，农民工子女、少数族群青少年、内城区青少年等。另外，严格以准确得到界定的青少年群体为对象，较系统地调查其道德观念和道德行为，并分析其形成、变化机制的研究也非常有限。

基于上述认识，本研究试图弥补以往研究的明显不足，拟在对青少年道德观念/心理和道德行为进行全国范围调查的基础上，较系统、细致地描述中国青少年道德的观念/心理面向（道德认同、道德推脱和移情）和行为面向（亲社会行为和攻击性行为），然后采用社会学、政治学和经济学的学科视角比较分析其形成和发展的逻辑与机制。

（三）研究内容

道德现象，不管是道德观念/心理还是道德行为，都是复杂的社会现象，其形成和发展是嵌入具体的社会情境和社会关系之中的，因此，离开了社会学学科视角的介入，对道德现象的分析是不深刻的；任何道德现象不仅是一定权力关系作用的结果，还是行动者基于成本－收益关系理性计算的产物，没有政治学和经济学学科视角的介入，有关道德观念/心理和道德行为的分析是不准确的，也是不科学的，其结果是片面的。因此，本研究尝试采用社会学（社会关系）、政治学（等级式权威教化）和经济学（理性选择）的理论视角一以贯之地分析青少年道德的不同面向，并利用全国性调查数据来检验这种分析逻辑。

基于上述研究思路，本章的主要内容做如下安排。

第一部分即导论。在该部分提出本研究的主要问题，梳理相关研究文献，并做简要评价，以此明晰本研究的问题与以往相关研究之间的关系。

第二部分是理论分析。该部分拟用社会学、政治学和经济学三种学科理论视角比较分析青少年的道德观念/心理和道德行为。

第三部分是研究方法。该部分将介绍本研究使用资料的来源、相关变量的界定与测量、模型设定等。

第四部分是青少年道德的观念/心理面向Ⅰ：道德认同。该部分将基于全国性调查数据描述青少年的道德认同程度，考察其内部结构，并分析社会关系、等级式权威教化和理性选择等维度的变量对它的影响。

第五部分是青少年道德的观念/心理面向Ⅱ：道德推脱。该部分将基于全国性调查数据描述青少年道德推脱的水平，并分析社会关系、等级式权威教化和理性选择等维度的变量对它的影响。

第六部分是青少年道德的观念/心理面向Ⅲ：移情。该部分将基于全国性调查数据描述青少年的移情水平，并分析社会关系、等级式权威教化和理性选择等维度的变量对它的影响。

第七部分是青少年道德的行为面向Ⅰ：亲社会行为。该部分将基于全国性调查数据描述青少年亲社会行为的表现，考察其内部结构，并分析社会关系、等级式权威教化和理性选择等维度的变量对它的影响。

第八部分是青少年道德的行为面向Ⅱ：攻击性行为。该部分将基于全国性调查数据描述青少年攻击性行为的表现，考察其内部结构，并分析社会关系、等级式权威教化和理性选择等维度的变量对它的影响。

第九部分是结论与建议。在该部分，首先是对本研究的发现进行总结，然后是对研究结论做进一步的讨论。

（四）研究意义

采用社会学、政治学和经济学三种理论视角比较分析青少年的道德状况及其形成和发展的机制，具有重要的学术理论意义和实际应用价值。

学术理论意义：本研究拟采用多元统计技术，分析青少年道德观念与道德行为形成和发展的逻辑与机制，为构建一门建立在实证基础上的道德科学奠定基础；同时，可以检视社会学、政治学和经济学三种理论视角在解释道德的形成和发展方面的有效性，从而丰富和发展已有的道德社会化理论。

实际应用价值：本研究拟通过较大规模的问卷调查，摸清我国青少年道德的基本现状，初步建立全国性的有关青少年道德观念和道德行为的数据库；本研究通过描述青少年的道德状况，分析其形成和发展的机制，可以为党和政府科学地制定有关青少年思想道德教育的政策、切实有效地开展青少年思想政治教育工作提供学理依据。

二 道德形成机制的多维分析框架
——以道德行为为例

本研究关注的是道德的多维面向：观念/心理面向（道德认同、道德推脱和移情）和行为面向（亲社会行为和攻击性行为）。为简化分析的复杂性，该部分拟仅以道德行为（积极意义的，主要表现为亲社会行为）为例，搭建一个多维分析框架，以展示道德形成和发展的逻辑与机制。

道德行为有广义和狭义之说。从广义的角度来看，道德行为指的是与道德有关的行为；从狭义的角度来看，道德行为则是指遵守为社会所倡导的道德规范和伦理准则的行为，例如，正直、诚实、守信和仁义等方面的行为，与之相对应的，则是不道德行为或败德行为，例如，欺诈、背信弃义、见死不救等。该部分是从狭义的角度考察道德行为。以往研究多从制度建设、习惯养成、良心调控和教育培养等维度和层面考察道德行为的形成机制（谭德礼，2011；樊泽恒、司秀民，2006；包晓光，2013），尽管有其逻辑上的合理性，但不乏笼统和表面化之嫌，没有较好地把握道德行为得以形成的根本机理和规律。道德行为究竟是如何形成的？或其形成背后的逻辑是什么？对这些问题的回答将从根本上决定道德文明建设的成效。

作为社会事实的道德行为有其自身的运作逻辑和形成机制，但其固有的复杂性又非单一学科视角所能把握和厘清的，需要借助多学科视角的分析力量来还其原貌。不同学科有其特有的范式、逻辑和分析视角，能呈现分析对象某特定维度的运行机制。道德行为作为一种社会事实，是由理性行动者在具体的社会制度环境中承载和实现的。首先，道德行为是行动者理性选择的结果；其次，行动者的理性选择不是抽象的，而是在具体的等级式制度环境和网络式社会情境中完成的。因此，我们至少可以从社会学、政治学和经济学三个学科视角对道德行为的形成机制进行综合分析。

（一）社会关系与道德行为

基于社会互动而结成的社会关系网络及其对行动者道德行为的激励和

制约，一直是社会学关注的核心主题之一，作为社会学创始人之一的法国社会学家涂尔干一直致力于创建一门道德社会学。他认为，道德根植于人的社会本性和社会联系中，"一旦所有的社会联系都消失……那么政治经济就与道德隔离了"（涂尔干，2001：237）；无论在原始社会还是在现代市场社会，道德都内生于人们的交往与合作，并且深刻而持久地规定着人们的行为（汪和建，2005）。只有建立了稳定的社会联系，才能在他们之间形成某种超越个人利益的集体情感。当这种集体情感的效用得到明确证明，"当他们被时间神圣化以后，他们就会表现出一种责任意识，转变成法律或道德的规定"（涂尔干，2001：240）。涂尔干尤其重视借助更为具体的社会联系即职业群体来培育和发展一种特定的和更具实践意义的职业道德。他相信，职业群体不仅可作为联系国家与个人之间关系的桥梁，而且可生成一种规定其成员生活的道德权威："在职业群体里，我们尤其看到一种道德力量，它遏止个人利益主义的膨胀，培植了劳动者对团结互助的极大热情，防止了工业和商业关系中强权法则肆意横行。"（涂尔干，2000：2）总的来说，在涂尔干看来，所有道德来源于社会，社会之外没有道德生活，社会即相当于一个生产道德的工厂；社会鼓励道德上有约束的行为，而排斥、抑制或阻止不道德行为（鲍曼，2002：225）。

涂尔干认为，道德践行的成效（道德行为能否成为现实）也取决于社会联系的性质或特性。公共道德的践行是社会舆论推动的结果。由于社会舆论缺乏明确具体的社会联系或社会单位的支持，因而其往往难以对相关行动者形成足够的约束。与之相反，在有着明确界定的社会联系的环境中，道德行为却较容易出现。因为社会联系越强，成员之间的互动和接触越频繁，相互之间形成的对道德义务的共识和期待也就越多，其认可并践行道德义务的可能性也就越大。同时，密切而持久的社会联系本身也有助于抑制或防范违背道德义务的机会主义行为的发生（汪和建，2005）。

齐格蒙·鲍曼在涂尔干的基础上将有关道德行为形成机制的研究向前推进了一步。他指出，道德行为只有在共同体存在、在"与他人相处"的背景下，也就是在一种社会交往的背景下才可以想象，而不能把它的出现归因于训诫与强制的超个体机构，即一个社会背景的存在（鲍曼，2002：233~234）。显然，鲍曼不满足于将道德行为归因于某种强制性的、抽象的社会力量,而强调具体的社会交往在道德行为形成中有着根本性作用。在他看来,道德最朴素的形式就是主体间关系的基本结构,它不受任何非道德因素的影响。因为道德的内容是对他人的一种职责,是一种优先于所有利益要求的职责(鲍曼,2002:239)。而标示道德本质内涵的责任源于由社会交往促成的社会接近。责任的消解以及接踵而来的道德冲动的淡化,必然包括以身体或精神的隔绝替代社会接近。也就是说,与社会接近相对的社会距离意味着道德联系的缺失:随着社会距离的拉大,对他人的责任就开始萎缩,对象的道德层面就显得模糊不清;距离的社会生产将废止或削弱道德责任的压力(鲍曼,2002:240、251、260)。鲍曼上述有关社会距离/接近与道德行为之间关系的观点来源于他对"大屠杀"的分析,亦为后者所支持。

涂尔干和鲍曼道德社会学的共同点是,他们都认为,道德行为是社会关系的产物,是源于社会关系(社会联系、社会交往)的责任、义务和期待约束了彼此的行为,促成了道德行为的产生。社会关系除了通过其内生的责任、义务和期待促成道德行为外,还可借由其得天独厚的监控力迫使关系场域中的行动者不敢冒声誉损失的风险而从事不道德的行为。经由循环往复和持续不断的社会交往而形成的紧密的关系网络可以对场域中的行动者进行全天候的监控,极易使机会主义者的不道德行为显露原形;而与之相应的匿名社会关系则因社会监控的缺失而为不道德行为的盛行留下了太多的空间。也正是因为这样,封闭式朋友圈和熟识的单位组织中较少见到伪装和欺诈等不道德行为,而陌生人之间或匿名社会中的不道德行为则比比皆是。

社会关系形塑道德行为的机制是蕴含责任与信任的人情机制,其逻辑是生存伦理。各社会场域的行动者为了获得相应的成员资格、赢得场域中其他行动者的信任,并由此获得谋求生存和发展的声誉,必须为交往或关系中的另一方承担起码的义务,信守最基本的道德责任。如鲍曼所言,接近本身即意味着责任,这是人性之所然。

(二)等级式权威与道德行为

政治学是关于权力或权威的形成及其分配和行使的学科,旨在探寻权力或权威在形塑社会秩序中的逻辑与机制，权力－遵从关系是政治场域中的主导性关系。这可从被称为现代政治思潮鼻祖的托马斯·霍布斯（Thomas Hobbes）那里清楚地看到些许端倪。他坚持认为，人类最初所处的自然条件就是人与人之间的一场战争，要避免这种无法无天的混乱局面，就需要利维坦式的极权主义政体来实施秩序（福山，2002：185）。不管是民主政体、威权主义政体还是极权主义政体，也不管其承认还是不承认，秩序与一致都是其不容忽视的政治诉求，也是其政权合法性的重要来源。社会秩序的达致依赖于行动者对法律、道德、惯例和习俗等规则的遵从。道德与法律、惯例、习俗之间原本就有着天然的亲缘关系：道德来源于惯例和习俗，而那些具有共通性的道德规范又往往被制定为法律。

从政治学的学科视角来看，行动者对道德规范和伦理准则的遵从，即其道德行为是等级式权威教化的产物。现代国家是以韦伯式科层制组织起来的官僚机构，到处充满等级式结构及其权威。政府机构、企业组织和家庭是现代社会三种主要的组织形式，它们多是以等级式关系组织起来的，其运作离不开等级式权威的行使，且这三个层面的组织也是国家层面的等级式权威得以贯彻和行使的工具。上述三个层面的组织都有其自身的伦理道德准则，例如，家庭有家庭伦理，企业有职业道德，政府则有行政伦理。每种伦理道德准则的履行，即相应行动者道德行为的形成都有其相应等级式权威的介入：首先是对道德准则的宣讲，其次是对道德行为的监控，最后是对道德行为的评价（例如，对道德模范的表彰和推广）。以家庭为例，在现代家庭中，父母具有一定等级式权威，他们以专制或平等的方式向孩子灌输或讲解一些基本的道德规范，使其明白规则之意涵及其对自己、他人和社会的重要性；而后监控孩子的道德行为，即其遵守道德规则的情况；最后以表扬或惩罚的方式评价孩子的道德行为，让其在快乐或痛苦中记忆道德规则，促使其在未来的实践中遵从为社会所认可和倡导的道德准则。企业组织和政府机构中的等级式权威也通常以与家庭类似的方式激励相应场域中的行动者认知和践行相应场域的主流道德准则，约束其偏离主流道德规范的行为。

（三）理性选择与道德行为

在经济博弈论看来，人们是作为互不相干的个人来到这个世界的，他们都有许多私欲或偏爱，而不像社会学家们所说的那样，他们都是些被高度社会化的公有社会成员，相互之间有着许多社会联系和责任。但在许多情况下，如果我们与他人合作，就能够更有效地满足这些偏爱，并通过协商，最终制定出指导社交活动的规范。根据这种说法，人们之所以能够在行为中表现出利他主义，只是因为他们在某种程度上考虑利他行为对自己有好处（福山，2002：192）。也就是说，道德行为是行动者理性计算的结果，即在成本与收益之间进行比较计算的结果。实施任一道德行为，都必须支付一定的成本。只有当道德行为的预期收益大于其潜在成本时，道德行为才可能成为现实。与道德行为有关的成本可以是货币、时间、机会损失以及其他的风险等，其收益更多的是精神上的满足、兴奋或快乐，以及其他的潜在机会。据此，我们可推演出如下命题：道德行为是行动者对自我道德行为所获精神感受的心理评价的函数。当该评价值为零时，行动者没有实施道德行为的可能；当该评价值为正时，行动者才能承受道德行为的物质成本；其评价值越高，行动者所能承受的行为成本越大，其所能实施的道德行为也就越广泛、越经常（李建德、罗来武，2004）。根据上述分析逻辑，有人乐善好施，是因为乐善好施给他带来的快乐大于他为此付出的时间和费用；人们见义勇为，是因为见义勇为给他们带来的快乐、声誉及潜在利益大于他们为此承担的生命安全风险和其他损失。

在经济学看来，用理性选择理论分析道德行为的形成具有元方法论的意义。政治学和社会学有关道德行为形成的上述解释似乎都可以还原为理性选择。等级式权威可借助其权力或影响力向行动者强制性地灌输道德规则，使其了解甚或接受这些规则，但行动者是否践行这些道德规则则是其理性选择的结果，他要仔细权衡践行道德规则需支付的成本与其预期的收益之间的关系，只有当实施道德行为可能带来的快乐、声誉或其他潜在酬偿大于其需付出的代价时，道德行为才能成为行动者的现实选择。在社会学视角下，社会关系、社会交往及与之关联的社会接近可借由其内生的责任、信任及监控诱发出道德行为，但行动者为什么在交往关系中不推卸责任、违背信义或无视监控呢？其原因是，推卸责任、违背信义或欺骗行为的揭发将给当事人造成其无法承受的损失（如丧失社会声誉、失去共同体成员资格、永久性地失去交易伙伴、遭受共同体成员的指责和唾弃等），而这是上述不道德行为可能带来的利益所无法弥补的（参见鲍曼，2003：415~436）。也就是说，在有着紧密关系的社会共同体中，实施不诚实的、欺骗的或非正义的行为是一件得不偿失的事。也正因为如此，道德行为多见于有着封闭式社会关系的组织共同体中。更有甚者，政治学和社会学善于描述道德规则和道德现象，却不善于解释道德规则的起源（福山，2002：191），但经济学则在微观层面上为道德规则的起源提供了有一定说服力的解释，即道德规则的形成是一个理性选择的过程。

理性选择形塑道德行为的逻辑是效率机制。社会场域中的行动者是遵循效用最大化原则做出道德选择的，行动者之所以选择道德行为，是因为在一定场域中，道德行为有助于行动者达到帕累托效率（最优），即实现资源最优化配置，亦即成本的最小化或收益的最大化。

（四）结语

可将上文分析道德行为形成机制的三种学科视角及其逻辑归纳为表1-1。

表1-1　分析道德行为形成机制的三种学科视角之比较

被解释现象	学科视角	分析单位	作用机制	解释逻辑
道德行为	社会学	社会关系	人情机制（责任与信任）	生存伦理逻辑
道德行为	政治学	等级式权威	合法性机制	生存伦理逻辑
道德行为	经济学	理性选择	理性选择机制	效率逻辑

由表1-1及文中分析可得出如下结论：道德行为是一种复杂的社会现象。从社会学学科视角看，道德行为是源于由社会关系所促成的责任、信任与监控作用的产物；从政治学学科视角看，道德行为是等级式权威教化的产物；而从经济学学科视角看，道德行为则是理性选择的结果。从不同学科视角对道德行为的形成机制进行综合解析，有助于还原道德行为的真实运作逻辑及其过程，可为中国社会道德行为的引导和再造提供学理依据。

本研究后面的实证研究部分将在该部分搭建的多维理论框架下遵循三种学科视角及其逻辑分析青少年道德不同面向（观念/心理和行为）的形成机制，以检视三种理论逻辑在道德领域的解释力。

三 研究方法

（一）数据来源与样本分布

本研究的调查对象是初高中在校学生，该群体在年龄上与伯克（Laura E. Berk）所界定的青少年基本一致，即 11~18 岁（伯克，2014：389）；调查时间是 2016 年 1~4 月；抽样方法是混合抽样，即方便抽样与整群抽样相结合：用方便抽样抽取省（区、市）、县（市、区）和学校，用整群抽样在学校内部抽取班级。具体抽样程序是，首先在东部、中部、西部地区分别抽取 2 个省（区、市），然后在被抽取的省（区、市）分别抽取 1~2 个县（市、区），而后在被抽取的县（市、区）抽取 1~2 所中学，最后在被抽取学校的每个年级各抽取 1 个班级。此外，在基本遵循上述抽样原则的基础上，还利用课题组成员的人脉关系在东部地区另外抽取了 4 个省（区、市），然后在被抽取的省（区、市）各抽取 1~2 个班级；为了让总样本中有职高生和农村中学生，在研究者所在省（区、市）另抽取了 1 所职高和 2 所农村中学，然后在被抽取学校的每个年级各抽取 1 个班级。对被抽取班级的每个学生做自填式问卷调查。据此，我们获得了来自 10 个省（区、市）（含东部地区的上海、江苏、浙江、广东、福建、山东，中部地区的湖南和湖北，西部地区的广西和甘肃）20 个县（市、区）33 所中学的共 4530 份有效问卷。调查均由被抽取班级的班主任老师负责组织和指导学生认真填写完成。样本所涉主要变量的分布如表 1-2 所示。

表 1-2 样本分布情况

变量		样本量	占比（%）	变量		样本量	占比（%）
性别	男	2208	49.6	年级	高二	689	15.4
	女	2248	50.4		高三	584	13.0
年级	初一	742	16.6	学校等级	普通学校	2513	56.9
	初二	784	17.5		重点学校	1903	43.1
	初三	717	16.0	独生子女	是	2158	49.0
	高一	966	21.6		否	2245	51.0

续表

变量		样本量	占比（%）	变量		样本量	占比（%）
学生干部	不担任	2800	63.2	父亲职业	办事员	310	7.0
	班级干部	1443	32.6		普通工人	1172	26.5
	校级干部	185	4.2		农民	461	10.4
父母关系	离异	264	5.9		无业	161	3.6
	和谐	4080	91.0	社区类型	农村社区	1117	25.7
	其他	138	3.1		城乡结合部	438	10.1
学习成绩	最差的20%	443	10.1		低档城市社区	210	4.8
	中等偏下的20%	852	19.4		中低档城市社区	358	8.2
	中间的20%	1072	24.4		中档城市社区	1385	31.8
	中等偏上的20%	1210	27.6		中高档城市社区	651	15.0
	最好的20%	809	18.4		高档城市社区	190	4.4
父亲职业	公务员	279	6.3	地区	东部地区	1517	33.6
	专业技术人员	418	9.5		中部地区	1979	43.8
	管理人员	508	11.5		西部地区	1019	22.6
	个体私营企业主	1110	25.1				

表1-2显示，在样本中，男生占49.6%，男女比例相当；高中生和初中生近似各占50%；重点学校学生占43.1%；独生子女占49.0%；认同学习成绩在中等及以上的占70.5%；生活在和谐家庭的占91.0%；父亲为公务员、专业技术人员、管理人员和个体私营企业主等中等以上收入阶层的学生占52.4%；35.8%的学生家住农村社区和城乡结合部，13.1%的学生住在中档以下的城市社区，而家住中档以上城市社区的学生占19.3%，另有31.8%学生家住中档城市社区；在样本中，中部地区占43.8%，东部地区占33.6%，而西部地区占22.6%。从样本的总体分布来看，除地区分布略有失衡外，其他变量的分布基本合理。

（二）变量测量与模型设定

1. 变量测量

（1）因变量

青少年的亲社会行为和攻击性行为是本研究的因变量。道德认同、道德推脱和移情在青少年道德的观念/心理面向的分析中是因变量,而在青少年道德的行为面向的分析中则被作为控制变量。

①亲社会行为

亲社会行为是有利于他人或群体的行为。我们在国外研究(Rushton et al.,1981;Weir & Duveen,1981;Zeldin et al.,1984;Carlo & Randall,2002)的基础上设计了一个测量青少年亲社会行为的量表,共包括"给慈善机构捐钱"、"帮陌生人拿东西(如书、包裹等)"、"与同学分享自己的学习用品(书、笔等)"、"抓住机会称赞能力稍差点的同学"和"回报帮助过自己的人"等29项指标,调查对象被要求从"从不"、"一次"、"多于一次"、"经常"和"总是"五个答案选项中选出一项来表征其过去一个学期在亲社会行为某维度上的表现程度。而后,我们对青少年亲社会行为的29项指标做了因子分析,并提取出了5个因子,以作为后续回归分析的因变量。具体分析结果见后文相关部分。

②攻击性行为

攻击性行为指的是青少年表现出来的一种以造成伤害或引起痛苦为目的的故意行为(阿伦森等,2012:414)。我们采用克里克和他的合作者(Crick,1996;Kawabata et al.,2012)使用过并经我们修订过的攻击性行为量表来测量。该量表包括"挑起或参与一场同伴之间的打架"和"把同伴排挤出自己的交际圈"等10项指标,调查对象被要求从"从不"、"有时"和"经常"三个答案选项中选出一项来表征其过去一个学期在攻击性行为某维度上的表现程度。而后,我们对青少年攻击性行为的10项指标做了因子分析,并提取出了2个因子,以作为后续回归分析的因变量。具体分析结果见后文相关部分。

③道德认同

我们采用阿奎诺和里德(Aquino & Reed,2002)的道德认同量表测量青少年的道德认同。该量表首先列出了9个描述人的道德特征的词语,包括关心体贴的、有同情心的、公正的、友好的、慷慨的、乐于助人的、勤劳的、诚实的和宽容的,然后列出了10个评价这些道德特征对一个人是否重要的判断句,例如,"成为具备这些特征的人,会让我感觉良好"、"我平时的着装表明我具备这些特征"和"具备这些特征,让我感到羞愧"

等,最后要求调查对象从"完全不同意"、"不太同意"、"说不清"、"比较同意"和"完全同意"五个答案选项中选择一项来表征其在道德认同某个维度上的程度,选择上述相应答案分别赋 1 分、2 分、3 分、4 分和 5 分,得分越高,表示其对道德认同某维度的认同度越高。而后,我们对青少年道德认同的 10 项指标做了因子分析,并提取出了 3 个因子,以作为后续回归分析的因变量。具体分析结果见后文相关部分。

④道德推脱

我们采用班杜拉等(Bandura et al.,1996)的道德推脱量表对其进行测量,该量表共包括 32 项指标,例如,"为了保护自己的朋友而打架是正确的"、"拍打或推搡别人,只是开玩笑的方式"和"当考虑到别人在打人时,我觉得损坏财物没什么大不了"等,调查对象被要求从"不同意"、"有点同意"和"同意"三个答案选项中选出一项来表征其在道德推脱某维度上的水平,选择"不同意"、"有点同意"和"同意"分别被赋 1 分、2 分和 3 分,得分越高,表示其在某维度上的推脱程度也越高。在数据分析中,调查对象在道德推脱 32 项指标上的得分被累加为一个指数值,最大值为 96,最小值为 32,均值为 44.2。指数值越大,表示总的道德推脱水平越高。

⑤移情

移情起源于对另一个人的情绪或状况的忧虑或理解(艾森伯格等,2011:518),或者说,是对他人情感经历的间接体验和感受(Bryant,1982)。本研究用布赖恩特(Bryant,1982)的移情指数来测量移情,该指数包括 22 项指标,例如,"看到一个女孩找不到任何伙伴一起玩耍,我会感到难过""当看到一个男孩受伤时,我会感到难过"等,调查对象被要求从"从没有"、"有时有"、"经常有"和"总是有"四个答案选项中选出一项来表征其移情水平,选择"从没有"、"有时有"、"经常有"和"总是有"分别被赋 1 分、2 分、3 分和 4 分,得分越高,表示其在某维度上的移情水平也越高。在数据分析中,调查对象在移情指数 22 项指标上的得分被累加为一个指数值,最大值为 88,最小值为 34,均值为 58.5。指数值越大,表示总的移情水平越高。

(2) 自变量

社会关系、等级式权威教化和理性选择是本研究的自变量。

①社会关系

社会关系指的是在人们社会交往、互动过程中形成的关系，可用孤独感和社会赞许性期望来测量。

孤独感用卡西迪和阿舍（Cassidy & Asher, 1992）设计的15项指标来测量，例如，"在学校交到新朋友对你来说容易吗？"、"你在学校有伙伴可以一起玩耍吗？"和"在学校有伙伴喜欢你吗？"等，调查对象被要求从"是"、"说不清"和"否"三个答案选项中选出一项来表征其在孤独感某维度上的程度。在数据分析中，调查对象在孤独感15项指标上的得分被累加为一个指数值，最大值为45，最小值为15，均值为22.5。指数值越大，表示孤独感越强，或者说，社会关系越弱。

社会赞许性期望指的是获得他人赞许的期望，其标示的是个体嵌入社会关系的程度，可用学生希望得到来自老师、父母、同学和周围其他人的赞许等四个维度的指标（例如，"我非常希望得到老师的赞许"）来测量，调查对象被要求从"完全不符合"、"不太符合"、"说不清"、"比较符合"和"完全符合"五个答案选项中选出一项来表征其在社会赞许性期望某维度上的程度。在统计分析中，我们对社会赞许性期望量表的4项指标做了因子分析，并提取出了1个因子，以纳入后面的回归方程。

②等级式权威教化

等级式权威教化指的是借助命令-服从型权力关系结构强迫或劝服其成员信奉和遵守组织规范的过程，可用家庭教养方式来测量。其中，家庭教养方式以改编自蒋奖、鲁峥嵘、蒋苾菁和许燕（2010）修订的简氏父母教养方式问卷来测量，改编后的量表包括12个项目，调查对象被要求从"完全不一致"、"不太一致"、"说不清"、"比较一致"和"完全一致"五个答案选项中选出一项来表征其父母采取某种教养方式的程度。经因子分析后，分别测量父亲和母亲教养方式的12个项目被分别提取出了3个因子，即拒绝型教养方式（例如，"经常以一种使我很难堪的方式对待我"，共4个项目）、情感温暖型教养方式（例如，"当我遇到不顺心的事时，尽量安慰我"，共4个项目）和过度保护型教养方式（例如，"不允许做一些其他孩子可以做的事情，他/她害怕我出事"，共4个项目）。

③理性选择

理性选择指的是根据成本最小化和收益最大化的逻辑来做决策和行动，可用行动者的经济实力来间接考察，因为经济实力强的行动者有能力为遵循社会所倡导的规范而承担更大的风险（或成本）。本研究用月零花钱和家庭经济条件来测量青少年承担为遵循社会倡导的规范而失去其他机会所造成的损失的能力。在数据处理中，月零花钱是连续变量，家庭经济条件是类别变量（"富裕"、"一般"和"贫困"），做虚拟变量处理。

（3）控制变量

本研究涉及的控制变量主要有性别、年级、学校等级、独生子女、学生干部、学习成绩、父母关系、父亲职业、父亲受教育年限、社区类型和地区等。

在数据处理中，性别为虚拟变量，设女=0，男=1。年级为连续变量。学校等级为虚拟变量，设普通学校=0，重点学校=1。独生子女为虚拟变量，设非独生子女=0，独生子女=1。学生干部分为不担任、班级干部和校级干部三类，被处理为两组虚拟变量：不担任=0，班级干部=1；不担任=0，校级干部=1。学习成绩为连续变量。父母关系分为离异、和谐和其他三类，被处理为两组虚拟变量：离异=0，和谐=1；离异=0，其他=1。父亲职业分为无业、农民、普通工人、办事员、个体私营企业主、管理人员、专业技术人员和公务员八类，被处理为七组虚拟变量：无业=0，农民=1；无业=0，普通工人=1；无业=0，办事员=1；无业=0，个体私营企业主=1；无业=0，管理人员=1；无业=0，专业技术人员=1；无业=0，公务员=1。父亲受教育年限根据中国现行学制由父亲受教育程度转化而来，为连续变量。社区类型分为农村社区、城乡结合部、低档城市社区、中低档城市社区、中档城市社区、中高档城市社区和高档城市社区七类，被处理为六组虚拟变量：农村社区=0，城乡结合部=1；农村社区=0，低档城市社区=1；农村社区=0，中低档城市社区=1；农村社区=0，中档城市社区=1；农村社区=0，中高档城市社区=1；农村社区=0，高档城市社区=1。地区由调查对象所在省（区、市）合并转化而来，分为西部、中部、东部三个地区,被处理为两组虚拟变量:西部地区=0,中部地区=1;西部地区=0,东部地区=1。

2. 模型设定

本研究用描述统计技术描述青少年在道德认同、道德推脱、移情、亲社会行为和攻击性行为上的表现程度。

为考察社会关系、等级式权威教化和理性选择对青少年道德认同、道德推脱、移情、亲社会行为和攻击性行为的影响,我们建立相应的多元线性回归模型,模型的数学表达式如下:

$$identity = \beta_1 relation + \beta_2 authority + \beta_3 rational + \sum BZ \quad (1-1)$$

$$disengagement = \beta_1 relation + \beta_2 authority + \beta_3 rational + \sum BZ \quad (1-2)$$

$$empathy = \beta_1 relation + \beta_2 authority + \beta_3 rational + \sum BZ \quad (1-3)$$

$$prosocial = \beta_1 relation + \beta_2 authority + \beta_3 rational + \sum BZ \quad (1-4)$$

$$aggression = \beta_1 relation + \beta_2 authority + \beta_3 rational + \sum BZ \quad (1-5)$$

式(1-1)、式(1-2)、式(1-3)、式(1-4)和式(1-5)中,*identity*、*disengagement*、*empathy*、*prosocial* 和 *aggression* 分别指的是青少年的道德认同、道德推脱、移情、亲社会行为和攻击性行为,*relation*、*authority* 和 *rational* 分别指的是社会关系、等级式权威教化和理性选择,β_1、β_2、β_3 分别指的是社会关系、等级式权威教化和理性选择对道德认同、道德推脱、移情、亲社会行为和攻击性行为的效应,Z 指的是控制变量向量,B 指的是控制变量向量对相应的因变量的效应。

四 青少年道德的观念/心理面向Ⅰ:道德认同

道德认同是道德认知的一种特殊形式,也可说是其进一步的延伸,是道德行为的重要前置变量。该部分将实证考察青少年道德认同的表现,以及社会关系、等级式权威教化和理性选择等变量对它的影响,为青少年主流道德观念的培养提供经验依据。

(一) 青少年的道德认同程度及其结构

我们采用阿奎诺和里德（Aquino & Reed，2002）的道德认同量表测量青少年的道德认同。在量表中，首先列出了"关心体贴的"、"有同情心的"、"公正的"、"友好的"、"慷慨的"、"乐于助人的"、"勤劳的"、"诚实的"和"宽容的"等9个描述人的道德特征的词语，然后列出了10个评价这些道德特征对一个人是否重要的判断句，例如，"成为具备这些特征的人，会让我感觉良好"、"我平时的着装表明我具备这些特征"和"具备这些特征，让我感到羞愧"等，最后要求调查对象从"完全不同意"、"不太同意"、"说不清"、"比较同意"和"完全同意"五个答案选项中选择一项来表征其在道德认同某个维度上的程度。具体调查结果如表1-3所示。

表1-3 青少年的道德认同程度

指标	完全不同意（%）	不太同意（%）	说不清（%）	比较同意（%）	完全同意（%）	均值	标准差	样本量
成为具备这些特征的人，会让我感觉良好	2.8	6.5	9.2	30.4	51.1	4.20	1.04	4488
成为具备这些特征的人，是我做人的一个重要部分	1.9	4.6	9.6	30.0	53.9	4.29	0.95	4478
我非常渴望拥有这些特征	3.9	7.1	18.5	28.6	41.9	3.97	1.11	4486
我平时的着装表明我具备这些特征	12.4	23.4	32.5	20.1	11.6	2.95	1.18	4436
我平时所做的事，可以清楚地表明我具有这些特征	2.8	9.8	33.0	36.5	17.9	3.57	0.95	4451
我平时所读的书和杂志的类型，可表明我具有这些特征	5.3	18.1	33.9	28.9	13.8	3.28	1.08	4443
我周围其他人都知道我具备这些特征	4.5	13.7	52.3	20.0	9.5	3.16	0.93	4457
我积极参与各种活动，以让他人知道我具有这些特征	8.5	23.3	28.3	26.4	13.5	3.13	1.17	4474
具备这些特征，让我感到羞愧	73.7	15.4	6.1	2.4	2.4	1.44	0.89	4456
是否具备这些特征，对我来说并不重要	52.2	28.2	10.9	5.0	3.7	1.80	1.06	4467
青少年总的道德认同程度						3.74	0.58	4258

表1-3显示，青少年总的道德认同程度平均得分为3.74分，处于对各道德特征"说不清"和"比较同意"之间，但略偏向于"比较同意"。这表明，青少年对主流道德观的认同度比较高。但对各具体指标的得分略加考察，我们可发现，青少年对道德认同各具体指标的认同度是存在差异的。

表1-3显示，青少年在"成为具备这些特征的人，会让我感觉良好"、"成为具备这些特征的人，是我做人的一个重要部分"和"我非常渴望拥有这些特征"三项指标上的平均得分均比较高，都接近4.0分或在4.0分以上（相当于百分制的80分以上），相当于对各指标持"比较同意"的态度。表示"比较同意"（含"完全同意"）这些说法（指标）的青少年分别为81.5%、83.9%和70.5%，而表示"完全同意"这些说法的青少年也分别有51.1%、53.9%和41.9%。也就是说，除"我非常渴望拥有这些特征"外，有一半以上的青少年对另两种说法表示"完全同意"。

表1-3也显示，青少年在"我平时所做的事，可以清楚地表明我具有这些特征"、"我平时所读的书和杂志的类型，可表明我具有这些特征"、"我周围其他人都知道我具备这些特征"和"我积极参与各种活动，以让他人知道我具有这些特征"四项指标上的平均得分也不低，得分均在3.0分以上（相当于百分制的60分以上），相当于对这些说法的态度处于"说不清"和"比较同意"之间，但略偏向于"说不清"。具体来说，表示"比较同意"（含"完全同意"）这些说法的青少年分别为54.4%、42.7%、29.5%和39.9%。

表1-3还显示，青少年在"具备这些特征，让我感到羞愧"和"是否具备这些特征，对我来说并不重要"这两项指标上的得分都非常低，得分均在2.0分以下（相当于百分制的40分以下），相当于对这两种说法的态度处于"完全不同意"和"不太同意"之间。具体来说，表示"不太同意"（含"完全不同意"）这两种说法的青少年分别高达89.1%和80.4%，而表示"完全不同意"的也分别有73.7%和52.2%。反过来说，青少年对这些主流道德特征的认同度比较高。

从上面的具体分析中，我们发现，尽管青少年道德认同都涉及对主流道德特征的认可和接受，但其内部的差异也是非常明显的。为了更清晰地呈现青少年道德认同的内在结构及其差异，我们对青少年道德认同的10项指标做了因子分析，提取出了3个公因子，并将其分别命名为内在化道德认同、外在化道德认同和负向道德认同，累计方差贡献率为60.0%。具体结果如表1-4所示。

表1-4 青少年道德认同的结构

指标	内在化道德认同	外在化道德认同	负向道德认同
成为具备这些特征的人，会让我感觉良好	**0.757**	0.168	-0.146
成为具备这些特征的人，是我做人的一个重要部分	**0.733**	0.223	-0.237
我非常渴望拥有这些特征	**0.769**	0.162	-0.057
我平时的着装表明我具备这些特征	0.157	**0.616**	0.190
我平时所做的事，可以清楚地表明我具有这些特征	0.201	**0.720**	-0.172
我平时所读的书和杂志的类型，可表明我具有这些特征	0.120	**0.767**	-0.062
我周围其他人都知道我具备这些特征	0.087	**0.739**	0.070
我积极参与各种活动，以让他人知道我具有这些特征	0.388	**0.526**	0.183
具备这些特征，让我感到羞愧	-0.051	0.033	**0.875**
是否具备这些特征，对我来说并不重要	-0.310	0.065	**0.768**
累计方差贡献率（%）		60.0	

内在化道德认同指的是从内心深处认可和接受所列主流道德特征，并希望将它们内化为自身品质和价值观的一部分。它包括"成为具备这些特征的人，会让我感觉良好"、"成为具备这些特征的人，是我做人的一个重要部分"和"我非常渴望拥有这些特征"三项指标，Cronbach's α 系数为0.76。

外在化道德认同指的是以外显的方式表征自己拥有所列主流道德特征，但内心并不一定真正认可和接受它们。它包括"我平时的着装表明我具备这些特征"、"我平时所做的事，可以清楚地表明我具有这些特征"、"我平时所读的书和杂志的类型，可表明我具有这些特征"、"我周围其他人都知道我具备这些特征"和"我积极参与各种活动，以让他人知道我具有这些特征"五项指标，Cronbach's α 系数为 0.77。

负向道德认同指的是否定和拒绝所列主流道德特征，几乎或完全不认可和接受它们。它包括"具备这些特征，让我感到羞愧"和"是否具备这些特征，对我来说并不重要"两项指标，Cronbach's α 系数为 0.67。

将表 1-3 和表 1-4 结合起来，我们可以看到，青少年的内在化道德认同程度最高，外在化道德认同程度次之，负向道德认同程度最低。也就是说，青少年更愿意将主流道德特征根植于自我观念中，并在内隐层面自觉地践行它们。

（二）青少年道德认同的影响因素分析

为了检验社会关系、等级式权威教化和理性选择对青少年道德认同的影响，我们分别以青少年内在化道德认同、外在化道德认同和负向道德认同为因变量，以社会关系（孤独感、社会赞许性期望）、等级式权威教化（父亲拒绝型教养方式、父亲情感温暖型教养方式、父亲过度保护型教养方式、母亲拒绝型教养方式、母亲情感温暖型教养方式、母亲过度保护型教养方式）、理性选择（月零花钱、家庭经济条件）为自变量，控制性别、年级、学校等级、独生子女、学生干部、学习成绩、父母关系、父亲职业、父亲受教育年限、社区类型、地区等变量，建立多元线性回归模型，所得结果如表 1-5 所示。

1. 青少年内在化道德认同的影响因素分析

以青少年内在化道德认同为因变量，以社会关系、等级式权威教化和理性选择为自变量，控制上述提到的相关变量，所得到的多元线性回归分析结果如表 1-5 中的模型 1 所示。

模型 1 显示，在控制其他变量后，社会关系变量中的孤独感和社会赞许性期望均对青少年内在化道德认同有较显著的影响：青少年的孤独感每增加 1 个单位，其内在化道德认同则减少 1.0%（$p<0.01$）；而标示关系性嵌入的社会赞许性期望每增加 1 个单位，其内在化道德认同水平则提高 20.9%（$p<0.001$）。也就是说，良好的同伴关系和较深的关系性嵌入有助于青少年内在化道德认同的提高。

模型 1 也显示，等级式权威教化变量中的母亲情感温暖型教养方式对青少年的内在化道德认同有较显著的正向影响：母亲采纳情感温暖型教养方式的程度每增加1个单位，青少年的内在化道德认同程度则增加5.3%（$p<0.05$）。也就是说，母亲的民主–商讨式权威型教化有助于青少年内在化道德认同程度的提高。

模型1还显示，理性选择变量中的月零花钱对青少年的内在化道德认同有较显著的负向影响：青少年月零花钱每增加1元，其内在化道德认同则降低0.01%（$p<0.05$）。

此外，从模型1还可看到，作为控制变量的年级、学习成绩、父亲职业、父亲受教育年限、地区等变量都对青少年的内在化道德认同有较显著的影响。例如，随着年级的升高，青少年的内在化道德认同降低；学习成绩越好，青少年的内在化道德认同越高。跟父亲无业的青少年相比，那些父亲职业为公务员、专业技术人员、管理人员、个体私营企业主、办事员、普通工人和农民的青少年的内在化道德认同更高，其中尤以父亲为农民的青少年的内在化道德认同最高。父亲受教育年限越长，青少年的内在化道德认同越低。与西部地区青少年相比，东部和中部地区青少年的内在化道德认同更低。

2. 青少年外在化道德认同的影响因素分析

以青少年外在化道德认同为因变量，以社会关系、等级式权威教化和理性选择为自变量，控制上述提到的相关变量，所得到的多元线性回归分析结果如表1-5中的模型2所示。

模型2显示，在控制其他变量后，社会关系变量中的孤独感和社会赞许性期望均对青少年的外在化道德认同有较显著的影响：青少年的孤独感每增加1个单位，其外在化道德认同则降低1.9%（$p<0.001$）；而标示关系性嵌入的社会赞许性期望每增加1个单位，青少年的外在化道德认同则增加6.4%（$p<0.01$）。也就是说，良好的同伴关系和较深的关系性嵌入有助于青少年外在化道德认同的提高。

模型2也显示，等级式权威教化变量中的父亲情感温暖型教养方式对青少年的外在化道德认同有较显著的正向影响：前者每增加1个单位，后者则增加6.5%（$p<0.01$）。也就是说，父亲的民主–商讨式权威型教化有助于青少年外在化道德认同程度的提高。

表1-5 青少年道德认同影响因素的回归分析结果

变量	模型1 内在化道德认同 回归系数	标准误差	模型2 外在化道德认同 回归系数	标准误差	模型3 负向道德认同 回归系数	标准误差
性别（女=0）	0.001	0.035	-0.019	0.037	0.141***	0.032
年级	-0.046***	0.012	0.015	0.012	0.005	0.011
学校等级（普通学校=0）	0.043	0.043	-0.010	0.045	-0.094*	0.040
独生子女（非独生子女=0）	0.037	0.041	0.022	0.043	-0.041	0.038
学生干部（不担任=0）						
班级干部	0.016	0.039	0.083*	0.040	-0.049	0.036
校级干部	-0.045	0.093	0.240*	0.097	-0.022	0.085
学习成绩	0.035*	0.019	0.040*	0.015	-0.042**	0.014
父母关系（离异=0）						
和谐	0.061	0.078	0.059	0.081	-0.135†	0.071
其他	0.164	0.127	-0.052	0.132	-0.150	0.114
父亲职业（无业=0）						
公务员	0.306*	0.120	-0.033	0.124	0.044	0.110
管理人员	0.306**	0.109	-0.158	0.113	0.041	0.099
专业技术人员	0.270*	0.112	-0.070	0.117	0.021	0.101
个体私营企业主	0.228*	0.101	-0.079	0.106	-0.074	0.091
办事员	0.300*	0.117	0.176	0.122	-0.011	0.106
普通工人	0.291**	0.100	-0.193†	0.104	-0.006	0.089
农民	0.408***	0.112	-0.177	0.116	-0.026	0.100
父亲受教育年限	-0.148*	0.006	0.007	0.007	0.008	0.006
社区类型（农村社区=0）						
城乡结合部	0.088	0.067	-0.006	0.069	0.042	0.061
低档城市社区	0.135	0.090	0.095	0.094	-0.098	0.082
中低档城市社区	0.013	0.077	0.071	0.079	0.088	0.070
中档城市社区	0.062	0.061	0.153*	0.063	0.029	0.055
中高档城市社区	-0.025	0.075	0.209**	0.077	0.046	0.068
高档城市社区	0.061	0.108	0.433***	0.112	0.101	0.098
地区（西部地区=0）						
中部地区	-0.101*	0.040	-0.042	0.042	0.004	0.037

续表

变量	模型1 内在化道德认同 回归系数	模型1 内在化道德认同 标准误差	模型2 外在化道德认同 回归系数	模型2 外在化道德认同 标准误差	模型3 负向道德认同 回归系数	模型3 负向道德认同 标准误差
东部地区	-0.173**	0.057	0.058	0.060	-0.023	0.052
社会关系						
孤独感	-0.010**	0.033	-0.019***	0.004	0.015***	0.003
社会赞许性期望	0.209***	0.019	0.064**	0.020	-0.151***	0.018
等级式权威教化						
父亲拒绝型教养方式	-0.026	0.021	0.005	0.021	0.044*	0.019
父亲情感温暖型教养方式	0.015	0.022	0.065**	0.023	-0.019	0.020
父亲过度保护型教养方式	-0.003	0.022	0.003	0.023	0.019	0.020
母亲拒绝型教养方式	-0.290	0.021	0.005	0.021	0.037*	0.019
母亲情感温暖型教养方式	0.053*	0.022	-0.021	0.023	-0.058**	0.020
母亲过度保护型教养方式	0.008	0.022	0.009	0.023	0.009	0.020
理性选择						
月零花钱	-0.0001*	0.000	0.000	0.000	0.0001**	0.000
家庭经济条件（一般=0）						
富裕	0.096	0.059	0.072	0.061	0.002	0.054
贫困	-0.005	0.056	0.102†	0.059	0.012	0.051
常数项	0.141	0.170	0.060	0.176	-0.298	0.154
Adj. R^2	1.004		0.062		0.097	
样本量	2704		2704		2761	

注：†$p<0.1$，*$p<0.05$，**$p<0.01$，***$p<0.001$。

模型2还显示，理性选择变量中的家庭经济条件对青少年的外在化道德认同也有较显著的影响：跟家庭经济条件一般的青少年相比，家庭经济条件贫困的青少年的外在化道德认同更高，后者较前者高10.2%（$p<0.1$）。其背后的机制可能并不完全是理性选择逻辑，对生活处境的体会和移情在其中可能也起了作用。家庭经济条件贫困的青少年希望面对的是一个富有主流道德特征的生活环境（例如，当自己深陷困境时，周围有人关心体贴、有人表示同情和帮助），因此，他们自然更希望自己也拥有和表现出那样的道德品质和特征。

另外，作为控制变量的学生干部、学习成绩、父亲职业和社区类型等变量对青少年的外在化道德认同也有较显著的影响。例如，跟不担任学生干部的学生相比，担任班级干部和校级干部的学生的外在化道德认同更高，后者较前者分别高 8.3%（$p<0.05$）和 24.0%（$p<0.05$）；学习成绩越好，青少年的外在化道德认同水平越高；跟父亲无业的青少年相比，父亲职业为普通工人的青少年的外在化道德认同更低；跟家住农村社区的青少年相比，家住中档及以上城市社区的青少年的外在化道德认同更高。

3. 青少年负向道德认同的影响因素分析

以青少年负向道德认同为因变量，以社会关系、等级式权威教化和理性选择为自变量，控制上述提到的相关变量，所得到的多元线性回归分析结果如表 1-5 中的模型 3 所示。

模型 3 显示，在控制其他相关变量后，社会关系变量中的孤独感和社会赞许性期望对青少年的负向道德认同也都有显著的影响：青少年的孤独感每增加 1 个单位，其负向道德认同则增加 1.5%（$p<0.001$）；而标示关系性嵌入的社会赞许性期望每增加 1 个单位，青少年的负向道德认同则降低 15.1%（$p<0.001$）。也就是说，良好的同伴关系和较深的关系性嵌入可抑制青少年的外在化道德认同。

模型 3 也显示，等级式权威教化变量中的父亲拒绝型教养方式、母亲拒绝型和情感温暖型教养方式均对青少年的负向道德认同有较显著的影响：父亲和母亲采纳拒绝型教养方式每增加 1 个单位，青少年的负向道德认同则分别增加 4.4%（$p<0.05$）与 3.7%（$p<0.05$）；而母亲采纳情感温暖型教养方式每增加 1 个单位，青少年的负向道德认同则降低 5.8%（$p<0.01$）。也就是说，冷酷－拒斥式独裁型教化可助长青少年的负向道德认同，而母亲的民主－商讨式权威型教化则可抑制青少年的负向道德认同。

模型 3 还显示，理性选择变量中月零花钱对青少年的负向道德认同有较显著的正向影响：青少年的月零花钱每增加 1 元，青少年的负向道德认同则增加 0.01%（$p<0.01$）。这一发现与前述月零花钱抑制青少年内在化道德认同的发现貌似相反，实则一致，即月零花钱不利于青少年道德认同的培育。其背后的机制比较复杂，本研究在后面一并讨论。

另外，作为控制变量的性别、学校等级、学习成绩以及父母关系等变量也对青少年的负向道德认同有较显著的影响。例如，男生的负向道德认同较女生高 14.1%（$p<0.001$）；重点学校学生的负向道德认同较普通学校学生低 9.4%（$p<0.05$）；学习成绩越好，青少年的负向道德认同也越低；跟离异家庭的青少年相比，和谐家庭的青少年的负向道德认同更低，低出 13.5%（$p<0.1$）。

（三）小结

基于对全国 4000 多名初高中学生的问卷调查，该部分考察了青少年的道德认同程度、结构及其影响因素。结果表明，青少年对主流道德特征的认同度较高，平均得分为 3.74 分，相当于对各主流道德特征所持的态度处于"说不清"和"比较同意"之间，但比较偏向于"比较同意"一端；但青少年对各主流道德特征的认同度或接受方式也存在明显差异：有高达 83.9% 的青少年表示"比较同意"（含"完全同意"）"成为具备这些特征的人，是我做人的一个重要部分"，但只有 29.5% 的青少年表示"比较同意"（含"完全同意"）"我周围其他人都知道我具备这些特征"。

青少年的道德认同可区分为内在化道德认同、外在化道德认同和负向道德认同。其中，青少年的内在化道德认同最高，外在化道德认同次之，负向道德认同最低。青少年的负向道德认同最低也反向印证了青少年的道德认同程度比较高。

尽管本研究所涉自变量和控制变量对青少年三类道德认同的影响不完全一致，但并不否定我们基于原初的研究思路得出以下三点结论：青少年道德认同是嵌入社会关系之中的，良好的同伴关系和致密的关系性嵌入有助于青少年对主流道德品质或特征的认同和接受；青少年道德认同也是等级式权威教化的产物：民主－商讨式权威型教化有助于青少年道德认同的培育，而冷酷－拒斥式独裁型教化则抑制他们认同和接受主流道德特征；原初被作为抗风险能力的变量基于理性选择逻辑影响青少年道德认同的机制并没有得到较好的检验，这需要我们在未来进一步的研究中优化研究思路，设计出新的测量指标。

五 青少年道德的观念/心理面向Ⅱ：道德推脱

道德推脱是道德判断的一种特殊形式，或者说，是一种逆向道德判断形式，它是班杜拉在社会认知理论框架下提出来并用来解释不道德行为的一个重要概念。该部分将利用班杜拉等设计的道德推脱量表实证考察中国青少年道德推脱的水平，以及社会关系、等级式权威教化和理性选择等变量对它的影响，以便为更科学地引导青少年的道德观念提供理论和经验依据。

（一）青少年道德推脱的水平及其机制

利用班杜拉等（Bandura et al., 1996）设计的道德推脱量表调查在校初高中生，所得结果如表1-6所示。

表1-6显示，青少年道德推脱总体水平得分为1.38分，介于"不同意"和"有点同意"之间，不算太高，表明青少年受源自道德准则的自我约束还是比较强的。

从道德推脱的8个机制来看，责任扩散的得分最高，达到了1.85分，接近"有点同意"的水平。值得注意的是，"如果一个集体一起决定做坏事，那么只责罚这个集体中的某个孩子是不公平的"和"因为集体造成的伤害，而责罚这个集体中的一个孩子，是不公平的"这两项指标的得分均超过了2分，介于"有点同意"和"同意"之间，表示比较认同它们的青少年分别高达75.4%和72.6%，表示完全认同的也分别高达56.8%和51.0%。

道德辩护的得分位居其次，为1.49分，介于"不同意"和"有点同意"的正中间，表明青少年比较倾向于以合法化自己过错行为的方式来免除自我谴责。其中，表示比较认同"为了保护自己的朋友而打架是正确的"和"为了让朋友摆脱困境，撒谎也是可以的"的青少年分别为47.1%和48.2%，即有近一半的青少年比较认同这两项指标；另有近40%的青少年比较认同"打那些说你家人坏话的人，是对的"。

责任转移的得分位居第三，为1.42分，也介于"不同意"和"有点同意"之间。其中，表示比较认同"如果一个孩子是迫于他朋友的压力而做坏事,那这个孩子不应该被责罚"的青少年为45.3%,表示比较认同"如果小孩生活在一个不良环境中,那他们不应该因为攻击性行为而受到责罚"的也有近40%(37.1%),有近10%的青少年表示完全认同这一点。

得分最低的是有利比较,只有1.16分,接近"不同意"。其中,"可以言语上侮辱一下同学,因为打他/她就更为恶劣了"被认同的程度最高,但也只有18.9%的青少年对这一点表示认同;表示比较认同"与那些偷很多钱的人相比,偷一点点钱不算什么"和"跟违法行为相比,不付钱就从商店里拿东西不算严重"的分别只有6.6%和9.7%,而表示完全认同它们的分别仅为1.9%和3.1%。

得分位居倒数第二的是非人性化和扭曲结果,其得分均为1.24分。在非人性化中,表示比较认同"有些人只值得像对待动物一样被对待"和"那些令人讨厌的人不值得像对待人一样对待"的分别为25.4%和25.2%,而表示比较认同"有些人因为缺乏知觉,即使被伤害了,他们也感觉不到,对这样的人就应该粗暴对待"的则只有11.3%,表示完全认同这一点的则仅有2.7%。在扭曲结果中,表示比较认同"小孩不用在意被取笑,因为那表示别人对他们感兴趣"和"撒点小谎没有关系,因为它也不会给别人造成什么伤害"的分别为28.8%和27.8%,而表示比较认同"孩子之间的相互侮辱,不会伤害到任何人"的则只有11.2%。

表1-6 青少年道德推脱的水平及其机制

指标	不同意(%)	有点同意(%)	同意(%)	均值	标准差	样本量
道德辩护				**1.49**	**0.46**	**4329**
为了保护自己的朋友而打架是正确的	52.9	38.1	9.0	1.56	0.65	4390
打那些说你家人坏话的人,是对的	60.6	29.3	10.1	1.50	0.62	4371
因为集体荣誉受到威胁而打架,是可以的	71.9	22.6	5.5	1.34	0.58	4366
为了让朋友摆脱困境,撒谎也是可以的	51.8	38.8	9.4	1.58	0.66	4355
委婉标签				**1.37**	**0.39**	**4325**
拍打或推搡别人,只是开玩笑的方式	44.4	41.5	14.1	1.70	0.70	4387

续表

指标	不同意（%）	有点同意（%）	同意（%）	均值	标准差	样本量
打那些令人讨厌的同学只是给他们"一个教训"	75.4	19.1	5.5	1.30	0.57	4372
没经过主人的允许而拿走他们的东西，可视为"借用"	89.0	8.5	2.5	1.13	0.41	4364
偶尔放纵一下（如喝醉酒、抽烟等），也不是一件坏事	72.3	20.7	7.0	1.35	0.61	4355
有利比较				**1.16**	**0.32**	**4292**
当考虑到别人在打人时，我觉得损坏财物没什么大不了	84.1	11.5	4.4	1.20	0.50	4372
与那些偷很多钱的人相比，偷一点点钱不算什么	93.4	4.7	1.9	1.09	0.34	4374
可以言语上侮辱一下同学，因为打他/她就更为恶劣了	81.1	13.2	5.7	1.25	0.55	4348
跟违法行为相比，不付钱就从商店里拿东西不算严重	90.3	6.6	3.1	1.13	0.42	4347
责任转移				**1.42**	**0.41**	**4307**
如果小孩生活在一个不良环境中，那他们不应该因为攻击性行为而受到责罚	62.9	27.3	9.8	1.47	0.67	4365
如果孩子没有接受过关于遵守纪律方面的教育，那他们不应该因为不端行为而受到责罚	66.2	27.9	5.9	1.40	0.60	4377
当小孩所有的朋友都讲脏话时，他们不应该因为讲了脏话而受到责罚	77.7	16.2	6.1	1.28	0.57	4360
如果一个孩子是迫于他朋友的压力而做坏事，那这个孩子不应该被责罚	54.7	38.1	7.2	1.52	0.63	4349
责任扩散				**1.85**	**0.46**	**4300**
集体中的成员不应该因为集体所造成的麻烦，而受到责备	53.3	31.4	15.3	1.62	0.74	4351
如果其他小孩带头违反制度，那个只是提议（但并未参与）的小孩不应该受到责罚	80.8	15.4	3.8	1.23	0.50	4374
如果一个集体一起决定做坏事，那么责罚这个集体中的某个孩子是不公平的	24.6	18.6	56.8	2.32	0.84	4365
因为集体造成的伤害，而责罚这个集体中的一个孩子，是不公平的	27.4	21.6	51.0	2.24	0.85	4355

续表

指标	不同意(%)	有点同意(%)	同意(%)	均值	标准差	样本量
扭曲结果				1.24	0.34	4321
撒点小谎没有关系，因为它也不会给别人造成什么伤害	72.2	23.5	4.3	1.32	0.55	4378
小孩不用在意被取笑，因为那表示别人对他们感兴趣	71.2	23.1	5.7	1.34	0.58	4366
取笑他人并没有真正伤害到他们	84.8	12.0	3.2	1.18	0.46	4360
孩子之间的相互侮辱，不会伤害到任何人	88.8	8.5	2.7	1.14	0.42	4357
责备归因				1.37	0.37	4324
如果小孩在学校打架或行为不端，这是他们老师的过错	77.0	19.0	4.0	1.27	0.53	4370
如果人们粗心大意、乱放东西，使东西被偷了，这是他们自己的错	42.2	43.2	14.6	1.72	0.70	4372
小孩遭受虐待通常是他们罪有应得	89.1	8.5	2.4	1.13	0.40	4352
如果父母给孩子太大的压力，那这个孩子做了坏事也不算错	67.5	26.9	5.6	1.38	0.59	4365
非人性化				1.24	0.38	4307
有些人只值得像对待动物一样被对待	74.6	17.6	7.8	1.33	0.61	4368
对那些懦弱的人不（友）好，也是可以的	84.3	12.2	3.5	1.19	0.47	4354
那些令人讨厌的人不值得像对待人一样对待	74.8	18.6	6.6	1.32	0.59	4354
有些人因为缺乏知觉，即使被伤害了，他们也感觉不到，对这样的人就应该粗暴对待	88.7	8.6	2.7	1.14	0.42	4365
道德推脱总体水平				1.38	0.27	4053

在道德推脱的 8 个机制中，道德辩护、委婉标签和有利比较三者都旨在对有害的或不道德的行为进行重构，使之合法化或变得可接受；责任转移和责任扩散的实质是模糊行为与后果之间的因果机制，从而免除个体理应为行为后果担负的责任；扭曲结果指向的是行为后果，即最小化、忽视或扭曲行为后果，以消解个体的责任；责备归因和非人性化指向的则是受害者，即将过错归因于受害者或认定受害者不具有正常人的特性而理应受到伤害。据此，将各机制合并求平均数后可发现，青少年在模糊行为与后果之间的因果机制这类道德推脱上的得分最高，为 1.64 分（求 1.42 和

1.85 的算术平均数），表明青少年更多地以模糊行为与后果间关系的方式来免除自我谴责。由表 1-6 可看到，重构不道德行为，使之更为社会所接受，也是青少年较常选择的道德推脱机制。

（二）青少年道德推脱的影响因素分析

表 1-7 中列出了以道德推脱为因变量，以社会关系（孤独感、社会赞许性期望）、等级式权威教化（父亲拒绝型教养方式、父亲情感温暖型教养方式、父亲过度保护型教养方式、母亲拒绝型教养方式、母亲情感温暖型教养方式、母亲过度保护型教养方式）、理性选择（月零花钱、家庭经济条件）为自变量，控制性别、年级、学校等级、独生子女、学生干部、学习成绩、父母关系、父亲职业、父亲受教育年限、社区类型、地区等变量的一组多元线性回归分析结果。

表 1-7 中的模型 1 是一个基准模型，在该模型中只纳入了因变量和本研究设定的控制变量。模型 1 显示，性别、年级、学校等级、独生子女、学习成绩、父亲职业、父亲受教育年限等变量均对青少年的道德推脱有较显著的影响。例如，男生的道德推脱水平比女生高；随着年级的升高，学生的道德推脱水平也逐渐提高；重点学校学生的道德推脱水平较普通学校低；跟非独生子女相比，独生子女的道德推脱水平更低；学生的学习成绩越好，道德推脱水平越低；跟父亲无业的学生相比，那些父亲为管理人员、专业技术人员和农民的学生的道德推脱水平更低；父亲受教育年限越长，学生的道德推脱水平越高。

为了考察社会关系对青少年道德推脱的影响，我们在模型 1 的基础上纳入了孤独感和社会赞许性期望这两个变量，所得结果见模型 2。模型 2 显示，孤独感对青少年道德推脱有显著的正向影响：孤独感每增加 1 个单位，青少年的道德推脱水平则提高 19.1%（$p<0.001$）。也就是说，紧密的伙伴关系有助于降低青少年的道德推脱水平。模型 2 还显示，社会赞许性期望对青少年的道德推脱没有显著影响。另外，从模型 2 也可看到，性别、年级、独生子女、学习成绩、父亲职业和父亲受教育年限等变量对青少年道德推脱的显著影响依然存在。

为了考察等级式权威教化对青少年道德推脱的影响，我们在模型 2 的

表1-7 青少年道德推脱的影响因素的回归分析结果

变量	模型1 回归系数	模型1 标准误	模型2 回归系数	模型2 标准误	模型3 回归系数	模型3 标准误	模型4 回归系数	模型4 标准误
性别（女=0）	2.535***	0.282	2.195***	0.277	2.292***	0.285	2.193***	0.296
年级	0.575***	0.086	0.590***	0.085	0.637***	0.087	0.551***	0.096
学校等级（普通学校=0）	-0.648†	0.341	-0.024	0.337	0.210	0.345	-0.103	0.361
独生子女（非独生子女=0）	-1.003**	0.329	-1.052**	0.326	-0.849*	0.334	-0.664†	0.347
学生干部（不担任=0）								
班级干部	-0.371	0.315	-0.151	0.308	-0.055	0.313	-0.055	0.324
校级干部	-0.165	0.739	0.267	0.733	-0.233	0.744	-0.167	0.780
学习成绩	-0.473***	0.119	-0.351**	0.117	-0.321**	0.120	-0.307*	0.125
父母关系（离异=0）								
和谐	-0.765	0.621	-0.764	0.601	-0.296	0.624	-0.059	0.649
其他	0.252	1.008	-0.336	0.972	0.059	1.015	0.045	1.059
父亲职业（无业=0）								
公务员	-0.313	0.956	0.325	0.952	-0.003	0.968	0.351	0.990
管理人员	-2.421**	0.868	-1.893*	0.864	-1.709†	0.876	-1.415	0.895
专业技术人员	-1.976*	0.879	-1.374	0.876	-1.376	0.893	-0.820	0.918
个体私营企业主	-1.265	0.799	-0.748	0.798	-0.801	0.809	-0.531	0.829
办事员	-0.763	0.919	0.009	0.912	0.023	0.931	0.454	0.963
普通工人	-1.360†	0.789	-1.039	0.786	-1.173	0.796	-0.663	0.813

续表

变量	模型 1 回归系数	模型 1 标准误	模型 2 回归系数	模型 2 标准误	模型 3 回归系数	模型 3 标准误	模型 4 回归系数	模型 4 标准误
农民	-3.192***	0.889	-2.474**	0.883	-2.188*	0.899	-1.664†	0.916
父亲受教育年限	0.221***	0.052	0.201***	0.051	0.192***	0.052	0.190**	0.054
社区类型（农村社区=0）								
城乡结合部	0.105	0.528	0.366	0.517	0.075	0.527	0.399	0.552
低档城市社区	-0.938	0.728	-0.935	0.713	-1.559*	0.732	-1.411†	0.748
中低档城市社区	-0.685	0.607	-0.775	0.591	-0.835	0.605	-0.753	0.669
中档城市社区	-0.379	0.471	-0.876†	0.462	-1.011*	0.474	-0.825	0.502
中高档城市社区	-0.519	0.570	-0.522	0.563	-0.697	0.574	-0.424	0.619
高档城市社区	1.312	0.830	0.551	0.819	0.437	0.839	0.350	0.911
地区（西部地区=0）								
中部地区	-0.375	0.321	-0.301	0.315	-0.017	0.322	0.093	0.337
东部地区	0.041	0.454	-0.193	0.449	-0.244	0.463	-0.267	0.481
社会关系								
孤独感			0.191***	0.026	0.147***	0.027	0.145***	0.028
社会赞许性期望			-0.207	0.144	-0.294†	0.153	-0.299†	0.160
等级式权威教化								
父亲拒绝型教养方式					0.212	0.167	0.127	0.172
父亲情感温暖型教养方式					-0.180	0.177	-0.240	0.183

续表

变量	模型 1 回归系数	模型 1 标准误	模型 2 回归系数	模型 2 标准误	模型 3 回归系数	模型 3 标准误	模型 4 回归系数	模型 4 标准误
父亲过度保护型教养方式					−0.158	0.178	−0.179	0.185
母亲拒绝型教养方式					0.805***	0.165	0.906***	0.170
母亲情感温暖型教养方式					−0.042	0.182	0.029	0.188
母亲过度保护型教养方式					0.393*	0.179	0.416*	0.186
理性选择								
月零花钱							0.001*	0.000
家庭经济条件（一般=0）								
富裕							0.562	0.499
贫困							0.679	0.462
常数项	43.057**	1.177	37.990***	1.328	38.209**	1.355	37.445*	1.400
Adj. R^2	0.058		0.079		0.094		0.092	
样本量	3361		3015		2814		2618	

注：†$p<0.1$，*$p<0.05$，**$p<0.01$，***$p<0.001$。

基础上纳入了父母教养方式的6个变量，所得结果见模型3。模型3显示，母亲拒绝型教养方式和母亲过度保护型教养方式都对青少年的道德推脱有较显著的正向影响：两者分别每增加1个单位，青少年的道德推脱水平则分别增加80.5%（$p<0.001$）和39.3%（$p<0.05$）。这表明，母亲采取命令-服从式权威型教养方式并不能促进青少年的自我约束，反而提高其道德推脱水平。从模型3可看到，父亲教养方式和母亲情感温暖型教养方式对青少年的道德推脱没有显著影响。从模型3还可看到，孤独感对青少年道德推脱的显著影响依然存在，而社会赞许性期望对青少年道德推脱原本不显著的影响开始变得显著：社会赞许性期望每增加1个单位，后者则降低29.4%（$p<0.1$）。这表明，嵌入社会关系有助于降低青少年的道德推脱水平。

为了考察理性选择对青少年道德推脱的影响及进一步检验社会关系和等级式权威教化等变量影响青少年道德推脱的稳定性，我们在模型3的基础上纳入了月零花钱和家庭经济条件这两个变量，所得结果见模型4。模型4显示，月零花钱对青少年的道德推脱有较显著的正向影响：月零花钱每增加1元，青少年的道德推脱水平则提高0.1%（$p<0.05$）。而家庭经济条件对它的影响则不显著。从模型4还可看到，社会关系中的孤独感和社会赞许性期望、等级式权威教化中的母亲拒绝型教养方式和母亲过度保护型教养方式等变量对青少年道德推脱的影响依然显著，且其影响力变化也不大：孤独感每增加1个单位，青少年的道德推脱水平则提高14.5%（$p<0.001$）；社会赞许性期望每增加1个单位，后者则降低29.9%（$p<0.1$）；母亲拒绝型和过度保护型教养方式分别每增加1个单位，后者则分别增加90.6%（$p<0.001$）和41.6%（$p<0.05$）。这表明，社会关系和等级式权威教化对青少年的道德推脱有着较稳定的影响。另外，性别、年级、独生子女、学习成绩、父亲受教育年限等变量对青少年道德推脱的影响也比较稳定。

（三）小结

基于对全国10个省（区、市）4000多名初高中学生的问卷调查，该部分考察了青少年的道德推脱水平及其形成机制。实证结果表明，青少道德推脱总体水平不算高，得分为 1.38 分，介于对道德推脱"不同意"和"有点同意"之间，但其道德推脱中责任扩散机制的水平则比较高，得分为 1.85 分，已接近对相关推脱指标"有点同意"的水平。这暗示，青少年更多地以模糊行为与后果间关系的方式来为自己的不道德行为免除自我谴责；进一步分析后发现，社会关系、等级式权威教化和理性选择均对青少年的道德推脱有一定解释力。

在上述研究发现中，有以下方面值得进一步讨论。

社会关系中的两个变量对青少年道德推脱的影响貌似是相反的，但其实质是一致的，即关系性嵌入（同伴关系和社会赞许性期望）能抑制青少年道德推脱的形成和发展。这一发现实证支持了涂尔干（2001：237）关于道德的经典命题：道德根植于人的社会本性和社会联系中，"一旦所有的社会联系都消失……那么政治经济就与道德隔离了"。

作为等级式权威教化的父母教养方式并不如我们所预期的那样对青少年的道德观念有规制作用。在父母教养方式中，三类父亲教养方式和母亲情感温暖型教养方式对青少年的道德推脱都没有显著影响，而母亲拒绝型和过度保护型教养方式对青少年道德推脱的影响则是正向的，即前者有助于后者的提升。在这里，拒绝型和过度保护型教养方式属于比较典型的命令-服从式等级式权威教化，但它们并没有使青少年完全接受为社会所广泛认同的道德观念，而是导致了他们温和或含蓄地逆反和拒斥这些主流道德观念，为不道德行为寻求解脱。这不得不让我们质疑等级式权威在道德教化和形塑中的正向作用：等级式权威也许能获得管制对象表面的顺从，但不一定能赢得他们对规则的内心认可，甚至还可能适得其反。

遵循理性选择逻辑，我们原本预期，抗风险能力能使青少年勇于担当责任、认同主流道德观念，但通过数据分析发现，体现抗风险能力的月零花钱促进了青少年的道德推脱，即让他们更倾向于推卸自己的道德责任。造成这一结果可能与如何理解"风险"这一概念有关。此处的风险，可以是行动者为抑制自己可能给他人造成伤害的行为或欲望所需付出的成本，但也可以是行动者抗拒或消解因推卸责任而带来的社会压力所需付出的成本。而本研究的实证发现则支持了第二种有关风险的解释。这意味着，抗风险能力不一定能促进青少年主流道德观念的形成和发展，反而可能消解主流道德观念对其形成的约束。此处还需要注意的是，用月零花钱和家庭经济条件来测量青少年的抗风险能力，尤其是用它们来考察青少年道德决策中的理性选择机制，仍需进一步研究。道德决策中的理性选择机制也许并不能完全如本研究那样简化处理，而是一个需要介入测量新思路的复杂过程。

基于本研究的实证发现，抑制青少年的道德推脱、培育其主流道德观念可从以下方面入手：一是基于"资源共享、友爱互助"的原则将青少年纳入各类公共生活中，消除其孤独感，让其在充满愉悦的社会性交往互动中形成良好的主流道德观念，认可和接受其自发的约束；二是破除等级式权威教化可形塑主流道德观念的乌托邦幻象，在平等原则的基础上采用道德两难情境项目，训练和培育青少年的主流道德观念；三是适度控制青少年可支配的零花钱，消除其抗道德风险的能力，在经济起点平等的基础上锻造其道德观念。

六 青少年道德的观念/心理面向Ⅲ：移情

移情是道德情感的一种表现形式，它起源于对另一个人的情绪或状况的忧虑或理解（艾森伯格等，2011：518），或者说，是对他人情感经历的间接体验和感受（Bryant，1982），对一个人外显道德行为的出现有根本性影响。因而，探讨青少年移情的水平、影响因素及机制对其道德行为的塑造有重要意义。

（一）青少年移情的水平

利用布赖恩特（Bryant，1982）的青少年移情量表，我们调查了4000多名初高中学生，所得结果如表1-8所示。

表1-8 青少年移情的水平

指标	从没有（%）	有时有（%）	经常有（%）	总是有（%）	均值	标准差	样本量
看到一个女孩找不到任何伙伴一起玩耍，我会感到难过	20.1	52.8	14.4	12.7	2.20	0.90	4472

续表

指标	从没有（%）	有时有（%）	经常有（%）	总是有（%）	均值	标准差	样本量
人们在公共场合亲吻和拥抱是愚蠢的	41.4	41.2	9.1	8.3	3.16	0.90	4461
男孩因为开心而哭泣是愚蠢的	66.2	22.2	5.9	5.8	3.49	0.85	4442
看别人拆开礼物，我也很开心，即使我自己没有得到礼物	16.9	35.9	25.9	21.2	2.51	1.01	4445
看到一个男孩哭泣，我也想哭	54.3	33.5	6.6	5.6	1.64	0.84	4442
当看到一个女孩受伤时，我会感到难过	18.2	48.2	19.6	14.1	2.29	0.92	4445
即使我不知道别人为什么笑，我也会跟着笑	13.7	34.8	24.8	26.8	2.65	1.02	4442
看电视时，我有时会哭（受某些情节所感染）	19.0	35.5	22.2	23.3	2.50	1.05	4442
女孩因为开心而哭泣是愚蠢的	72.4	19.3	4.2	4.1	3.60	0.76	4453
我很难理解有的人为什么会难过	38.1	39.8	12.3	9.8	3.06	0.94	4442
当看到一个动物受伤时，我会感到难过	10.1	35.8	26.2	28.0	2.72	0.98	4447
看到一个男孩找不到任何伙伴一起玩耍，我会感到难过	31.8	44.9	12.4	10.8	2.02	0.94	4447
有些歌曲会使我难过得想哭	19.7	37.1	21.8	21.4	2.45	1.03	4458
当看到一个男孩受伤时，我会感到难过	33.8	45.8	11.8	8.6	1.95	0.89	4439
大人有时也会哭，即使他们没有什么事好伤心的	45.0	40.7	8.5	5.8	3.25	0.84	4441
把猫和狗看作像人一样有感情的动物来对待，是愚蠢的	82.1	11.2	3.1	3.5	3.72	0.69	4445
当我看见一个同学总是假装需要老师的帮助时，我会生气	26.1	41.4	18.5	14.0	2.80	0.98	4446
一个小孩没有朋友，可能是他不想要（任何朋友）	58.0	31.6	6.1	4.3	3.43	0.79	4428
看到一个女孩在哭，我也想哭	51.0	35.2	7.6	6.2	1.69	0.86	4437
有的人看一部令人伤感的电影或读一本令人伤感的书时会哭，我觉得这是很好笑的	71.6	19.4	4.6	4.4	3.58	0.77	4445

第一章 社会关系、等级式权威还是理性选择？

续表

指标	从没有(%)	有时有(%)	经常有(%)	总是有(%)	均值	标准差	样本量
即使我看到有人看着我并且很想来一块时，我也会吃掉所有的零食（或其他好吃的）	65.3	27.5	4.4	2.8	3.55	0.71	4448
当我看到一个同学因为不遵守学校规章制度而被老师责罚时，我不会感到难过	27.4	41.8	15.6	15.1	2.82	1.00	4454
青少年移情的总体水平					**2.73**	**0.89**	**4446**

表1-8显示，青少年移情的总体水平得分为2.73分，介于"有时有"和"经常有"之间，但略偏向于"经常有"。这表明，青少年的移情水平不算高。

在移情的各具体指标中，青少年在"男孩因为开心而哭泣是愚蠢的"、"女孩因为开心而哭泣是愚蠢的"、"大人有时也会哭，即使他们没有什么事好伤心的"、"把猫和狗看作像人一样有感情的动物来对待，是愚蠢的"、"一个小孩没有朋友，可能是他不想要（任何朋友）"、"有的人看一部令人伤感的电影或读一本令人伤感的书时会哭，我觉得这是很好笑的"和"即使我看到有人看着我并且很想来一块时，我也会吃掉所有的零食（或其他好吃的）"7项指标上的得分比较高，得分均在3.2分以上（相当于百分制的80分以上）。也就是说，在面对这些情形时，青少年的移情水平比较高。例如，分别有高达82.1%、72.4%和71.6%的青少年"从没有"认为过"把猫和狗看作像人一样有感情的动物来对待，是愚蠢的"、"女孩因为开心而哭泣是愚蠢的"和"有的人看一部令人伤感的电影或读一本令人伤感的书时会哭，我觉得这是很好笑的"。这7项指标是反向（间接）测量青少年的移情水平，离青少年真切的移情水平可能还有一定距离。

青少年在"看别人拆开礼物，我也很开心，即使我自己没有得到礼物"、"即使我不知道别人为什么笑，我也会跟着笑"、"看电视时，我有时会哭（受某些情节所感染）"、"当看到一个动物受伤时，我会感到难过"和"有些歌曲会使我难过得想哭"5项指标上的得分也比较高，平均得分在2.45~2.72分（相当于百分制的61~68分），介于对相关情境表示"有时有"和"经常有"之间，但略偏向于"经常有"。这意味着，青少年对这5种情境的移情水平不高,但也不低。例如,表示"经常有"(含"总是有")"当看到一个动物受伤时,我会感到难过"、"即使我不知道别人为什么笑,我也会跟着笑"和"看别人拆开礼物,我也很开心,即使我自己没有得到礼物"等情形的青少年有54.2%、51.6%和47.1%,即有一半左右的青少年能经常感受到他人(或动物)的快乐和伤心。

青少年在"看到一个女孩找不到任何伙伴一起玩耍,我会感到难过"、"当看到一个女孩受伤时,我会感到难过"和"看到一个男孩找不到任何伙伴一起玩耍,我会感到难过"3项指标上的得分相对较低,平均得分在2.0~2.3分(相当于百分制的50~58分),介于对这些情境表示"有时有"和"经常有"之间,但略偏向于"有时有"。这意味着,青少年对这3种情境的移情水平比较低。例如,表示"经常有"(含"总是有")"看到一个男孩找不到任何伙伴一起玩耍,我会感到难过"和"看到一个女孩找不到任何伙伴一起玩耍,我会感到难过"等情形的青少年只有23.2%和27.1%,即只有四分之一左右的青少年能感受他人的孤单,并对他们表示同情和难过。另外,数据还显示,青少年对女性的移情水平略高于对男性的移情水平。

从表1-8还可看到,青少年在"当看到一个男孩受伤时,我会感到难过"、"看到一个男孩哭泣,我也想哭"和"看到一个女孩在哭,我也想哭"3项指标上的得分最低,平均得分都在2.0分以下(相当于百分制的50分以下),介于对这些情境表示"从没有"和"有时有"之间,但略偏向于"有时有"。例如,表示"经常有"(含"总是有")上述情形的青少年只有20.4%、12.2%和13.8%,即只有少数青少年能较明显地"感同身受"他人的伤心和痛苦。

综上所述,青少年的移情水平并不高。尽管他们在一些反向测量其移情的指标上得分比较高,但面对他人的伤痛,不冷漠无情,并不意味着他们一定会同情他人的不幸处境。如果将这种情形考虑进去,青少年实际的移情水平可能会更低。从上面的分析,我们还可看到,面对他人不幸情境,需要更直露地和从内心深处表达同情或感同身受,而能做到这样的青少年就很少。也就是说,随着需要卷入的情感越深,能达到相应移情水平的青少年就越少。

（二）青少年移情的影响因素分析

表1-9中列出了以移情为因变量，以社会关系（孤独感、社会赞许性期望）、等级式权威教化（父亲拒绝型教养方式、父亲情感温暖型教养方式、父亲过度保护型教养方式、母亲拒绝型教养方式、母亲情感温暖型教养方式、母亲过度保护型教养方式）、理性选择（月零花钱、家庭经济条件）为自变量，控制性别、年级、学校等级、独生子女、学生干部、学习成绩、父母关系、父亲职业、父亲受教育年限、社区类型、地区等变量的一组多元线性回归分析结果。

模型1是一个基准模型，在该模型中只纳入了因变量和本研究设定的控制变量。模型1显示，性别、年级、学校等级、学生干部、学习成绩、父亲职业、父亲受教育年限、社区类型等变量都对青少年的移情有较显著的影响。例如，女生的移情水平较男生高：前者的移情水平是后者的3.4倍（$p<0.001$）；随着年级的升高，青少年的移情水平却逐渐下降；重点学校学生的移情水平较普通学校学生高；跟不担任学生干部的学生相比，担任干部的学生的移情水平更高：担任班级干部和校级干部的学生的移情水平分别是非学生干部的1.1倍（$p<0.001$）和1.8倍（$p<0.001$）；学习成绩越好，青少年的移情水平也越高；跟父亲无业的青少年相比，那些父亲为办事员的青少年的移情水平更高：后者是前者的1.7倍（$p<0.05$）；父亲受教育年限越长，青少年的移情水平越高；跟家住农村社区的青少年相比，家住低档城市社区的青少年的移情水平更高：后者是前者的1.2倍（$p<0.1$）。

为了考察社会关系对青少年移情的影响，我们在模型1的基础上纳入了孤独感和社会赞许性期望这两个变量，所得结果见模型2。模型2显示，社会关系变量中的孤独感和社会赞许性期望都对青少年的移情有显著的影响：青少年的孤独感每增加1个单位，其移情水平则降低14.7%（$p<0.001$）；而标示关系性嵌入的社会赞许性期望每增加1个单位，青少年的移情水平则提高1.17倍（$p<0.001$）。也就是说，良好的同伴关系和有深度的关系性嵌入有助于青少年移情水平的提高，或者说，同伴关系和关系性嵌入可提升青少年的移情水平。另外，模型2也显示，作为控制变量的

表1-9 青少年移情的影响因素的回归分析结果

变量	模型1 回归系数	模型1 标准误	模型2 回归系数	模型2 标准误	模型3 回归系数	模型3 标准误	模型4 回归系数	模型4 标准误
性别（女=0）	-3.425***	0.241	-3.081***	0.252	-3.050***	0.262	-3.174***	0.272
年级	-2.644**	0.074	-0.187**	0.772	-0.143†	0.080	-0.146	0.888
学校等级（普通学校=0）	0.902**	0.292	0.728**	0.309	0.640*	0.318	0.567†	0.333
独生子女（非独生子女=0）	0.133	0.278	-0.112	0.293	-0.247	0.304	-0.249	0.316
学生干部（不担任=0）								
班级干部	1.098***	0.269	0.789**	0.280	0.697*	0.288	0.722*	0.299
校级干部	1.819***	0.625	1.030	0.663	0.958	0.680	0.449	0.717
学习成绩	0.249**	0.101	0.153	0.106	0.128	0.110	0.078	0.114
父母关系（离异=0）								
和谐	0.869	0.535	-0.034	0.554	-0.189	0.577	-0.202	0.598
其他	0.781	0.865	0.846	0.885	1.252	0.933	1.233	0.973
父亲职业（无业=0）								
公务员	1.260	0.831	0.049	0.886	-0.290	0.911	0.107	0.933
管理人员	1.017	0.759	-0.018	0.808	-0.160	0.829	0.025	0.847
专业技术人员	0.678	0.769	0.029	0.820	-0.377	0.844	-0.201	0.867
个体私营企业主	0.729	0.704	-0.438	0.853	-0.228	0.771	0.053	0.789
办事员	1.711*	0.804	0.980	0.675	0.570	0.878	0.729	0.906
普通工人	0.413	0.696	-0.129	0.740	-0.245	0.757	-0.121	0.772

续表

变量	模型 1 回归系数	模型 1 标准误	模型 2 回归系数	模型 2 标准误	模型 3 回归系数	模型 3 标准误	模型 4 回归系数	模型 4 标准误
农民	1.070	0.782	0.450	0.827	0.433	0.849	0.676	0.866
父亲受教育年限	0.105*	0.447	-0.097*	0.047	-0.064	0.485	-0.536	0.050
社区类型（农村社区=0）								
城乡结合部	0.146	0.453	0.302	0.472	0.010	0.487	0.173	0.511
低档城市社区	1.183†	0.453	1.190*	0.643	1.204†	0.671	1.060	0.685
中低档城市社区	0.140	0.520	0.251	0.540	0.254	0.558	0.138	0.581
中档城市社区	0.337	0.403	0.452	0.425	0.506	0.441	0.690	0.467
中高档城市社区	0.721	0.488	0.499	0.516	0.298	0.534	0.514	0.574
高档城市社区	0.379	0.700	0.220	0.737	0.215	0.763	-0.140	0.830
地区（西部地区=0）								
东部地区	0.184	0.275	0.637	0.287	0.221	0.296	0.254	0.310
中部地区	-0.629	1.017	-0.514	0.409	-0.353	0.425	-0.572	0.444
社会关系								
孤独感			-0.147***	0.023	-0.128***	0.025	-0.133***	0.026
社会赞许性期望			1.169***	0.133	0.933***	0.143	0.873***	0.150
等级式权威教化					-0.080	0.153	-0.648	0.159
父亲拒绝型教养方式					0.389**	0.163	0.509**	0.168
父亲情感温暖型教养方式								

续表

变量	模型 1 回归系数	模型 1 标准误	模型 2 回归系数	模型 2 标准误	模型 3 回归系数	模型 3 标准误	模型 4 回归系数	模型 4 标准误
父亲过度保护型教养方式					0.129	0.162	0.240	0.169
母亲拒绝型教养方式					0.155	0.152	0.157	0.157
母亲情感温暖型教养方式					0.528**	0.167	0.476**	0.172
母亲过度保护型教养方式					0.153	0.164	0.046	0.170
理性选择								
月零花钱							−0.000	0.000
家庭经济条件（一般=0）								
富裕							−0.143	0.457
贫困							0.670	0.425
常数项	59.662	1.016	65.843	1.230	63.390	1.271	63.485	1.314
Adj. R^2	0.080		0.111		0.118		0.119	
样本量	3372		2974		2782		2586	

注：† $p<0.1$，* $p<0.05$，** $p<0.01$，*** $p<0.001$。

性别、年级、学校等级、学生干部、父亲受教育年限、社区类型等变量对青少年移情的影响依然存在。

为了考察等级式权威教化对青少年移情的影响,我们在模型2的基础上纳入了父母教养方式等6个变量,所得结果见模型3。模型3显示,等级式权威教化中的父亲情感温暖型教养方式与母亲情感温暖型教养方式都对青少年的移情有较显著的影响:前两者分别每增加1个单位,后者则分别提高38.9%($p<0.01$)和52.8%($p<0.01$)。这表明,民主-商讨式权威型教化,不管是父亲的还是母亲的,都有助于青少年移情水平的提高。模型3也显示,社会关系变量中的孤独感和社会赞许性期望对青少年移情的显著影响依然存在,只是影响力略有变化:青少年的孤独感每增加1个单位,其移情水平则降低12.8%($p<0.001$);而标示关系性嵌入的社会赞许性期望每增加1个单位,青少年的移情水平则提高93.3%($p<0.001$)。这表明,嵌入社会关系有助于提高青少年的道德移情水平并没有改变。另外,作为控制变量的性别、年级、学校等级、学生干部和社区类型等变量对青少年移情的显著影响依然存在。

为了考察理性选择对青少年移情的影响以及进一步检验社会关系和等级式权威教化等变量影响青少年移情的稳定性,我们在模型3的基础上纳入了月零花钱和家庭经济条件这两个变量,所得结果见模型4。模型4显示,两个理性选择变量(月零花钱和家庭经济条件)都对青少年移情没有显著影响。这表明,理性选择并不能解释青少年移情的变化,或者还需要重新优化理性选择变量的测量指标。模型4也显示,两个社会关系变量依然对青少年移情有显著影响:青少年的孤独感每增加1个单位,其移情水平则降低13.3%($p<0.001$);而标示关系性嵌入的社会赞许性期望每增加1个单位,青少年的移情水平则提高87.3%($p<0.001$)。这表明,良好的同伴关系和较深的关系性嵌入有助于培育青少年的移情这一发现是比较稳定的。模型4还显示,等级式权威教化变量中的父亲情感温暖型教养方式和母亲情感温暖型教养方式对青少年移情的影响也依然存在:前两者分别每增加1个单位,后者则分别增加50.9%($p<0.01$)和47.6%($p<0.01$)。这表明,民主-商讨式权威型教化有助于培育青少年的移情这一发现也是比较稳定的。另外,作为控制变量的性别、学校等级和学生干部

等变量对青少年移情的显著影响也依然存在，有较强的稳定性。

（三）小结

基于对全国10个省（区、市）共4000多名青少年的问卷调查，本部分考察了青少年移情的水平及其影响因素。实证结果表明，青少年的移情水平不算高，其总的平均得分为2.73分，对所列道德情境处于"有时有"和"经常有"之间，但略偏向于"经常有"。如果考虑到青少年在反向测量移情的指标上的得分比较高，并因此而拉高了移情水平的总体分值，青少年移情水平的实际得分还会下降。因此可以说，青少年的移情水平并不高。但青少年不同维度的移情水平存在较大的差异：有54.2%的青少年表示"经常有"（含"总是有"）"当看到一个动物受伤时，我会感到难过"这样的情感经历，而只有12.2%的青少年表示"经常有"（含"总是有"）"看到一个男孩哭泣，我也想哭"这样的情感经历。

从前面的嵌套模型，我们可得出以下几点结论：青少年的移情是社会交往互动的结果，良好的同伴关系和较深的关系性嵌入有助于青少年移情的培育及其水平的提高；民主-商讨式权威型教化，不管是父亲的还是母亲的，都有助于青少年移情水平的提高，但命令-服从式权威型教化和冷酷-拒斥式独裁型教化均对青少年移情没有显著影响；两个理性选择变量（月零花钱和家庭经济条件）都对青少年移情没有显著影响。

另外，我们的发现支持了西方学者马丁（Martin，1987）有关女孩和女人比男孩和男人有更多的移情和同情的说法，但与弗兰佐和戴维斯（Franzoi & Davis，1991）有关青少年移情水平与年龄同期增长的发现有出入：中国青少年的移情水平随着年级的增加而逐渐降低。这还需要进一步研究。

七 青少年道德的行为面向Ⅰ：亲社会行为

亲社会行为是有关帮助、分享、捐赠、合作和对伤痛做出反应之类的人际行为的一个总括性词语，其共性是关心他人（Weir & Duveen，1981；Zeldin et al.，1984）和社会责任（Zeldin et al.，1984）。亲社会行为是一种积极的、正向的道德行为面向。

（一）青少年亲社会行为的表现及其结构

在国内外相关研究（Rushton et al., 1981；Weir & Duveen, 1981；Carlo & Randall, 2002；寇彧、张庆鹏，2006）的基础上，我们设计了共包括29项指标的青少年亲社会行为量表，并对调查对象进行了自填式问卷调查，所得结果如表1-10所示。

表1-10 青少年亲社会行为的表现

指标	从不(%)	一次(%)	多于一次(%)	经常(%)	总是(%)	均值	标准差	样本量
给慈善机构捐钱	20.8	18.1	43.9	12.2	5.0	2.6	1.1	4320
捐钱给有需要的陌生人（或乞讨人员）	16.7	13.6	45.3	18.0	6.4	2.8	1.1	4318
捐东西或衣服给慈善机构	42.7	16.5	27.4	8.4	4.9	2.2	1.2	4269
在慈善机构做志愿工作（或义工）	51.1	18.3	21.0	6.0	3.6	1.9	1.1	4311
帮陌生人拿东西（如书、包裹等）	40.0	14.9	29.1	10.5	5.5	2.3	1.2	4316
借东西（如工具）给一个我并不认识的邻居	36.3	15.0	30.0	12.7	6.0	2.4	1.3	4316
帮一个我并不熟悉的同学一块完成家庭作业	56.3	12.0	20.9	7.0	3.8	1.9	1.2	4308
帮助残疾人或老人过马路	42.2	16.4	25.2	9.9	6.3	2.2	1.3	4316
与同学分享自己的学习用品（书、笔等）	4.2	6.6	30.6	35.6	23.0	3.7	1.0	4316
邀请旁观者一起参与游戏	12.9	7.9	32.5	30.2	16.5	3.3	1.2	4312
帮助受伤的人	8.9	11.2	37.8	26.8	15.3	3.3	1.1	4307
伤害（或妨碍）他人后，主动道歉	4.0	6.6	28.3	31.9	29.2	3.8	1.1	4322
和他人分享自己的零食或多余的食物	3.1	4.8	26.7	36.6	28.8	3.8	1.0	4312
主动帮其他同学捡起掉落的东西（如书本等）	2.5	3.7	20.6	37.7	35.5	4.0	1.0	4316

续表

指标	从不(%)	一次(%)	多于一次(%)	经常(%)	总是(%)	均值	标准差	样本量
抓住机会称赞能力稍差点的同学	12.3	11.4	37.6	24.4	14.3	3.2	1.2	4301
对做错事的人表示同情	13.2	11.3	36.0	25.5	14.0	3.2	1.2	4300
安慰一个正在哭或难过的伙伴	6.2	7.3	29.9	32.2	24.4	3.6	1.1	4306
为生病的同学提供帮助	9.5	9.9	34.8	27.0	18.8	3.4	1.2	4302
班上有同学表现不错时，会鼓掌或微笑	4.8	6.6	27.8	33.9	26.9	3.7	1.1	4298
志愿清扫被其他人弄脏的地方	14.4	16.1	39.4	19.0	11.1	3.0	1.2	4305
主动为老师提供帮助（如拿书、擦黑板等）	14.4	14.0	36.8	20.4	14.4	3.1	1.2	4305
为班上同学的获奖感到高兴	6.5	8.1	31.8	30.7	22.9	3.6	1.1	4303
帮助他人避免陷入麻烦	9.6	10.6	37.9	26.3	15.6	3.3	1.1	4284
花时间陪伴那些感觉孤单的朋友或伙伴	11.5	12.0	35.4	25.2	15.9	3.2	1.2	4299
提醒同学上课不要讲话	13.5	11.5	36.5	23.8	14.7	3.1	1.2	4301
按照交通信号灯指示过马路	3.1	3.9	17.5	28.2	47.3	4.1	1.0	4300
为朋友保守秘密	2.2	3.9	16.9	30.6	46.4	4.2	1.0	4295
回报帮助过自己的人	2.9	5.0	22.9	33.4	35.8	3.9	1.0	4287
捡到东西（钱包、书本等）后还给失主	6.7	9.0	27.8	24.8	31.7	3.7	1.2	4298
青少年亲社会行为的总体水平						**3.2**	**0.7**	**3808**

表1-10显示，青少年亲社会行为总的平均得分为3.2分，处于表现相关亲社会行为为"多于一次"和"经常"之间的水平。应该说，青少年亲社会行为的总体水平还不算低。但对各具体指标上的得分略加考察，我们可发现，青少年在亲社会行为各具体指标上的得分是存在差异的。

表1-10显示，青少年在"为朋友保守秘密"、"按照交通信号灯指示过马路"和"主动帮其他同学捡起掉落的东西（如书本等）"3项指标上的平均得分都比较高，均在4.0分及以上（相当于百分制的80分及以上），处于表现这些亲社会行为为"经常"及以上的水平。表示"经常"（含"总是"）这样做的青少年分别为77.0%、75.5%和73.2%，有近一

半的青少年表示"总是""为朋友保守秘密"和"按照交通信号灯指示过马路"。

青少年在"回报帮助过自己的人"、"伤害（或妨碍）他人后，主动道歉"、"和他人分享自己的零食或多余的食物"、"捡到东西（钱包、书本等）后还给失主"、"班上有同学表现不错时，会鼓掌或微笑"、"与同学分享自己的学习用品（书、笔等）"、"安慰一个正在哭或难过的伙伴"和"为班上同学的获奖感到高兴"8项指标上的得分也比较高，平均得分在3.6~3.9分（相当于百分制的72~78分），介于表现这些亲社会行为为"多于一次"和"经常"之间的水平，且略偏向于"经常"。表示"经常"（含"总是"）这样做的青少年分别有69.2%、61.1%、65.4%、56.5%、60.8%、58.6%、56.6%和53.6%，即有一半以上的青少年经常从事上述亲社会行为。

青少年在"为生病的同学提供帮助"、"邀请旁观者一起参与游戏"、"帮助受伤的人"、"帮助他人避免陷入麻烦"、"抓住机会称赞能力稍差点的同学"、"对做错事的人表示同情"、"花时间陪伴那些感觉孤单的朋友或伙伴"、"提醒同学上课不要讲话"、"主动为老师提供帮助（如拿书、擦黑板等）"和"志愿清扫被其他人弄脏的地方"10项指标上的平均得分在3.0~3.4分（相当于百分制的60~68分），介于表现这些亲社会行为为"多于一次"和"经常"之间的水平，且略偏向于"多于一次"。表示"经常"（含"总是"）这样做的青少年分别有45.8%、46.7%、42.1%、41.9%、38.7%、39.5%、41.1%、38.5%、34.8%和30.1%，而表示"总是"这样做的分别为18.8%、16.5%、15.3%、15.6%、14.3%、14.0%、15.9%、14.7%、14.4%和11.1%，即15%左右的青少年总是从事上述亲社会行为。

青少年在"捐钱给有需要的陌生人（或乞讨人员）"、"给慈善机构捐钱"、"借东西（如工具）给一个我并不认识的邻居"、"帮陌生人拿东西（如书、包裹等）"、"捐东西或衣服给慈善机构"、"帮助残疾人或老人过马路"、"在慈善机构做志愿工作（或义工）"和"帮一个我并不熟悉的同学一块完成家庭作业"8项指标上的平均得分在1.9~2.8分（相当于百分制的38~56分），处于表现这些亲社会行为为"一次"左右的水平。表示

"经常"（含"总是"）这样做的青少年分别为24.4%、17.2%、18.7%、16.0%、13.3%、16.2%、9.6%和10.8%，而表示"总是"这样做的分别只有6.4%、5.0%、6.0%、5.5%、4.9%、6.3%、3.6%和3.8%，即只有5%左右的青少年总是从事上述亲社会行为。

综上分析，我们可发现，青少年从事慈善捐赠和帮助陌生人之类的亲社会行为的水平最低。表1-10显示，表示"从不""帮一个我并不熟悉的同学一块完成家庭作业"、"在慈善机构做志愿工作（或义工）"、"捐东西或衣服给慈善机构"和"帮助残疾人或老人过马路"的青少年分别高达56.3%、51.1%、42.7%和42.2%。

不太愿意帮助不熟悉的同学，可能是青少年不信任外人在日常学习生活中的体现，也可能是费孝通所谓的"差序格局"文化在青少年身上的体现。青少年较少向慈善机构捐赠物品和时间（义工）可能与慈善文化缺失和不时受到冲击有关。我们周围确实也有不少人（包括青少年）愿意捐赠自己多余的物品或愿意捐赠自己的闲暇时间，但他们不知道到哪里去捐赠，因为他们周围很少有接受捐赠的机构。另外，前几年，"郭美美炫富"丑闻所暴露出来的一些存在于慈善机构的弊端也不同程度地侵蚀了人们对慈善机构原本就不高的信任。帮助残疾人或老人过马路，是青少年完全有能力做的事，但也有四成多的青少年从未做过。这可能与现实生活中或网络上传播的许多老年人"碰瓷"事件有关："好心人"（提供帮助的人）反被接受帮助的人勒索和陷害。这种"恩将仇报"的"碰瓷"事件也许并不多，但经网络媒体放大，它已"深入人心"，"警醒"那些有能力提供帮助的人在碰到类似事件的时候"要谨慎"和最好远离"现场"。接触过该类新闻报道或受父母经常"提醒"的青少年可能因此而将"慈爱之心""恻隐之心"扼杀在原本纯洁的心灵之中，从而在碰到需要帮助的残疾人或老人时表现出"犹豫"或"视而不见"。这需要我们从文化和制度上进行反思，并采取行之有效的措施，重建"仁孝"这种优秀的传统文化。

从上述对青少年亲社会行为各具体指标的分析中，我们发现，尽管各具体亲社会行为均有有益于他人或群体之特征，但其间亦存在明显的差异：有的涉及慈善捐赠，有的涉及帮助陌生人，还有的涉及情感体贴，等等。为了更清晰地呈现上述亲社会行为内在的结构及其差异,我们对这些行为指标做了因子分析,提取出了 5 个公因子,并将其命名为情感体贴型亲社会行为、关系分享型亲社会行为、慈善利他型亲社会行为、诚实互惠型亲社会行为和生人援助型亲社会行为,累计方差贡献率为 58.0%。具体结果如表 1-11 所示。

表 1-11 青少年亲社会行为的结构

指标	因子1 情感体贴型亲社会行为	因子2 关系分享型亲社会行为	因子3 慈善利他型亲社会行为	因子4 诚实互惠型亲社会行为	因子5 生人援助型亲社会行为
给慈善机构捐钱	0.149	0.123	**0.768**	0.090	0.097
捐钱给有需要的陌生人(或乞讨人员)	0.097	0.213	**0.666**	0.145	0.201
捐东西或衣服给慈善机构	0.191	0.069	**0.811**	0.020	0.111
在慈善机构做志愿工作(或义工)	0.190	0.044	**0.729**	-0.019	0.154
帮陌生人拿东西(如书、包裹等)	0.122	0.125	0.154	0.064	**0.784**
借东西(如工具)给一个我并不认识的邻居	0.127	0.124	0.226	0.105	**0.768**
帮我并不熟悉的同学一块完成家庭作业	0.168	0.072	0.226	-0.029	**0.680**
帮助残疾人或老人过马路	0.313	0.026	**0.537**	-0.023	0.342
与同学分享自己的学习用品(书、笔等)	0.138	**0.717**	0.070	0.221	0.108
邀请旁观者一起参与游戏	0.213	**0.664**	0.174	0.024	0.230
帮助受伤的人	0.395	**0.553**	0.286	0.101	0.177
伤害(或妨碍)他人后,主动道歉	0.289	**0.618**	0.124	0.274	0.000
和他人分享自己的零食或多余的食物	0.242	**0.696**	0.087	0.302	0.009
主动帮其他同学捡起掉落的东西(如书本等)	0.309	**0.556**	-0.031	0.396	0.038
抓住机会称赞能力稍差点的同学	**0.604**	0.319	0.100	0.078	0.200
对做错事的人表示同情	**0.527**	0.332	0.019	0.062	0.235
安慰一个正在哭或难过的伙伴	**0.553**	0.434	0.083	0.215	0.088
为生病的同学提供帮助	**0.603**	0.371	0.185	0.193	0.112

续表

指标	因子1 情感体贴型亲社会行为	因子2 关系分享型亲社会行为	因子3 慈善利他型亲社会行为	因子4 诚实互惠型亲社会行为	因子5 生人援助型亲社会行为
班上有同学表现不错时，会鼓掌或微笑	**0.563**	0.360	0.015	0.318	0.014
志愿清扫被其他人弄脏的地方	**0.699**	0.109	0.233	0.114	0.090
主动为老师提供帮助（如拿书、擦黑板等）	**0.672**	0.096	0.266	0.130	0.100
为班上同学的获奖感到高兴	**0.657**	0.205	0.090	0.312	0.018
帮助他人避免陷入麻烦	**0.689**	0.199	0.142	0.221	0.122
花时间陪伴那些感觉孤单的朋友或伙伴	**0.659**	0.216	0.180	0.135	0.142
提醒同学上课不要讲话	**0.618**	0.057	0.189	0.159	0.051
按照交通信号灯指示过马路	0.180	0.230	0.005	**0.729**	-0.052
为朋友保守秘密	0.173	0.214	-0.007	**0.785**	0.031
回报帮助过自己的人	0.256	0.273	0.051	**0.686**	0.096
捡到东西（钱包、书本等）后还给失主	0.285	0.089	0.208	**0.591**	0.120
累计方差贡献率（%）			58.0		

情感体贴型亲社会行为指的是在心理情感上安慰、同情、体贴或赞许其他人，使其在精神上获得一种被支持感。它包括"抓住机会称赞能力稍差点的同学"、"对做错事的人表示同情"、"安慰一个正在哭或难过的伙伴"、"为生病的同学提供帮助"、"班上有同学表现不错时，会鼓掌或微笑"、"志愿清扫被其他人弄脏的地方"、"主动为老师提供帮助（如拿书、擦黑板等）"、"为班上同学的获奖感到高兴"、"帮助他人避免陷入麻烦"、"花时间陪伴那些感觉孤单的朋友或伙伴"和"提醒同学上课不要讲话"11项指标，Cronbach's α 系数为0.90。

关系分享型亲社会行为指的是与他人分享物品/活动或为他人提供友好帮助，以维系彼此间良好的关系。它包括"与同学分享自己的学习用品（书、笔等）"、"邀请旁观者一起参与游戏"、"帮助受伤的人"、"伤害（或妨碍）他人后，主动道歉"、"和他人分享自己的零食或多余的食物"

和"主动帮其他同学捡起掉落的东西（如书本等）"6项指标，Cronbach's α系数为0.84。

慈善利他型亲社会行为指的是向慈善机构捐钱、物和时间或直接向弱势人群提供帮助，包括"给慈善机构捐钱"、"捐钱给有需要的陌生人（或乞讨人员）"、"捐东西或衣服给慈善机构"、"在慈善机构做志愿工作（或义工）"和"帮助残疾人或老人过马路"5项指标，Cronbach's α系数为0.82。

诚实互惠型亲社会行为指的是遵守共同体（社会共同体和同伴群体）赖以和谐运行的基本约定和规则（例如，诚实、守信、互惠及其他规则），以给他人和自己带来好处。它包括"按照交通信号灯指示过马路"、"为朋友保守秘密"、"回报帮助过自己的人"和"捡到东西（钱包、书本等）后还给失主"4项指标，Cronbach's α系数为0.78。

生人援助型亲社会行为指的是为不认识的陌生人提供帮助。它包括"帮陌生人拿东西（如书、包裹等）"、"借东西（如工具）给一个我并不认识的邻居"和"帮我并不熟悉的同学一块完成家庭作业"3项指标，Cronbach's α系数为0.73。

我们分别求取了青少年亲社会行为5个因子的平均得分，并对其进行了排序，所得结果如表1-12所示。

表1-12 青少年亲社会行为各因子得分及排序

因子	最小值	最大值	均值	标准差	排序	样本量
情感体贴型亲社会行为	1	5	3.3	0.8	3	4104
关系分享型亲社会行为	1	5	3.6	0.8	2	4231
慈善利他型亲社会行为	1	5	2.4	0.9	4	4182
诚实互惠型亲社会行为	1	5	4.0	0.8	1	4221
生人援助型亲社会行为	1	5	2.2	1.0	5	4272

表1-12显示，诚实互惠型亲社会行为的平均得分最高，得分为4.0分；其次是关系分享型亲社会行为，得分为3.6分；再次是情感体贴型亲社会行为，得分为3.3分；得分最低的是生人援助型亲社会行为，得分只有2.2分。从各具体亲社会行为的平均得分可发现，青少年能较好地遵守

维系共同体和谐关系的约定和规则，也能较好地与人分享快乐以达成互惠互利的人际关系，但慈善文化的缺失和普遍主义信任的式微使他们较少或不太愿意帮助陌生人和为需要帮助的弱势人群提供帮助。

（二）青少年亲社会行为的影响因素分析

表 1-13 列出了分别以总的亲社会行为、情感体贴型亲社会行为、关系分享型亲社会行为、慈善利他型亲社会行为、诚实互惠型亲社会行为和生人援助型亲社会行为为因变量，以社会关系（孤独感、社会赞许性期望）、等级式权威教化（父亲拒绝型教养方式、父亲情感温暖型教养方式、父亲过度保护型教养方式、母亲拒绝型教养方式、母亲情感温暖型教养方式、母亲过度保护型教养方式）、理性选择（月零花钱、家庭经济条件）为自变量，控制性别、年级、学校等级、独生子女、学生干部、学习成绩、父母关系、父亲职业、父亲受教育年限、社区类型、地区、道德认同、移情和道德推脱等变量的一组多元线性回归分析结果。

1. 青少年总的亲社会行为的影响因素分析

以青少年总的亲社会行为为因变量，以社会关系、等级式权威教化和理性选择为自变量，控制上述相关变量，所得到的多元线性回归分析结果见表 1-13 中的模型 1。

从模型 1 可看到，在控制其他变量后，社会关系变量中的孤独感对青少年总的亲社会行为有显著的影响：孤独感每增加 1 个单位，青少年表现出来的亲社会行为则减少 37.2%（$p<0.001$）。也就是说，同伴关系越紧密，青少年表现出来的亲社会行为就越多。模型 1 显示，社会赞许性期望对青少年的亲社会行为有正向影响，但不显著。

从模型 1 也可看到，等级式权威教化变量中父亲情感温暖型教养方式和母亲情感温暖型教养方式对青少年的亲社会行为均有较显著的影响：两者分别每增加 1 个单位，后者则分别增加 1.57 倍（$p<0.001$）和 90.1%（$p<0.05$）。父母情感温暖型教养方式属于民主-商讨式权威型教养方式，父母过度保护型教养方式属于典型的命令-服从式权威型教养方式，而父母拒绝型教养方式则属于冷酷-拒斥式独裁型教养方式。这里的数据分析表明，命令-服从式权威型教化和冷酷-拒斥式独裁型教化并不能令青少

第一章 社会关系、等级式权威还是理性选择？

表1-13 青少年亲社会行为的影响因素的回归分析结果

变量	模型1 亲社会行为 回归系数	标准误	模型2 情感体贴型 亲社会行为 回归系数	标准误	模型3 关系分享型 亲社会行为 回归系数	标准误	模型4 慈善利他型 亲社会行为 回归系数	标准误	模型5 诚实互惠型 亲社会行为 回归系数	标准误	模型6 生人援助型 亲社会行为 回归系数	标准误
性别（女=0）	0.957	0.711	0.090*	0.041	-0.087*	0.042	0.093*	0.042	-0.193***	0.041	0.201***	0.044
年级	0.433†	0.226	0.033*	0.013	0.058***	0.013	-0.096***	0.013	0.0007	0.013	0.043**	0.014
学校等级（普通学校=0）	0.039	0.844	-0.086*	0.048	0.056	0.049	-0.006	0.049	0.056	0.048	0.030	0.053
独生子女（非独生子女=0）	0.959	0.804	-0.038	0.047	-0.070	0.047	-0.043	0.047	0.009	0.046	0.061	0.050
学生干部（不担任=0）												
班级干部	1.823*	0.748	0.163***	0.043	0.044	0.043	0.068	0.044	-0.087*	0.043	-0.079†	0.047
校级干部	5.070**	1.827	0.188†	0.106	-0.137	0.107	0.344**	0.108	0.011	0.105	0.218†	0.114
学习成绩	0.493†	0.289	0.066***	0.017	0.004	0.017	0.036*	0.017	-0.018	0.017	0.004	0.018
父母关系（离异=0）												
和谐	0.852	1.495	-0.023	0.087	-0.011	0.087	0.064	0.088	0.083	0.086	0.031	0.093
其他	-2.790	2.512	-0.209	0.145	-0.149	0.147	-0.031	0.148	0.115	0.144	0.095	0.157
父亲职业（无业=0）												
公务员	0.533	2.391	-0.056	0.139	0.140	0.139	0.041	0.141	0.159	0.137	-0.239	0.149
管理人员	0.216	2.145	-0.106	0.126	0.113	0.127	0.004	0.128	0.161	0.125	-0.102	0.136
专业技术人员	0.443	2.237	-0.022	0.129	0.065	0.131	-0.018	0.132	0.129	0.128	-0.103	0.139
个体私营企业主	0.262	2.027	-0.064	0.118	0.069	0.118	0.052	0.119	0.159	0.116	-0.174	0.127

· 75 ·

续表

变量	模型1 亲社会行为 回归系数	模型1 标准误	模型2 情感体贴型亲社会行为 回归系数	模型2 标准误	模型3 关系分享型亲社会行为 回归系数	模型3 标准误	模型4 慈善利他型亲社会行为 回归系数	模型4 标准误	模型5 诚实互惠型亲社会行为 回归系数	模型5 标准误	模型6 生人援助型亲社会行为 回归系数	模型6 标准误
办事员	-1.143	2.327	-0.126	0.135	0.320*	0.136	-0.091	0.137	-0.121	0.134	-0.140	0.145
普通工人	-0.099	1.993	-0.011	0.116	0.035	0.116	0.036	0.117	0.005	0.115	-0.099	0.125
农民	-1.193	2.228	0.018	0.129	-0.189	0.130	0.064	0.132	0.073	0.128	-0.124	0.139
父亲受教育年限	0.165	0.125	-0.005	0.007	0.018*	0.007	0.007	0.007	0.007	0.007	-0.006	0.008
社区类型（农村社区=0）												
城乡结合部	2.118	1.285	-0.025	0.075	0.102	0.075	0.179*	0.076	-0.045	0.074	0.073	0.080
低档城市社区	0.896	1.812	-0.004	0.105	0.057	0.106	0.118	0.107	0.077	0.104	-0.179	0.113
中低档城市社区	-0.023	1.472	-0.104	0.085	0.064	0.086	0.110	0.087	-0.041	0.085	0.006	0.092
中档城市社区	0.854	1.188	0.0001	0.068	0.017	0.069	0.160*	0.071	-0.042	0.068	-0.044	0.074
中高档城市社区	2.153	1.453	0.046	0.084	-0.004	0.085	0.347***	0.086	-0.080	0.084	-0.087	0.091
高档城市社区	3.022	2.106	0.128	0.122	0.050	0.123	0.261*	0.124	-0.027	0.121	-0.148	0.132
地区（西部地区=0）												
中部地区	-0.382	0.779	-0.012	0.045	-0.017	0.045	-0.213***	0.046	0.169***	0.045	0.055	0.049
东部地区	0.529	1.162	0.025	0.067	0.052	0.068	-0.216**	0.068	0.051	0.067	0.168*	0.073
道德认同												
外在化道德认同	3.587***	0.378	0.188***	0.022	0.019	0.022	0.072***	0.022	-0.010	0.022	0.065**	0.023
内在化道德认同	1.106**	0.419	0.050*	0.024	-0.005	0.024	0.104	0.022	0.026	0.024	0.035	0.026

续表

变量	模型1 亲社会行为 回归系数	标准误	模型2 情感体贴型亲社会行为 回归系数	标准误	模型3 关系分享型亲社会行为 回归系数	标准误	模型4 慈善利他型亲社会行为 回归系数	标准误	模型5 诚实互惠型亲社会行为 回归系数	标准误	模型6 生人援助型亲社会行为 回归系数	标准误
负向道德认同	−0.412	0.463	−0.026	0.027	−0.048†	0.027	0.083**	0.027	−0.068**	0.027	0.030	0.029
移情	0.821***	0.053	0.029***	0.003	0.024***	0.003	0.012***	0.003	0.005	0.003	0.023***	0.003
道德推脱	0.029	0.048	−0.007*	0.003	0.012***	0.003	−0.005†	0.003	−0.001	0.003	0.009**	0.003
社会关系												
孤独感	−0.372***	0.067	−0.010**	0.004	−0.024***	0.003	−0.002	0.003	−0.010*	0.004	0.008†	0.004
社会赞许性期望	0.428	0.391	0.035	0.023	0.035	0.023	−0.060**	0.023	0.053*	0.022	−0.036	0.024
等级式权威教化												
父亲拒绝型教养方式	−0.092	0.407	0.006	0.024	−0.001	0.024	0.025	0.024	−0.082***	0.023	0.038	0.025
父亲情感温暖型教养方式	1.566***	0.426	0.065**	0.025	−0.002	0.025	0.050*	0.025	0.005	0.024	0.062*	0.027
父亲过度保护型教养方式	0.624	0.428	0.046†	0.025	−0.040	0.025	0.017	0.025	−0.004	0.025	0.053*	0.027
母亲拒绝型教养方式	0.585	0.402	0.019	0.023	0.019	0.023	0.011	0.024	−0.017	0.023	0.038	0.025
母亲情感温暖型教养方式	0.901*	0.439	−0.004	0.025	0.074**	0.026	−0.011	0.026	0.084**	0.025	−0.034	0.027
母亲过度保护型教养方式	0.505	0.429	−0.001	0.025	0.055*	0.025	0.018	0.025	−0.009	0.025	−0.004	0.027
理性选择												
月零花钱	0.001	0.001	−0.00004	0.00005	0.0002**	0.00005	0.00009	0.00006	0.00002	0.00006	−0.00004	0.00006
家庭经济条件（一般=0）												
富裕	0.759	1.145	0.0008	0.066	−0.001	0.067	0.081	0.068	−0.034	0.067	0.064	0.072

续表

变量	模型1 亲社会行为 回归系数	模型1 亲社会行为 标准误	模型2 情感体贴型亲社会行为 回归系数	模型2 情感体贴型亲社会行为 标准误	模型3 关系分享型亲社会行为 回归系数	模型3 关系分享型亲社会行为 标准误	模型4 慈善利他型亲社会行为 回归系数	模型4 慈善利他型亲社会行为 标准误	模型5 诚实互惠型亲社会行为 回归系数	模型5 诚实互惠型亲社会行为 标准误	模型6 生人援助型亲社会行为 回归系数	模型6 生人援助型亲社会行为 标准误
贫困	2.799**	1.074	0.095	0.062	0.033	0.063	0.072	0.063	0.158*	0.062	−0.042	0.067
常数项	42.402***	5.095	−1.456***	0.295	−1.882***	0.298	−0.332	0.301	0.098	0.293	−2.068	0.318
Adj. R^2	0.288		0.168		0.125		0.109		0.075		0.052	
样本量	2158		2158		2158		2158		2158		2158	

注：†$p<0.1$，*$p<0.05$，**$p<0.01$，***$p<0.001$。

年信服和遵从为社会广为接受的道德规范，反倒是民主－商讨式权威型教化能让青少年遵从大多数人所接受的主流道德规范。

从模型1还可看到，理性选择变量中的家庭经济条件对青少年的亲社会行为有较显著的影响：跟家庭经济条件一般的青少年相比，那些家庭经济条件贫困的青少年表现出更多的亲社会行为，后者表现出来的亲社会行为是前者的2.8倍（$p<0.01$）。这一发现与本研究原初的推测相悖。从理性选择的角度来看，家庭经济条件是青少年承担因从事亲社会行为而需支付的成本（助人、捐赠所需的费用）的条件：家庭经济条件富裕使青少年更有能力承担亲社会行为所付出的成本（费用），也从而使青少年更可能表现出亲社会行为；相反，家庭经济条件贫困则可能使青少年更不可能表现出亲社会行为。然而，数据并未完全支持这一理性选择假说。这可能与亲社会行为本身非常复杂有关。但本研究的这一发现与以往相关研究发现——弱势情境激发出更多的亲社会行为（Han et al., 2009）是一致的。也许家庭经济条件贫困的青少年更能感受和理解需要帮助的人的困境和痛苦，因而表现出更多的亲社会行为。

另外，从模型1也可以看到，作为控制变量的外在化道德认同、内在化道德认同、移情、年级、学生干部和学习成绩等变量也对青少年的亲社会行为有显著影响。例如，随着年级的升高，青少年表现出更多的亲社会行为；担任班级干部和校级干部的青少年比不担任学生干部的青少年表现出更多的亲社会行为；学习成绩越好，青少年表现出来的亲社会行为也越多；不管是外在化道德认同还是内在化道德认同，它们都对青少年的亲社会行为有显著的正向影响：前两者分别每增加1个单位，后者则分别增加3.6倍（$p<0.001$）和1.1倍（$p<0.01$）；移情水平越高，青少年表现出来的亲社会行为也越多：移情水平每增加1个单位，青少年表现出来的亲社会行为则增加82.1%（$p<0.001$）。

根据上述有关青少年总的亲社会行为影响因素的数据分析，我们可以初步得出如下结论：青少年的亲社会行为是嵌入社会关系之中的，其嵌入社会关系越深，他们表现出来的亲社会行为越多，即青少年亲社会行为是社会关系约束的结果；民主－商讨式权威型教化被采用越多，青少年表现出的亲社会行为也越多，即青少年亲社会行为是等级式权威教化的产物。

前面的分析已经表明，青少年的亲社会行为内部存在明显的多维结构，且其间存在一定差异。下面，我们再考察青少年亲社会行为各具体维度的影响因素及其机制。

2. 青少年情感体贴型亲社会行为的影响因素分析

以青少年情感体贴型亲社会行为为因变量，以社会关系、等级式权威教化和理性选择为自变量，控制上述提到的相关变量，所得到的多元线性回归分析结果见表1-13中的模型2。

从模型2可以看到，在控制其他变量后，社会关系变量中的孤独感对情感体贴型亲社会行为有较显著的负向影响：青少年的孤独感每增加1个单位，其表现出来的情感体贴型亲社会行为则减少1.0%（$p<0.01$）。也就是说，青少年的同伴关系越紧密，即嵌入社会关系越深，其表现出来的情感体贴型亲社会行为则越多。社会赞许性期望对青少年的情感体贴型亲社会行为有正向影响，但不显著。

从模型2也可以看到，等级式权威教化变量中的父亲情感温暖型教养方式和父亲过度保护型教养方式均对青少年的情感体贴型亲社会行为有较显著的正向影响：前两者分别每增加1个单位，后者则分别增加6.5%（$p<0.01$）和4.6%（$p<0.1$）。也就是说，民主-商讨式权威型教化和命令-服从式权威型教化均有助于青少年情感体贴型亲社会行为的产生。

从模型2还可以看到，理性选择变量中的月零花钱和家庭经济条件都对青少年情感体贴型亲社会行为没有显著影响。

另外，作为控制变量的外在化道德认同、内在化道德认同、移情、道德推脱、性别、年级、学校等级、学生干部、学习成绩等变量均对青少年的情感体贴型亲社会行为有较显著的影响。例如，青少年的外在化道德认同程度越高，其表现出来的情感体贴型亲社会行为也越多：前者每增加1个单位，后者则增加18.8%（$p<0.001$）；青少年的移情水平越高，其表现出来的情感体贴型亲社会行为也越多：前者每增加1个单位，后者则增加2.9%（$p<0.001$）；青少年的道德推脱水平越高，其表现出来的情感体贴型亲社会行为则越少。

3. 青少年关系分享型亲社会行为的影响因素分析

以青少年关系分享型亲社会行为为因变量,以社会关系、等级式权威教化和理性选择为自变量,控制上述提到的相关变量,所得到的多元线性回归分析结果见表1-13中的模型3。

从模型3可以看到,在控制其他变量后,社会关系变量中的孤独感对青少年的关系分享型亲社会行为有显著的负向影响:青少年的孤独感每增加1个单位,其表现出来的关系分享型亲社会行为则减少2.4%($p<0.001$)。也就是说,青少年的同伴关系越紧密,即嵌入社会关系越深,其表现出来的关系分享型亲社会行为越多。社会赞许性期望尽管对青少年的关系分享型亲社会行为有正向影响,但不显著。

从模型3也可以看到,等级式权威教化变量中母亲情感温暖型教养方式和母亲过度保护型教养方式均对青少年的关系分享型亲社会行为有较显著的影响:前两者分别每增加1个单位,青少年表现出来的关系分享型亲社会行为则分别增加7.4%($p<0.01$)和5.5%($p<0.05$)。也就是说,民主-商讨式权威型教化和命令-服从式权威型教化均有助于青少年关系分享型亲社会行为的产生。

从模型3还可以看到,理性选择变量中月零花钱对青少年的关系分享型亲社会行为有较显著的正向影响:青少年的月零花钱每增加1元,其表现出来的关系分享型亲社会行为则增加0.02%($p<0.01$)。也就是说,青少年拥有的经济资源越多,承担关系分享型亲社会行为所需支付成本的能力越强,他们表现出来的关系分享型亲社会行为也越多。

另外,从模型3也可以看到,作为控制变量的负向道德认同、移情、道德推脱、性别、年级、父亲职业、父亲受教育年限等变量均对青少年的关系分享型亲社会行为有较显著的影响。例如,青少年的负向道德认同程度越高,其表现出来的关系分享型亲社会行为则越少:前者每增加1个单位,后者则减少4.8%($p<0.1$)。青少年的移情水平越高,其表现出来的关系分享型亲社会行为也多。青少年的道德推脱水平越高,其表现出来的关系分享型亲社会行为也越多。这一发现似乎不太好理解,还有待于进一步更深入地研究。跟父亲无业的青少年相比,那些父亲为办事员的青少年表现出来的关系分享型亲社会行为更多:后者较前者多32.0%($p<0.05$)。

4. 青少年慈善利他型亲社会行为的影响因素分析

以慈善利他型亲社会行为为因变量,以社会关系、等级式权威教化和理性选择为自变量,控制上述提到的相关变量,所得到的多元线性回归分析结果见表1-13中的模型4。

模型4显示,在控制其他变量后,社会关系变量中的社会赞许性期望对青少年的慈善利他型亲社会行为有较显著的负向影响:青少年的社会赞许性期望每增加1个单位,其慈善利他型亲社会行为则减少6.0%($p<0.01$)。这意味着,标示关系性嵌入程度的社会赞许性期望抑制了青少年慈善利他型亲社会行为的出现。这一发现可以这样理解:在青少年看来,慈善利他型亲社会行为是一类纯利他行为,除了消耗自己的时间和财物,并带来不可预知的风险和诸多麻烦外,不能给自己带来任何的名与利。这对那些有着功利主义取向、期望得到他人赞许的青少年来说,是"不划算"的,因此他们不会表现出太多的这类亲社会行为。基于上述分析,社会赞许性期望影响慈善利他型亲社会行为的机制在这里更多的是理性选择机制,而很难说是追求社会认可的合法性机制。另外,孤独感对青少年的慈善利他型亲社会行为有负向影响,但不显著。

模型4也显示,等级式权威教化变量中的父亲情感温暖型教养方式对青少年的慈善利他型亲社会行为有较显著的正向影响:前者每增加1个单位,后者则增加5.0%($p<0.05$)。这意味着,民主-商讨式权威型教化有助于青少年慈善利他型亲社会行为的产生。

模型4还显示,标示理性选择的月零花钱和家庭经济条件均对青少年的慈善利他型亲社会行为没有显著影响。

另外,从模型4也可看到,作为控制变量的外在化道德认同、负向道德认同、移情、道德推脱、性别、年级、学生干部、学习成绩、社区类型、地区等变量都对青少年的慈善利他型亲社会行为有较显著的影响。例如,青少年的外在化道德认同程度、负向道德认同程度、移情水平越高,其表现出来的慈善利他型亲社会行为也越多;青少年的道德推脱水平越高,其表现出来的慈善利他型亲社会行为则越少;随着年级的升高,青少年表现出来的慈善利他型亲社会行为则减少;跟居住在农村社区的青少年相比,居住在城乡结合部、中档及以上城市社区的青少年表现出来的慈善利他型亲社会行为更多：后四者较前者分别多 17.9%（$p<0.05$）、16.0%（$p<0.05$）、34.7%（$p<0.001$）和 26.1%（$p<0.05$）。

5. 青少年诚实互惠型亲社会行为的影响因素分析

以诚实互惠型亲社会行为为因变量，以社会关系、等级式权威教化和理性选择为自变量，控制上述提到的相关变量，所得到的多元线性回归分析结果见表1-13中的模型5。

模型5显示，在控制其他变量后，社会关系变量中孤独感和社会赞许性期望均对青少年的诚实互惠型亲社会行为有较显著的影响：青少年的孤独感每增加1个单位，其表现出来的诚实互惠型亲社会行为则减少 1.0%（$p<0.05$），即同伴关系越紧密，青少年表现出来的诚实互惠型亲社会行为则越多；而标示关系性嵌入程度的社会赞许性期望每增加1个单位，青少年表现出来的诚实互惠型亲社会行为则增加 5.3%（$p<0.05$）。这一发现为之前的预期——青少年亲社会行为是社会关系的产物，提供了较强有力的支持。

模型5也显示，等级式权威教化变量中的父亲拒绝型教养方式和母亲情感温暖型教养方式均对青少年的诚实互惠型亲社会行为有较显著的影响：父亲拒绝型教养方式被采纳程度每增加1个单位，青少年表现出来的诚实互惠型亲社会行为则减少 8.2%（$p<0.001$）；而母亲情感温暖型教养方式被采纳程度每增加1个单位，青少年表现出来的诚实互惠型教养方式则增加 8.4%（$p<0.01$）。这表明，冷酷-拒斥式独裁型教化抑制青少年诚实互惠型亲社会行为的产生，而民主-商讨式权威型教化则促进后者的产生。

模型5还显示，理性选择变量中家庭经济条件对青少年的诚实互惠型亲社会行为也有较显著的影响：跟家庭经济条件一般的青少年相比，家庭经济条件贫困的青少年更可能表现出诚实互惠型亲社会行为：后者表现出来的诚实互惠型亲社会行为较前者多 15.8%（$p<0.05$）。然而，贫困的家庭经济条件激发出更多的诚实互惠型亲社会行为，很难简单地用理性选择逻辑来解释，似乎也难以完全如之前的分析一样用所面对情境的相似性和移情来解释，而需要寻找新的解释逻辑。

另外，从模型5也可看到，作为控制变量的负向道德认同、性别、学生干部、地区等变量也对青少年的诚实互惠型亲社会行为有较显著的影响。例如，青少年的负向道德认同程度越高，其表现出来的诚实互惠型亲社会行为则越少：前者每增加1个单位，后者则减少6.8%（$p<0.01$）；女性青少年表现出来的诚实互惠型亲社会行为较男性多19.3%（$p<0.001$）；中部地区青少年表现出来的诚实互惠型亲社会行为较西部地区多16.9%（$p<0.001$）。

6. 青少年生人援助型亲社会行为的影响因素分析

以生人援助型亲社会行为为因变量，以社会关系、等级式权威教化和理性选择为自变量，控制上述提到的相关变量，所得到的多元线性回归分析结果见表1-13中的模型6。

模型6显示，在控制其他变量后，社会关系变量中的孤独感对青少年的生人援助型亲社会行为有较显著的正向影响：青少年的孤独感每增加1个单位，其表现出来的生人援助型亲社会行为增加0.8%（$p<0.1$）。这可能表明，青少年在交往互动中形成的同伴关系是一种限于同伴边界范围内的互惠关系：在同伴边界内，成员相互监督、相互约束，以达利益共享，但视外群体为利益不相干者，甚至对其采取排斥的态度。这样形成一种内外有别的群体关系：内群体关系紧密时，成员会忽视甚至排斥外群体（例如，陌生人）的利益；反之，成员则会为外群体人员的利益提供帮助，以缓解自己被边缘化的压力。这一发现为社会关系与亲社会行为之间的关系提供了一个新的注解。

模型6也显示，等级式权威教化变量中的父亲情感温暖型教养方式和父亲过度保护型教养方式均对青少年的生人援助型亲社会行为有较显著的影响：前两者分别每增加1个单位，后者则分别增加6.2%（$p<0.05$）和5.3%（$p<0.05$）。也就是说，父亲的民主-商讨式权威型教化和命令-服从式权威型教化有助于青少年的生人援助型亲社会行为的产生。

模型6还显示，理性选择变量中的月零花钱和家庭经济条件都对青少年的生人援助型亲社会行为没有显著影响。

另外，从模型6也可以看到，作为控制变量的外在化道德认同、移情、道德推脱、性别、年级、学生干部、地区等变量都对青少年的生人援助型亲社会行为有较显著的影响。例如，青少年的外在化道德认同每增加1个单位，其表现出来的生人援助型亲社会行为则增加 6.5% （$p<0.01$）；男生表现出来的生人援助型亲社会行为较女生多 20.1% （$p<0.001$）；担任校级干部的学生表现出来的生人援助型亲社会行为较非干部学生多 21.8% （$p<0.1$）；东部地区青少年表现出来的生人援助型亲社会行为较西部地区青少年多 16.8% （$p<0.05$）。

综上分析，不管是青少年总的亲社会行为模型还是各具体的亲社会行为模型均较一致地表明，关系性嵌入（作为其反向测量的孤独感和社会赞许性期望）有助于青少年亲社会行为的产生，即青少年的亲社会行为是嵌入其既有的社会关系之中的：嵌入社会关系越深，其表现出来的亲社会行为越多。等级式权威教化对青少年亲社会行为的塑造存在内部差异：民主-商讨式权威型教化和命令-服从式权威型教化有助于青少年亲社会行为的产生，而冷酷-拒斥式独裁型教化则抑制了青少年亲社会行为的产生。理性选择变量对青少年亲社会行为的作用机制没有得到较好的检验，反倒是抗风险能力（承担经济损失或成本）弱的青少年似乎表现出更多的亲社会行为。

（三）小结

基于对 4000 多名初高中学生的问卷调查，该部分考察了青少年亲社会行为的表现、结构及其影响因素。结果表明，青少年总的亲社会行为平均得分为 3.2 分，即表示青少年表现量表中所列亲社会行为的频次处于"多于一次"和"经常"之间，且略偏向于"多于一次"；但青少年表现各具体亲社会行为存在明显的差异：有高达 77.0% 的青少年表示经常"为朋友保守秘密"，但也有高达 51.1% 的青少年表示从不"在慈善机构做志愿工作（或义工）"，有高达 42.2% 的青少年表示从不"帮助残疾人或老人过马路"。

青少年的亲社会行为可区分为情感体贴型亲社会行为、关系分享型亲社会行为、慈善利他型亲社会行为、诚实互惠型亲社会行为和生人援助型亲社会行为五类，青少年表现出的诚实互惠型亲社会行为最多，其次是关系分享型亲社会行为，再次是情感体贴型亲社会行为，最少的是生人援助型亲社会行为，次少的是慈善利他型亲社会行为。

尽管本研究所涉及的自变量和控制变量对青少年总的亲社会行为和各具体的亲社会行为的影响并不完全一致，但我们基于原初的研究思路可初步确定三点结论性认识：青少年的亲社会行为是嵌入社会关系之中的，是基于社会交往和互动所形成的共识和期待约束和激励的产物；青少年的亲社会行为是等级式权威教化的结果：民主-商讨式权威型教化和命令-服从式权威型教化均在一定程度上有助于青少年亲社会行为的产生，而冷酷-拒斥式独裁型教化则抑制了青少年亲社会行为的产生；作为抗风险能力的变量基于理性选择逻辑影响青少年亲社会行为的机制没有得到较好的检验，这警示我们创新研究思路、改进测量指标，以便更好地检视理性选择作用于亲社会行为的机制。

八 青少年道德的行为面向Ⅱ：攻击性行为

攻击性行为是一种消极的、负向的道德行为面向，理解青少年攻击性行为的结构及其原因正在成为一个日益重要的研究主题（Raine et al., 2006）。

（一）青少年攻击性行为的表现及其结构

根据中国青少年所处文化的特征和生活实际，我们修订了克里克和他的合作者（Crick, 1996; Kawabata et al., 2012）用来测量青少年攻击性行为的指标，例如，删除了几项因子负荷值比较低的指标，最后得到了"把同伴排挤出自己的交际圈"和"打或踢其他同伴"等10项指标，各具体指标及调查结果如表1-14所示。

表1-14　青少年攻击性行为表现的程度

指标	从不（%）	有时（%）	经常（%）	均值	标准差	样本量
把同伴排挤出自己的交际圈	85.6	12.3	2.1	1.17	0.43	4189
忽视或不再喜欢某些同伴	62.5	33.9	3.6	1.41	0.56	4182
拒绝同伴提出的任何要求	70.3	27.6	2.1	1.32	0.51	4181
假装接近其他同伴，使自己的朋友难过	82.7	14.9	2.4	1.20	0.45	4185
让同伴不要接近自己或坐在自己的身边	80.8	16.5	2.7	1.22	0.47	4179

续表

指标	从不（%）	有时（%）	经常（%）	均值	标准差	样本量
威胁同伴，以伤害他们或得到自己想要的东西	91.0	7.2	1.8	1.11	0.36	4182
打或踢其他同伴	84.6	13.1	2.3	1.18	0.44	4180
挑起或参与一场同伴之间的打架	90.4	7.9	1.7	1.11	0.37	4178
以打或殴打的方式威胁其他小孩	92.1	6.0	1.9	1.10	0.35	4184
推搡同伴	74.8	21.9	3.3	1.28	0.52	4177
青少年攻击性行为的总体水平				**1.2**	**0.3**	**4111**

表1-14显示，青少年攻击性行为的总体水平平均得分为1.2分，相当于表现所列具体攻击性行为处于"从不"和"有时"之间，且略偏向于"从不"一端。可以说，青少年攻击性行为的总体水平比较低。

从青少年攻击性行为的各具体指标来看，有37.5%的青少年表示曾有过"忽视或不再喜欢某些同伴"之类的行为，其中表示经常有该类行为的有3.6%；分别有29.7%和25.2%的青少年表示曾有过"拒绝同伴提出的任何要求"和"推搡同伴"之类的行为，其中表示经常有该类行为的分别为2.1%和3.3%；分别有14.4%、17.3%、19.2%和15.4%的青少年表示曾有过"把同伴排挤出自己的交际圈"、"假装接近其他同伴，使自己的朋友难过"、"让同伴不要接近自己或坐在自己的身边"和"打或踢其他同伴"之类的行为，其中表示经常有该类行为的分别为2.1%、2.4%、2.7%和2.3%；分别有9.0%、9.6%和7.9%的青少年表示曾有过"威胁同伴，以伤害他们或得到自己想要的东西"、"挑起或参与一场同伴之间的打架"和"以打或殴打的方式威胁其他小孩"之类的攻击性行为，其中表示经常有该类行为的分别为1.8%、1.7%和1.9%。

在青少年攻击性行为的10项指标中，得分最高的是"忽视或不再喜欢某些同伴"，为1.41分；其次是"拒绝同伴提出的任何要求"，为1.32分；排第三的是"推搡同伴"，为1.28分；得分最低的是"以打或殴打的方式威胁其他小孩"，仅为1.10分；得分排倒数第二的是"威胁同伴，以伤害他们或得到自己想要的东西"和"挑起或参与一场同伴之间的打架"，得分均为1.11分。得分越高，表示青少年表现该类攻击性行为的次数越多，或表示曾有该类攻击性行为的青少年越多。

稍加仔细考察，我们便能发现，上述攻击性行为尽管均有故意伤害他人之特征，但内部存在明显的差异：有的涉及关系情感，有的则涉及身体暴力。为了更清晰地呈现青少年上述攻击性行为内在的结构及差异，我们对这些行为指标做了因子分析，提取出了两个因子，并分别将其命名为身体性攻击行为和关系性攻击行为，累计方差贡献率为57.5%。因子分析的具体结果如表1–15所示。

表1–15 青少年攻击性行为的结构分析

指标	身体性攻击行为	关系性攻击行为
把同伴排挤出自己的交际圈	0.396	**0.556**
忽视或不再喜欢某些同伴	0.045	**0.813**
拒绝同伴提出的任何要求	0.240	**0.622**
假装接近其他同伴，使自己的朋友难过	0.373	**0.601**
让同伴不要接近自己或坐在自己的身边	0.363	**0.634**
威胁同伴，以伤害他们或得到自己想要的东西	**0.769**	0.271
打或踢其他同伴	**0.742**	0.257
挑起或参与一场同伴之间的打架	**0.835**	0.215
以打或殴打的方式威胁其他小孩	**0.808**	0.228
推搡同伴	**0.570**	0.297
累计方差贡献率（%）	57.5	

身体性攻击行为是以通过肢体或武力打压或威胁他人，从而造成其身体伤痛为目的的故意行为，包括"威胁同伴，以伤害他们或得到自己想要的东西"、"打或踢其他同伴"、"挑起或参与一场同伴之间的打架"、"以打或殴打的方式威胁其他小孩"和"推搡同伴"5项指标，Cronbach's α系数为0.84。

关系性攻击行为是以将他人排挤出自己的关系圈，从而造成其心理伤痛为目的的故意行为，包括"把同伴排挤出自己的交际圈"、"忽视或不再喜欢某些同伴"、"拒绝同伴提出的任何要求"、"假装接近其他同伴，使自己的朋友难过"和"让同伴不要接近自己或坐在自己的身边"5项指标，Cronbach's α系数为0.75。

我们分别求取了青少年攻击性行为 2 个因子的平均得分,并对其进行了排序,所得结果如表 1-16 所示。

表 1-16 青少年攻击性行为各因子得分及排序

因子	最小值	最大值	均值	标准差	排序	样本量
身体性攻击行为	1	3	1.15	0.32	2	4150
关系性攻击行为	1	3	1.26	0.34	1	4145

表 1-16 显示,青少年关系性攻击行为的平均得分为 1.26 分,身体性攻击行为的平均得分为 1.15 分。这表明,青少年表现出了更多的关系性攻击行为。但从表 1-14 也可以发现,"推搡同伴"和"打或踢其他同伴"这两类身体性攻击行为较部分关系性攻击行为显得更为常见。

(二) 青少年攻击性行为的影响因素分析

为了检验社会关系、等级式权威教化和理性选择对青少年攻击性行为的影响,我们分别以青少年总的攻击性行为、身体性攻击行为和关系性攻击行为为因变量,以社会关系(孤独感、社会赞许性期望)、等级式权威教化(父亲拒绝型教养方式、父亲情感温暖型教养方式、父亲过度保护型教养方式、母亲拒绝型教养方式、母亲情感温暖型教养方式、母亲过度保护型教养方式)、理性选择(月零花钱、家庭经济条件)为自变量,控制性别、年级、学校等级、独生子女、学生干部、学习成绩、父母关系、父亲职业、父亲受教育年限、社区类型、地区、外在化道德认同、内在化道德认同、负向道德认同、移情和道德推脱等可能影响青少年攻击性行为的变量,建立多元线性回归模型,所得结果如表 1-17 所示。

1. 青少年总的攻击性行为的影响因素分析

以青少年总的攻击性行为为因变量,以社会关系、等级式权威教化和理性选择为自变量,控制上述提到的相关变量,所得到的多元线性回归分析结果见表 1-17 中的模型 1。

模型 1 显示,在控制其他变量后,社会关系变量中的孤独感对青少年总的攻击性行为有较显著的影响:青少年的孤独感每增加 1 个单位,其表现出来的攻击性行为则增加 5.6% ($p<0.001$)。这表明,缺少同伴、孤独

感可助长青少年攻击性行为的产生,亦即,关系性嵌入可抑制青少年攻击性行为的产生。模型1显示,社会赞许性期望也可抑制青少年的攻击性行为,但不显著。

模型1也显示,等级式权威教化变量中的父亲过度保护型教养方式和母亲拒绝型教养方式均对青少年的攻击性行为有较显著的影响:前两者分别每增加1个单位,后者则分别增加12.0%($p<0.05$)和26.1%($p<0.001$)。也就是说,父亲的命令-服从式权威型教化和母亲的冷酷-拒斥式独裁型教化都可助长青少年的攻击性行为。模型1还显示,理性选择变量中的月零花钱和家庭经济条件对青少年的攻击性行为都不存在显著影响。

另外,从模型1也可以看到,作为控制变量的外在化道德认同、负向道德认同、道德推脱、年级和地区等变量都对青少年的攻击性行为有较显著的影响。例如,青少年的外在化道德认同程度越高,其表现出来的攻击性行为则越少:前者每增加1个单位,后者则减少16.8%($p<0.01$);青少年的负向道德认同程度每增加1个单位,其表现出来的攻击性行为则增加16.5%($p<0.01$),即负向道德认同助长了青少年攻击性行为的产生;青少年的道德推脱水平每增加1个单位,其表现出来的攻击性行为则增加9.8%($p<0.001$),即道德推脱也助长了青少年攻击性行为的产生;东部地区青少年表现出来的攻击性行为较西部地区高33.9%($p<0.05$)。

2. 青少年身体性攻击行为的影响因素分析

以青少年的身体性攻击行为为因变量,以社会关系、等级式权威教化和理性选择为自变量,控制上述提到的相关变量,所得到的多元线性回归分析结果见表1-17中的模型2。

模型2显示,在控制其他变量后,社会关系变量中的孤独感和社会赞许性期望都对青少年的身体性攻击行为有较显著的影响:青少年的孤独感每增加1个单位,其表现出来的身体性攻击行为则增加1.0%($p<0.01$),即缺少同伴、孤独感可助长青少年身体性攻击行为的产生;青少年的社会赞许性期望每增加1个单位,其表现出来的身体性攻击行为则减少7.3%($p<0.001$)。综上两对关系可以发现:关系性嵌入可抑制青少年身体性攻击行为的产生。

模型 2 也显示，等级式权威教化变量中的父亲拒绝型教养方式对青少年的身体性攻击行为有较显著的影响：父亲采纳拒绝型教养方式的程度每增加 1 个单位，青少年表现出来的身体性攻击行为则增加 3.5%（$p <0.1$）。也就是说，父亲的冷酷－拒斥式独裁型教化可助长青少年的身体性攻击行为。

表 1-17　青少年攻击性行为的影响因素的回归分析结果

变量	模型 1 攻击性行为 回归系数	标准误	模型 2 身体性攻击行为 回归系数	标准误	模型 3 关系性攻击行为 回归系数	标准误
性别（女=0）	0.147	0.097	0.216***	0.033	-0.165***	0.040
年级	0.069*	0.031	-0.035**	0.010	0.067***	0.013
学校等级（普通学校=0）	0.052	0.114	-0.029	0.039	0.049	0.047
独生子女（非独生子女=0）	0.105	0.109	0.052	0.037	-0.004	0.045
学生干部（不担任=0）						
班级干部	0.062	0.102	0.005	0.035	0.019	0.042
校级干部	0.271	0.244	0.058	0.083	0.075	0.101
学习成绩	0.059	0.039	-0.012	0.013	0.042*	0.016
父母关系（离异=0）						
和谐	-0.026	0.203	0.070	0.069	-0.085	0.084
其他	-0.032	0.337	0.015	0.115	-0.043	0.139
父亲职业（无业=0）						
公务员	-0.059	0.320	-0.124	0.108	0.098	0.132
管理人员	-0.289	0.289	-0.179†	0.098	0.049	0.119
专业技术人员	0.018	0.296	-0.102	0.100	0.113	0.122
个体私营企业主	-0.021	0.269	-0.090	0.091	0.076	0.111
办事员	-0.407	0.310	-0.195†	0.105	0.002	0.128
普通工人	0.017	0.264	-0.037	0.089	0.052	0.109
农民	0.112	0.296	-0.068	0.101	0.126	0.122
父亲受教育年限	-0.018	0.017	0.002	0.006	-0.009	0.007
社区类型（农村社区=0）						
城乡结合部	0.002	0.174	0.031	0.059	-0.020	0.072
低档城市社区	-0.105	0.237	0.111	0.081	-0.161	0.098

续表

变量	模型1 攻击性行为 回归系数	标准误	模型2 身体性攻击行为 回归系数	标准误	模型3 关系性攻击行为 回归系数	标准误
中低档城市社区	-0.343	0.197	0.046	0.067	-0.196*	0.081
中档城市社区	-0.073	0.159	0.062	0.054	-0.079	0.066
中高档城市社区	-0.085	0.196	0.038	0.066	-0.056	0.081
高档城市社区	-0.270	0.289	0.264**	0.098	-0.122	0.119
地区（西部地区=0）						
中部地区	-0.061	0.106	-0.057	0.036	0.091*	0.044
东部地区	0.339*	0.155	0.057	0.053	0.102	0.064
道德认同						
外在化道德认同	-0.168**	0.051	0.008	0.017	-0.084***	0.021
内在化道德认同	-0.018	0.056	0.027	0.019	-0.036	0.023
负向道德认同	0.165**	0.062	0.056**	0.021	0.027	0.025
移情	-0.005	0.007	0.0004	0.002	-0.003	0.003
道德推脱	0.098***	0.007	0.016***	0.002	0.030***	0.003
社会关系						
孤独感	0.056***	0.009	0.010**	0.003	0.018***	0.004
社会赞许性期望	-0.038	0.053	-0.073***	0.018	0.056*	0.022
等级式权威教化						
父亲拒绝型教养方式	0.0003	0.054	0.035†	0.018	-0.035	0.022
父亲情感温暖型教养方式	0.015	0.058	-0.005	0.019	0.015	0.024
父亲过度保护型教养方式	0.120*	0.058	0.026	0.019	0.036	0.024
母亲拒绝型教养方式	0.261***	0.054	0.016	0.018	0.120***	0.022
母亲情感温暖型教养方式	0.040	0.059	0.019	0.020	0.013	0.025
母亲过度保护型教养方式	-0.021	0.058	-0.022	0.019	0.007	0.024
理性选择						
月零花钱	0.00003	0.0001	-0.00003	0.00005	0.00002	0.00006
家庭经济条件（一般=0）						
富裕	-0.139	0.157	-0.0006	0.053	-0.061	0.065
贫困	0.014	0.145	0.037	0.049	-0.033	0.059
常数项	6.242***	0.684	-1.032***	0.232	-1.747***	0.282

续表

变量	模型 1 攻击性行为		模型 2 身体性攻击行为		模型 3 关系性攻击行为	
	回归系数	标准误	回归系数	标准误	回归系数	标准误
Adj. R^2	0.186		0.093		0.132	
样本量	2303		2303		2303	

注：$^\dagger p<0.1$，$^* p<0.05$，$^{**} p<0.01$，$^{***} p<0.001$。

模型2显示，两个理性选择变量（月零花钱和家庭经济条件）都对青少年的身体性攻击行为不存在显著影响。

另外，从模型2也可以看到，作为控制变量的负向道德认同、道德推脱、性别、年级、父亲职业、社区类型等变量都对青少年的身体性攻击行为有较显著的影响。例如，青少年的负向道德认同程度和道德推脱水平越高，其表现出来的身体性攻击行为也越多：前两者分别每增加1个单位，后者则分别增加5.6%（$p<0.01$）和1.6%（$p<0.001$）；男生表现出来的身体性攻击行为较女生多21.6%（$p<0.001$）；随着所读年级的升高，青少年表现出来的身体性攻击行为则减少；父亲为管理人员和办事员的青少年表现出来的身体性攻击行为较父亲无业的青少年更少；生活在高档城市社区的青少年表现出来的身体性攻击行为较生活在农村社区的青少年更多。

3. 青少年关系性攻击行为的影响因素分析

以青少年的关系性攻击行为为因变量，以社会关系、等级式权威教化和理性选择为自变量，控制上述提到的相关变量，所得到的多元线性回归分析结果见表1-17中的模型3。

模型3显示，在控制其他变量后，社会关系变量中的孤独感和社会赞许性期望都对青少年的关系性攻击行为有较显著的影响：青少年的孤独感和社会赞许性期望分别每增加1个单位，其表现出来的关系性攻击行为则分别增加1.8%（$p<0.001$）和5.6%（$p<0.05$）。这意味着，缺少同伴、孤独感助长了青少年关系性攻击行为的产生，亦即关系性嵌入可抑制青少年关系性攻击行为的产生；而标示关系性嵌入的社会赞许性期望可助长青少年的关系性攻击行为，这可能是青少年追求在同伴中确立地位和"英

雄"形象这类青年亚文化作用的结果。

模型3也显示,等级式权威教化变量中的母亲拒绝型教养方式对青少年的关系性攻击行为有显著的影响:母亲采纳拒绝型教养方式的程度每增加1个单位,青少年表现出来的关系性攻击行为则增加12.0%($p<0.001$)。这表明,冷酷-拒斥式独裁型教化可助长青少年关系性攻击行为的产生。

模型3还显示,两个理性选择变量(月零花钱和家庭经济条件)对青少年的关系性攻击行为都不存在显著影响。

另外,从模型3也可看到,作为控制变量的外在化道德认同、道德推脱、性别、年级、学习成绩、社区类型和地区等变量都对青少年的关系性攻击行为有较显著的影响。例如,青少年的外在化道德认同程度越高,其表现出来的关系性攻击行为则越少:前者每增加1个单位,后者则减少8.4%($p<0.001$);青少年的道德推脱水平越高,其表现出来的关系性攻击行为也越多:前者每增加1个单位,后者则增加3.0%($p<0.001$);女生表现出来的关系性攻击行为较男生多16.5%($p<0.001$);随着所在年级的升高,青少年表现出来的关系性攻击行为也增多;生活在中低档城市社区的青少年表现出来的关系性攻击行为较生活在农村社区的青少年更少;中部地区的青少年表现出来的关系性攻击行为较西部地区的青少年更多。

(三)小结

基于对4000多名初高中学生的问卷调查,该部分考察了青少年攻击性行为的表现、结构及其影响因素。结果表明,青少年总的攻击性行为平均得分为1.2分,表示青少年表现所列相关攻击性行为处于"从不"和"有时"之间,且略偏向于"从不"一端。这意味着,青少年攻击性行为的总体水平比较低。但他们在表现各具体攻击性行为上存在明显的内部差异:有37.5%的青少年表示曾有过"忽视或不再喜欢某些同伴"之类的攻击性行为,而只有7.9%的青少年表示曾有过"以打或殴打的方式威胁其他小孩"之类的攻击性行为。

青少年的攻击性行为可区分为身体性攻击行为和关系性攻击行为,青少年表现出了更多的关系性攻击行为。

尽管自变量和控制变量对青少年总的攻击性行为和各具体攻击性行为的影响存在一些细微差别，但我们还是可以获得以下共通性结论：青少年的攻击性行为是嵌入社会关系之中的，关系性嵌入可抑制青少年攻击性行为的产生，不管是身体性攻击行为还是关系性攻击行为，它们都是社会关系的产物。冷酷－拒斥式独裁型教化助长了青少年攻击性行为的产生：父亲的冷酷－拒斥式独裁型教化助长了青少年身体性攻击行为的产生，而母亲的冷酷－拒斥式独裁型教化则助长了其关系性攻击行为的产生。本研究设计的两个理性选择变量对青少年攻击性行为都不存在影响，这可能与指标的选取有关，需要在未来进一步的研究中创新测量思路。

九　结论与建议

（一）结论

基于对全国10个省（区、市）4000多名初高中学生的问卷调查，本研究实证考察了中国青少年的道德状况：道德的观念/心理面向（含道德认同、道德推脱和移情）和道德的行为面向（含亲社会行为和攻击性行为）的现状与结构，以及社会关系、等级式权威教化和理性选择对青少年道德状况的影响及其逻辑。实证结果如下。

青少年的道德认同程度比较高，总的平均得分为3.74分（相当于百分制的74.8分），相当于对"关心体贴的"、"有同情心的"、"公正的"、"友好的"、"乐于助人的"和"诚实的"等主流道德特征和品质所持的态度处于"说不清"和"比较同意"之间，但偏向于"比较同意"。亦即，青少年比较认同和接受主流道德特征和品质。青少年的道德认同可区分为内在化道德认同、外在化道德认同和负向道德认同。其中，青少年的内在化道德认同最高，外在化道德认同次之，负向道德认同最低。青少年的低负向道德认同从反向印证了其高内在化道德认同，也从而推高了青少年总体的道德认同程度。

青少年的道德推脱水平比较低，总的平均得分只有1.38分（相当于百分制的46分），相当于对所列道德推脱心理或行为所持的态度处于"不同意"和"有点同意"之间，但略偏向于"不同意"。青少年的道德推脱是通过道德辩护、委婉标签、有利比较、责任转移、责任分散、扭曲结果、责备归因和非人性化 8 种机制来实现的，它们更多地以模糊或扭曲不道德行为与结果间因果关系的方式来免除自我谴责，从而在没有道德内疚负担的条件下实现道德推脱。

青少年的移情水平不高，总的平均得分为 2.73 分（相当于百分制的 68.3 分），相当于对所列道德情境处于"有时有"和"经常有"之间，但略偏向于"经常有"。但如果考虑到青少年在反向测量移情的指标上的得分比较高，并因此而拉高了移情水平的总体分值，青少年移情水平的实际得分还会下降。随着需要卷入的情感加深，能达到相应移情水平的青少年就更少，即更多的青少年处于较低移情水平。

青少年表现出来的亲社会行为比较多，总的得分为 3.2 分（相当于百分制的 64 分），相当于表现所列亲社会行为的情形处于"多于一次"和"经常"之间，且偏向于"多于一次"。青少年的亲社会行为可区分为情感体贴型亲社会行为、关系分享型亲社会行为、慈善利他型亲社会行为、诚实互惠型亲社会行为和生人援助型亲社会行为 5 类亲社会行为。其中，青少年表现最多的是诚实互惠型亲社会行为，其次是关系分享型亲社会行为，再次是情感体贴型亲社会行为，而后是慈善利他型亲社会行为，最后是生人援助型亲社会行为。

青少年表现出来的攻击性行为比较少，总的平均得分只有 1.2 分（相当于百分制的 40 分），相当于表现所列攻击性行为的情形处于"从不"和"有时"之间，且偏向于"从不"。青少年的攻击性行为可区分为身体性攻击行为和关系性攻击行为，且他们表现出的关系性攻击行为相对较多。当然，这种相对关系也不是绝对的，例如，"推搡同伴"之类的身体性攻击行为发生的频次比有些关系性攻击行为还多。

为了更概览性地呈现社会关系、等级式权威教化和理性选择对青少年道德观念与道德行为的影响，我们将其关系简括为表 1-18。

从表 1-18 可看到，社会关系变量中的孤独感几乎对青少年道德的观念/心理面向和行为面向的每个维度都有显著影响：不利于青少年道德认同、移情和亲社会行为的培育，但助长了其道德推脱和攻击性行为；而标示关系性嵌入的社会赞许性期望有助于青少年道德认同、移情和部分亲社会行为的培育，但可抑制其道德推脱和部分攻击性行为的产生。也就是说，良好的同伴关系和关系性嵌入有助于青少年道德认同、移情和亲社会行为的培育，可抑制其道德推脱和攻击性行为。社会关系与道德观念和道德行为之上述关系背后的逻辑基础可能是：青少年与同伴、教师和父母之间近距离的交往互动衍生出了他们赖以和谐共处的基本共识和规则，这些共识和规则是其思考和行动的基础，它们一方面可以约束行动者的观念和行为，以免引发伤害他人的后果；另一方面可以激励行动者表现出主流道德观念和积极的道德行为。社会交往和社会互动不仅可以衍生出共识和规则，还可以形成一张致密的关系网络，并对嵌入其中的行动者的观念和行为形成一种无处不在的监控：对意图违规行恶者以无形的约束，对意图遵章行善者以赞赏性激励，从而使行动者自觉地抑制恶念和不道德的行为，并表现出社会倡导的道德品质和正面的、积极的道德行为。社会疏离和人际孤独则因缺乏共享规则和衍生自网络的他者的监控，助长了不道德的观念和行为。基于上述逻辑与实证的分析，我们可以得出本研究的第一个重要结论，即青少年的道德观念与道德行为是社会关系的产物：主流道德观念和积极的道德行为是紧密而和谐的社会关系的产物，而消极的或不道德的观念和行为则是社会疏离与排斥的结果。

从表1-18也可看到，等级式权威教化对青少年的道德观念和道德行为均有较显著的影响：父亲拒绝型教养方式和母亲拒绝型教养方式助长青少年的负向道德认同、道德推脱和攻击性行为，抑制其部分亲社会行为；父亲情感温暖型教养方式和母亲情感温暖型教养方式有助于青少年对主流道德特征与品质的认同和接受，有助于其移情水平的提高和亲社会行为的产生；父亲过度保护型教养方式和母亲过度保护型教养方式既有助于青少年部分亲社会行为的产生，也可助长其道德推脱和攻击性行为的出现。对于未成年的青少年来说，亲子关系是一种等级式的权威关系，父母具有一些不许违逆的、必须遵从的权威，青少年在父母的权威下接受道德礼仪的教化。父母权威可通过批评责罚、命令监控和劝导说服等方式来实现。其背后的基础是父母拥有子女所需要的资源，即情感上的关爱与支持和经济上的抚养与资助，父母借助对这些资源的控制来获得权威，让子女接受其融入主流社会所必需的道德观念，并表现出广为社会所接受的、积极的道

表1-18 社会关系、等级式权威教化、理性选择对青少年道德观念与道德行为的影响

变量	内在化道德认同	外在化道德认同	负向道德认同	道德推脱	移情	总的亲社会行为	情感体贴型亲社会行为	关系分享型亲社会行为	慈善利他型亲社会行为	诚实互惠型亲社会行为	生人援助型亲社会行为	总的攻击性行为	身体性攻击行为	关系性攻击行为
社会关系														
孤独感	-,显	-,显	+,显	+,显	-,显	-,不	-,显	-,不	+,不	-,不	+,不	+,显	+,显	+,显
社会赞许性期望	+,显	+,显	-,显	-,显	+,显	+,不	+,不	+,不	-,不	+,显	-,不	-,不	-,不	+,不
等级式权威教化														
父亲拒绝型教养方式	-,不	+,不	+,显	+,不	-,不	-,不	+,不	-,不	+,不	+,不	-,不	+,不	+,显	-,不
父亲情感温暖型教养方式	+,不	+,显	-,不	-,显	+,不	+,显	+,不	+,不	+,显	+,不	-,不	-,不	-,不	-,不
父亲过度保护型教养方式	-,不	+,不	+,不	+,显	-,不	-,不	-,不	-,不	-,不	-,不	-,不	+,显	+,不	+,不
母亲拒绝型教养方式	-,显	+,不	+,显	+,显	-,不	+,不	-,不	+,不	+,不	+,不	-,不	+,不	-,不	+,不
母亲情感温暖型教养方式	+,显	+,不	-,不	-,显	+,显	+,显	+,不	+,显	+,不	+,显	+,不	-,不	-,不	-,不
母亲过度保护型教养方式	-,不	+,不	+,显	+,不	-,不	-,不	-,不	-,不	-,不	+,不	-,不	+,不	+,不	+,不
理性选择														
月零花钱	+,不	+,不	+,不	+,显	-,不	+,不	+,不	+,不	+,不	-,不	+,不	+,不	+,不	-,不
家庭经济条件														
富裕	-,不	+,显	-,不	-,不	+,不	-,不	+,不	+,不	-,不	+,显	+,不	-,不	-,不	-,不
贫困	-,不	-,不	+,不	+,不	-,不	-,不	+,不	+,不	-,不	+,显	-,不	-,不	-,不	-,不

第一章 社会关系、等级式权威还是理性选择？

续表

<table>
<tr><th rowspan="3">变量</th><th colspan="4">青少年道德的观念/心理面向</th><th colspan="6">青少年道德的行为面向</th></tr>
<tr><th colspan="3">道德认同</th><th rowspan="2">道德推脱</th><th rowspan="2">移情</th><th colspan="5">亲社会行为</th><th colspan="3">攻击性行为</th></tr>
<tr><th>内在化道德认同</th><th>外在化道德认同</th><th>负向道德认同</th><th>总的亲社会行为</th><th>情感体贴型亲社会行为</th><th>关系分享型亲社会行为</th><th>慈善利他型亲社会行为</th><th>诚实互惠型亲社会行为</th><th>生人援助型亲社会行为</th><th>总的攻击性行为</th><th>身体性攻击行为</th><th>关系性攻击行为</th></tr>
<tr><td>道德认同</td><td></td><td></td><td></td><td></td><td></td><td></td><td></td><td></td><td></td><td></td><td></td><td></td><td></td></tr>
<tr><td>内在化道德认同</td><td></td><td></td><td></td><td></td><td></td><td>+，显</td><td>+，显</td><td>-，不</td><td>+，不</td><td>+，不</td><td>+，不</td><td>-，不</td><td>+，不</td><td>-，不</td></tr>
<tr><td>外在化道德认同</td><td></td><td></td><td></td><td></td><td></td><td>+，显</td><td>+，显</td><td>+，显</td><td>+，显</td><td>-，不</td><td>+，显</td><td>-，显</td><td>+，显</td><td>-，显</td></tr>
<tr><td>负向道德认同</td><td></td><td></td><td></td><td></td><td></td><td>-，不</td><td>-，不</td><td>-，显</td><td>+，显</td><td>-，不</td><td>-，显</td><td>+，显</td><td>+，显</td><td>+，显</td></tr>
<tr><td>道德推脱</td><td></td><td></td><td></td><td></td><td></td><td></td><td></td><td></td><td></td><td></td><td></td><td></td><td></td><td></td></tr>
<tr><td>移情</td><td></td><td></td><td></td><td></td><td></td><td>+，显</td><td>+，显</td><td>+，显</td><td>-，不</td><td>+，显</td><td>+，显</td><td>-，不</td><td>-，不</td><td>-，不</td></tr>
</table>

注："+"表示正向影响，"-"表示负向影响，"显"表示达到基本显著性水平，"不"表示未达到基本显著性水平。

· 99 ·

德行为。实证结果表明,青少年应对父母冷酷的、拒斥的道德批评与责罚的策略是逆反和抗拒,他们更愿意接受父母温情的、和风细雨般的劝导与说服,他们对来自父母的命令和监控则表现出依情势性的遵从。基于上述逻辑与实证的分析,我们可以得出本研究的第二个重要结论,即青少年的道德观念与道德行为是等级式权威教化的产物:冷酷－拒斥式独裁型教化助长青少年消极的或不道德的观念和行为,抑制其积极道德行为的出现;与之相反,民主－商讨式权威型教化则有助于青少年对主流道德特征与品质的认同与接受及其积极道德行为的出现;而命令－服从式权威型教化则存在两面性,其既可能助长青少年部分积极道德行为的产生,也可激发消极的或不道德行为的出现。

从表1-18还可看到,作为理性选择变量的月零花钱可助长青少年的负向道德认同和道德推脱,也有助于其部分亲社会行为(如关系分享型亲社会行为)的产生;跟家庭经济条件一般的青少年相比,家庭经济条件贫困的青少年有更高的外在化道德认同,也表现出更多的亲社会行为。综合起来看,这一貌似矛盾的结论还是青少年遵循理性选择逻辑的结果。在本研究中,月零花钱和家庭经济条件测量的是支付成本、抵抗风险的能力。"成本"和"风险"有两种理解:一是表现善的、积极的一面(可以是行为,也可以是观念或倾向)需要行动者更严格地约束自己或付出直接物质性的代价;二是表现恶的、消极的一面(可以是行为,也可以是观念或倾向,例如,推卸责任、疏离主流道德观)可能招致的批评、指责甚或被排挤及由此而产生的压力。家庭经济条件贫困的青少年难以承担因表现恶的、消极的一面所需付出的成本(例如,被排挤和指责。如果被排挤和指责,那他们将成为被社会疏离的"孤独者"。这是他们不愿看到的结果),却可以做到更严格地约束自己,从而表现出善的、积极的一面。而且,他们也很需要以这种外显的善和律己的诚实来赢得周围人的认可和接纳。家庭经济条件富裕和月零花钱比较多的青少年有承担因表现恶的、消极的一面所需付出的成本:对他们来说,批评、指责和被排挤虽然可能引发短暂的不愉快,但他们可以"用钱来摆平",例如,分享东西给周围人、花钱请周围同学吃和玩,从而重新赢得周围人的认可、好感和接纳。基于上述逻辑与实证的分析,我们可以得出本研究的第三个重要结论,即青少年的道德观念与行为是理性选择的结果：贫寒的经济条件有助于青少年主流道德观念和积极道德行为的养成，而富足的经济条件则可能消解主流道德观念对其所形成的约束。

还需提及的是，本研究采用社会关系、等级式权威教化和理性选择三种理论视角比较分析青少年的道德观念和道德行为，彼此之间的差异是相对的。从某种意义上讲，理性选择是青少年选择道德观念、采取道德行为的根本逻辑，在其他理论视角的分析中也暗含了理性选择逻辑。例如，等级式权威教化能否达到引导青少年道德观念和道德行为的效果，其关键不完全在于外在的权威与强制，而在于青少年的理性计算：哪种权威教化是其能接受的或更符合其内心的需要，那他们就接受由哪种权威教化引导的道德观念，并在行动层面上实践它；从某种意义上讲，社会关系是借助青少年所嵌入其中的社会网络的监控来达到引导其道德观念和道德行为的目的，而网络监控不管是动用约束还是激励的机制来运行，其归根结底是建立在青少年采纳社会所倡导的道德观念和道德行为本身就是一个理性选择的过程这一基础上的。

道德研究的逻辑终点是道德行为，道德观念/心理只是道德行为的前置因素。我们不能期望行动者的道德观念与道德行为完全一致，因为道德行为是道德观念与其他众多因素共同塑造的结果，但我们预期道德观念/心理对道德行为有显著影响。从表1-18可以看到，青少年对主流道德观的认同与接受有助于其表现出亲社会行为，而抑制其攻击性行为的产生；道德推脱助长青少年的攻击性行为，但抑制其亲社会行为；移情可显著地助推青少年亲社会行为的产生。

（二）建议

基于本研究的实证发现，培育青少年的主流道德观，塑造其积极的道德行为，可从以下方面入手。

1. 编织青少年关系网，让其在无形的约束下践行主流道德观

前文的数据分析显示，良好的同伴关系和关系性嵌入有助于培养青少年对社会主流道德观的认同和接受，能提高其移情水平，有助于其各维度亲社会行为的产生，又可抑制其负向道德认同、道德推脱和攻击性行为的出现。因此，在青少年周边编织一张无形的社会关系之网，使其深深地嵌入其中：一方面，可让他们在"关系之网"中默默地感受到人与人之间的真情、温暖、信任与责任，并由此培养出人性之"美"和"善"；另一方面，可让他们在"关系之网"中接受无数的他者之无形监控，致使他们为规避责难与惩罚或为获得赞赏与激励而有意无意地表现更多积极的道德行为。为此，家庭、教师、学校和社区等教育主体均可在青少年关系监控之网的编织中扮演自己独特的角色。

（1）家长：关注和赞许孩子的每点"善"，杜绝被无视感

家长（特别是父母）是孩子的第一任教师，是孩子校外学习和家庭生活的主要监护者。处于青少年期的孩子生活上不独立，心智上不成熟，还非常依赖家长的教化和照顾，特别需要家长的关注、赞许和其他支持。家长与青少年期孩子的长期互动及在此过程中给予他的关注、赞许和支持，是青少年之"善念"和"善行"得以培育的土壤。青少年对许多人际规则和道德规范的认知和养成都来自蕴含了家长关注、赞许和支持的亲子互动，而家长对青少年在互动和其他时空中表现出来的每点"善"的关注和赞许又会在他们身上催生出更多的"善"。如此不断循环，青少年表现出来的"善"就会变得持久，并不断地向外扩散。然而，如果青少年表现出来的"善"得不到家长的关注和赞许，他们就会有一种被无视感，一种被拒斥的孤独感，这样久而久之就会将"善"淹没或压抑至潜意识中。

另外，家长对青少年身上表现出来的每点"善"的关注和赞许，一方面是对青少年积极道德行为的赞赏和对新的积极道德行为的期待，另一方面也对青少年的日常行为构成了一种悄无声息的监控，致使他们不愿或不敢表现出不道德的行为。家长完全可以灵活组合和运用关注、赞许和支持，通过给予或撤销的方式，以便在青少年身上"孵化"出多维、多层的积极道德行为。因此，为了让孩子（青少年）拥有健康的道德心理和道德行为，以便他们能顺利地融入正常的社会道德生活，家长，不管是父母还是祖父母或其他人，应时刻关注孩子的任何心理和行为及其变化，对其"善"的表现，哪怕是一丁点"善意"，也要给予适时的赞许和支持。

（2）教师：不吝赞赏性关注与肯定，消除学生的被疏离感

青少年家庭之外的生活绝大部分是在学校度过的。因此，学校教师在

青少年的学习和成长中扮演了一个极为重要的角色。对青少年来说，教师既是传道授业解惑者，也是其学校生活的监护者，还是其奖惩机会甚或人生发展机遇的掌控者。在学校期间，青少年非常在意身兼"数职"的教师对自己的一言一行，甚至是每个表情的变化。对每名在校青少年来说，来自教师的每次善意的关注，哪怕是不经意的微笑，都是一种令他温暖的奖赏，使其有一种"我在老师心中"和"老师在关心我"的存在感。为了再次得到这种奖赏性的"关注"和"微笑"，青少年就会有意识地将自己美好的一面——除了优秀的学习成绩，还有好的道德品质和行为——展示出来。教师的关注—学生好的品行—教师再关注—学生继续展示好的品行，如此的刺激-反应不断循环，广为接受的道德品质就将逐渐内化为青少年价值观的一部分，并被他们在日常生活中习惯性地践行。

教师的关注和微笑不仅是一种奖赏性的刺激和期待，还是一种无处不在的无形的监控，可让学生不道德的行为无处遁形。学生的言语和行为一旦违反了学校和教师所要求的主流的道德规范，教师奖赏性的关注和微笑将被相关机会的剥夺和冷峻而威严的惩罚取代。教师关注和微笑中恩威并举的机制使青少年不断表现出符合社会主流道德规范的行为。为此，教师，不管是班主任老师还是其他课程老师，应无差别地关注每个学生，在课堂内外应主动向自己的学生问候和打招呼，而不是傲慢地等待学生的"尊敬"（如果是学生先向自己打招呼，教师应充满关爱地回应）。这种言传身教式的师生关系一定能在学生身上培养出人性之"善"。

（3）学校：以学生兴趣为导向组织第二课堂，构筑同伴关系之网

处于初高中阶段的青少年的绝大部分时间是在学校度过的，其交往的同伴也基本上来自学校同学。为了防止青少年变成独来独往的"孤独者"，学校和作为学校基本单位的班级应以学生兴趣为导向组织各种丰富多彩的第二课堂，使每个学生在获得知识和快乐的同时也深深地嵌入一张张他无法抛开或舍弃的同伴关系之网中，从而使他的言行时刻暴露在他者的监控之下。

每个学校可以组织或已经组织了各种各样的第二课堂，每个学生也可以参与多个第二课堂。学生参与的第二课堂越多，他拥有的同伴关系越多，从中获得的知识和快乐也越多，但因此也会有更多熟悉的眼睛在有意

无意地监控他,使他不至于有过于越轨的言行或表现出更多的符合主流道德规范的行为。

组织第二课堂的关键是以学生兴趣为导向。只有满足了学生的兴趣,他们才有参与的积极性。如果过于注重形式或以政治任务为取向,那这样的第二课堂是很难吸引学生的,只能以下任务的方式将一部分学生消极地拉进来,而将大部分学生排除在外,由此而使第二课堂也流于形式。需要注意的另外一点是,组织第二课堂要遵守利益公平分配的原则,让每个学生都有展示自己才华和成果的机会,而不是沦为部分学生获取资源和机会的工具。因此,学校应以"共享发现""共享快乐""共享机会"等为导向开展第二课堂,将每个学生都纳入紧密而温暖的同伴关系之网中。

(4)社区:秉承奉献之精神组建居民志愿者,编织社区管控之网

青少年在学校和家庭以外的活动是在社区进行的。社区,尤其是城市社区,相较于学校和家庭,是一个空间范围较大的地域共同体,充满了各种陌生的面孔,可能给青少年造成不安全的风险因素大大增加,他们在社区活动的行为也更难以得到监控。对处于初高中阶段的青少年来说,活动于社区的时间主要是周末和课业较少的其他时间。如何将青少年在社区的活动也纳入无形、无声的监控之网呢?显然,让社区出台制度化的管理监控方案是不可行的,社区没有如此多的人力和物力。也许,作为民间力量的志愿者或其组织在这里可以有所作为。

在当前的现代中国社会,工作时间和工作方式的灵活化以及人们健康水平的提高,使现代城市社区居民有了更多的空余时间和自由支配的时间,愿意或能老有所为的退休居民也变得多了起来。如果将这批人动员起来成为各种类型的志愿者,在周末或课余时间充分发挥他们的特长,为社区青少年开展一些适合其年龄、能让其产生兴趣并能增长其知识和能力的活动,例如,形式灵活自由的讲座、讨论、设计、艺体活动,可以编织起一张令社区居民与青少年相互熟悉的社区监控之网。社区监控之网的形成关键在于让青少年嵌入熟人关系网中,让他们有一种"走到哪都有一双熟悉的眼睛在关注他"的感觉。这种感觉既可给他一种安全感,也可给他一种责任感或被监控感。在这种熟人关系网中,青少年会表现出更多的亲社会行为,以为自己和家人赢得好的形象和声誉。

要动员一批这样的志愿者，要求他们有一定的奉献精神。这种奉献精神也不是多么高尚的表现，更不是高不可攀的，在每位成年居民中都可能产生。因为几乎每位成年居民的家中可能有或至少今后会有青少年，他们的孩子也需要社区居民共同帮助和监控，以塑造有益于自己、他人和社会的道德品质和道德行为。

2. 优化青少年家庭教育方式，让其在无惩罚中展现积极的道德行为

前文的数据分析显示，标示等级式权威的家庭教养方式对青少年的道德观念和道德行为均有较显著的影响：拒绝型教养方式，不管是父亲的还是母亲的，都助长了负向道德认同和攻击性行为的产生，抑制了部分亲社会行为的出现；情感温暖型教养方式，也不管是父亲的还是母亲的，都有助于青少年对主流道德特征的认同，还有助于青少年移情水平的提高和亲社会行为的出现；而过度保护型教养方式则有两面性：既可能有助于部分亲社会行为的出现，也可能有助于道德推脱水平的提高和攻击性行为的出现。基于此，作为德育主体之重要一方的父母，在塑造青少年的道德观念和道德行为时，应恰当、精准地选择家庭教养方式。

一是彻底修正"打是亲，骂是爱"的家庭教育理念和相应做法。在中国家庭教育中，不少家长信奉"不骂不长记性"和"不打不成才"的家庭教育理念，他们在管教孩子时动不动就打骂孩子，并认为这是"管教严"，是"爱孩子""为了孩子好"；也有一些家长清楚地知道打骂型的棍棒式教育不是一种好的教育方式，甚至可能适得其反，会抹杀孩子天性中善的一面，甚至使其变得胆怯和唯唯诺诺，但他们望子成龙心切，一旦孩子表现不尽如人意，他们就控制不住自己的不满情绪，对孩子严加训斥。这种冷酷－责罚式的家庭教育方式非但不能让孩子心悦诚服地认同父母的要求和做法，反倒容易引发孩子的逆反心理，使孩子越发不遵从父母所要求的规则，或者是表面顺从、实则抗拒。父母监控青少年期孩子的范围是有限的：在父母监控范围内，鉴于父母的权威，他们能忍着不发作，也不抗拒；一旦超出父母监控的范围，他们就可能一反顺从的假象，将压抑已久的对父母的怨气宣泄到其他事件或其他人身上，从而表现出较多的攻击性行为。这已为本研究的实证结果所支持。因此，在家庭教育中，父母千万要摒弃打骂－责罚式的教育方式。

二是可创造性地运用民主-商讨式的权威型家庭教育方式培育青少年的道德行为。民主-商讨式的权威型家庭教育方式包含两层意思。第一，坚守父母对孩子最起码的权威。父母权威既来自长幼有序的家庭伦理美德，也来自父母对未成年子女经济社会资源的控制。只要父母不因过于溺爱孩子而颠倒亲子关系或不在孩子面前表现不良品行，父母在青少年期孩子面前的基本权威不难得到维护。父母对孩子的权威是孩子学会遵从的基础。第二，民主-商讨式的教育方式。该教育方式指的是父母基于平等、民主的原则以问题探究的方式和孩子共同面对和解决孩子所遭遇的各种问题；既可以是知识学习和道德推理方面的问题，也可以是情感困惑和人际交往方面的问题，还可以是其他令人不快的问题。民主-商讨式教育不仅可以让孩子感受到父母的尊重，也可以让孩子不受拘束地表达自己的观点、展现自己的行为，还可以让孩子在与父母自由的互动中感受到温暖和快乐，并由此升华彼此间的亲子之爱。父母对孩子的尊重和爱必然催生孩子对父母的尊重和爱，并使孩子将对父母的尊重和爱逐渐泛化到社会他人身上，即表现为尊重他人和帮助他人。

三是慎用过度保护型家庭教育方式，谨防其形塑青少年道德行为的两面性。过度保护型家庭教育方式一方面表现为父母对孩子的事管得过细，事事都要过问，生怕孩子出事；另一方面又意味着限制了孩子的自由和私人空间，使孩子变得事事依从父母，缺少自主性和创造性。很显然，这种家庭教育方式既不利于孩子心智的健康发展，也不利于其道德推理和道德行为能力的提高。该种教育下的孩子也许能按父母的道德要求行事，但一旦遭遇的道德情境超出了父母塑造的道德推理能力，他们就可能失去道德指南，在道德困境面前变得不知所措：可能表现出亲社会行为，也可能推卸道德责任，并表现出攻击性行为。因此，作为家长，在培养孩子的社会美德的过程中，应尽可能避免采用大包大揽式的过度保护型教育方式，在关爱和监管孩子的同时，要给予他足够的自由和独立，让其在自由和独立中锻造道德推理能力，培养相对稳定的社会美德和积极的道德行为。

3. 控制青少年可支配之余钱，让其凭积极的道德行为构筑生活空间

有人说，贫穷是一笔财富。例如，诺贝尔文学奖获得者莫言贫困孤独的童年让他能够长时间与自然独处，也正是这样培养了他独特的想象力，直接影响他后来成为魔幻现实主义作家。孔子曾赞赏其门生颜回能安贫乐道:"贤哉回也!一箪食,一瓢饮,在陋巷,人不堪其忧,回也不改其乐。"但也有人与上述观点针锋相对。J. K. 罗琳说:"贫穷往往带来恐惧和压力,有时还带来抑郁。"萧伯纳也说:"贫穷是最可怕的恶魔,是最严重的罪行。"圣雄甘地甚至曾说:"贫穷才是最糟糕的暴力。"富兰克林也说:"贫穷本身并不可怕,可怕的是自己以为命中注定贫穷或一定老死于贫穷的思想。"但本研究的实证分析结果似乎支持了前一类观点:家庭经济贫困的青少年更可能表现出亲社会行为,而零花钱越多的青少年则越倾向于推卸道德责任,并有越高的负向道德认同。我们之前已分析了其间的逻辑关系,此处不再赘述。

基于以往有关经济贫困的相互对立的观点和本研究的实证发现,我们认为,在培养青少年积极的道德行为时,无须刻意制造贫困或强调贫困。对孩子来说,家庭经济条件是先定的,也是很难在短期内改变的。我们无法让贫困的人一夜之间变得富有,但不管家庭经济条件贫困与否,家长完全可以控制孩子手中可支配的零花钱数量,使其仅满足购买当天或当月生活必需品之需要,以防他不正当地利用零花钱营造人际网络、争取同伴的好感和尊重,从而使其在被限定的经济条件下凭自己良好的道德品行赢得同伴及他们的好评和尊重。

专题篇

第二章
父母教养方式、同伴关系、社区暴力
接触与青少年的道德认同

一 问题的提出

社会上频繁曝光的网络诈骗等事件,引发了人们广泛的讨论与思考,这些事件看似人们对社会上不道德行为的声讨,实则是人们对道德自我的反馈。个体的道德认知并不会直接引起相应的道德行为,道德在人们的自我观念中的重要程度才是引发个体道德行为的内在动力。只有当人们意识到自己肩负着不可推卸的道德责任时,道德认知才有转化为道德行为的基础,道德行为才有可能被选择(Blasi,1993)。Aquino 和 Reed(2002)在研究社会成员的道德行为时,将上述这种塑造个体认知并影响个体行为的机制概括为道德认同。他们指出,道德认同是个体围绕一系列道德品质组织起来的自我观念,是人们从人格、感受、行为等方面对于一个具有道德的人的认同情况,它既体现为道德品质根植于人们自我观念中的程度,即道德认同内在化,也体现为人们在多大程度上愿意用自身的行为举止强化道德品质,即道德认同表征化。

道德认同决定个体在道德认知与道德行为之间的一致性,个体围绕道德信仰组织起来的自我观念将持续地转化为具体行为,并贯穿其一生。然而,伴随着我国社会转型的深入推进与异质文化的迅速扩散,个体在道德认同上呈现差异化的趋势,青少年作为可塑性、活跃性最强的群体,这种趋势在他们身上更为明显。受到世界范围内多元价值观念的冲击，形形色色的道德品质均可作为一种选择而根植于青少年的自我观念中，他们在道德判断上显得丰富而模糊，其道德自我认同的脉络也不再明晰。青年期是个体的道德认同发展与成熟的关键时期，个体在这一时期形成的道德认同塑造着他们的成长，也影响着社会秩序的稳定。诚然，青少年在道德认同上呈现多样的局面，在此基础上外显出的道德行为也各有差异，但更值得关注的是青少年道德认同的形成机制。

学界对于青少年道德认同影响因素的研究主要围绕个体人格、社会环境、关系网络等展开。

一是个体人格因素。Hart（2005）通过对一组儿童青少年的追踪调查发现，相比缺乏控制或过于抑制的儿童，那些富有弹性人格的儿童在10年后的道德认同水平更高；而呈现"倾向性特质"或"特征性适应"等不同人格的个体在道德认同的水平上差异明显（Matsuba & Walker，2005）。个体的心理与情绪表现也被认为对青少年的道德认同具有预测作用，一项基于低收入青少年群体的实证研究表明，青少年内疚感与同情心的缺失将会极大阻碍其道德认同的发展（Arsenio et al.，2012）；Rothschild 和 Keefer（2017）通过对234名调查对象进行实证研究发现，"道德义愤"能作为一种有效手段减轻越轨者的自我愧疚感，并修复其道德认同，个体若能充分表达其愤怒情绪，其道德认同将得到有效缓冲。

二是社会环境因素。在众多影响青少年道德认同的因素中，社会环境因素具有强大的解释力，青少年置身的家庭、学校及社区等场所深刻地塑造着他们的道德认同。家庭对青少年道德认同的发展具有直接的影响，Patrick 和 Gibbs（2016）通过对95名中小学生及其父母的实证研究表明，母亲温暖型、接受型的教育方式对儿童青少年纪律感与道德认同的形成具有积极作用；万增奎（2009）基于935名青少年的调查研究指出，父母采用支持型的家庭教养方式对青少年的道德认同具有正向影响；Colby 和 Damon（1992）在研究成年人的道德榜样作用时显示，长辈的养育风格能显著预测其子女的道德认同；Bucher（1998）将这一榜样作用延伸到校园与社区，他对1150名奥地利和德国的中学生进行研究后发现，部分青少年将优秀的教师或邻居视为自己的榜样，这些榜样分别在校园与社区中影响他

第二章 父母教养方式、同伴关系、社区暴力接触与青少年的道德认同

们的道德观念,增强他们的道德感知,并最终引导青少年的道德认同。此外,Arsenio 等(2012)基于 30 名非裔及拉美裔青少年的研究发现,邻里关系与校园环境会塑造个体的道德观念,不良的社区环境则对个体的道德认同具有消极影响。

三是关系网络因素。在朋辈关系网络层面,曾晓强(2011)采用结构方程模型对 569 名大学生进行研究后表明,良性的朋辈关系有助于提高个体的社会支持感知水平,从而提升个体的道德认同水平;类似的研究也显示,当同侪之间的关系网络紧密关联时,朋友的亲社会行为能影响个体对于道德目标的追求(Lapsley,2008)。而在社区关系网络层面,Hart、Atkins 和 Ford(1998)采用 Logistic 回归模型对 1994 年美国 NLSY 数据库的分析发现,获得道德行为的机会总是出现在与青少年相关的社区组织中,如教会团体、社区服务俱乐部等,这些组织通过各类社区活动为青少年建构起关系网络,使青少年积累更多的社会资本,进而让青少年的道德认同在社区中得到培育。

我们在梳理学界已有的文献时发现,虽然不少研究将道德认同作为因变量进而分析其形成与变化的机制,但学界多是考察各类因素对道德认同的间接影响,其操作方式也多是将个体认知与个体心理变量混入解释变量中,以探讨这些解释变量对道德认同影响的显著性。此外,现有研究大部分是从某一具体视角考察青少年道德认同的形成机制,使得学界对该问题的探讨具有针对性,但囿于研究方法和样本规模,这些研究局限于对上述几种路径的平行考察,缺乏对青少年道德认同形成机制的宏观把握。青少年的道德认同是一个复杂的社会现象,我们只有从多层面、多维度出发,才能较为系统地发掘青少年道德认同的形成与发展机制。在这一意义上,Cicchetti 和 Lynch(1993)的生态-作用模型为我们研究此问题提供了启示:个体所置身的社会环境是由宏观、外部、微观三个相互作用的系统组成的,而外部系统与微观系统与个体发展的关系最为紧密,家庭教育与同伴关系正是微观系统,社区环境则归属于外部系统。对此,本研究拟着重考察父母教养方式、同伴关系和社区环境对青少年道德认同的影响,并尝试与学界已有的研究对话。

二 研究方法

本次调查针对全国10个省（区、市）20个县（市、区）33所中学的在校初高中生进行，采用方便抽样与整群抽样相结合的混合抽样方法，最后获得4530份有效样本。

本研究的因变量是道德认同，采用Aquino、Reed和Levy（2007）编制的道德认同量表对青少年进行测量。该量表包括10个指标，以考察青少年在思考与感知"友好的""关心体贴的"等道德特质时表现出的道德认同情况。量表采用5级评分，1="完全不同意"，5="完全同意"，得分越高说明青少年的道德认同水平越高。对于父母教养方式的测量，本研究借鉴了蒋奖等（2010）改编的简氏父母教养方式量表。本研究从孤独感和追求受欢迎度两个层面考察青少年的同伴关系。我们依据Cassidy和Asher（1992）设计的15项指标测量青少年的孤独感程度，量表的形式是3点计分制（1="是"；2="说不清"；3="否"）。而青少年的追求受欢迎度则采用Santor等（2000）改编的量表来测量。关于社区暴力接触，本研究在国外相关研究的基础上，设计了用来测量青少年社区暴力接触的5项指标。在数据处理中，年级和学习成绩做连续变量处理；性别、学校等级、独生子女为二分变量，做虚拟变量处理，分别设女=0、普通学校=0、非独生子女=0；家庭经济条件、学生干部、社区类型为类别变量，做虚拟变量处理，分别设置家庭经济条件一般=0、不担任学生干部=0、农村社区=0；地区根据调查对象所在的省（区、市）合并转化而来，分别为东部地区、中部地区、西部地区，做虚拟变量处理，设西部地区=0。

三 结果分析

（一）青少年的道德认同程度及其结构

表2-1报告了4000多名青少年在道德认同量表各项指标上的分布情况，总体来看，青少年呈现中等偏高的道德认同水平（平均得分为3.74分）。进一步分析发现，青少年在具体指标上的道德认同程度存在明显的差异。

第二章　父母教养方式、同伴关系、社区暴力接触与青少年的道德认同

首先，超过七成的青少年同意（含"比较同意"与"完全同意"）"成为具备这些特征的人，会让我感觉良好""成为具备这些特征的人，是我做人的一个重要部分""我非常渴望拥有这些特征"这3种说法，这说明大部分青少年愿意采用内隐的方式表达自己的道德认同；其次，三成到六成不等的青少年在"我平时的着装表明我具备这些特征""我平时所做的事，可以清楚地表明我具有这些特征""我平时所读的书和杂志的类型，可表明我具有这些特征""我周围其他人都知道我具备这些特征""我积极参与各种活动，以让他人知道我具有这些特征"5项指标上持积极的态度，这意味着相当一部分青少年在展示自己的道德认同时，倾向于借助实际的行为举止；而对于最后两项指标，持认同态度的青少年均不足一成，我们可以理解为青少年对于主流道德特质的拒绝程度较低。

表2-1　青少年的道德认同程度

指标	完全不同意（%）	不太同意（%）	说不清（%）	比较同意（%）	完全同意（%）	均值	标准差	样本量
成为具备这些特征的人，会让我感觉良好	2.8	6.5	9.2	30.4	51.0	4.20	1.04	4488
成为具备这些特征的人，是我做人的一个重要部分	1.9	4.6	9.6	30.0	53.9	4.29	0.95	4478
我非常渴望拥有这些特征	3.9	7.1	18.5	28.6	41.9	3.97	1.11	4486
我平时的着装表明我具备这些特征	12.4	23.4	32.5	20.1	11.6	2.95	1.18	4436
我平时所做的事，可以清楚地表明我具有这些特征	2.8	9.8	33.0	36.5	17.9	3.57	0.95	4451
我平时所读的书和杂志的类型，可表明我具有这些特征	5.3	18.1	33.9	28.9	13.8	3.28	1.08	4443
我周围其他人都知道我具备这些特征	4.5	13.8	52.3	20.0	9.5	3.16	0.93	4457
我积极参与各种活动，以让他人知道我具有这些特征	8.5	23.3	28.3	26.4	13.5	3.13	1.17	4474
具备这些特征，让我感到羞愧	73.7	15.4	6.1	2.4	2.4	1.44	0.89	4456
是否具备这些特征，对我来说并不重要	52.2	28.2	10.9	5.0	3.7	1.80	1.80	4467
道德认同总体程度						3.74	0.58	4258

上述描述统计结果的差异性与类别化在表2-2中得到了进一步体现。为了解青少年道德认同的内在结构,本研究对青少年道德认同量表的10项指标做了因子分析。采用主成分分析法(PCA),本研究共提取出3个公因子,各指标的因子载荷均在0.526以上,解释总变异的60.0%,因子分析的具体结果如表2-2所示。

阿奎诺将道德认同概括为个体围绕一系列道德品质组织起来的自我观念,并以道德认同内在化与道德认同表征化两种形式进行表达。这一定义至今被国内外众多学者用来进行概念表述、指标测量以及模型建构。本研究的因子分析结果也保留了阿奎诺对道德认同的两类划分,并在两个逆向指标上新增了一个维度。为此,我们将上述3个公因子分别命名为内在化道德认同、外在化道德认同和负向道德认同。

表2-2 青少年道德认同的结构

指标	内在化道德认同	外在化道德认同	负向道德认同
成为具备这些特征的人,会让我感觉良好	0.757	0.168	-0.146
成为具备这些特征的人,是我做人的一个重要部分	0.733	0.223	-0.237
我非常渴望拥有这些特征	0.769	0.162	-0.057
我平时的着装表明我具备这些特征	0.157	0.616	0.190
我平时所做的事,可以清楚地表明我具有这些特征	0.201	0.720	-0.172
我平时所读的书和杂志的类型,可表明我具有这些特征	0.120	0.767	-0.062
我周围其他人都知道我具备这些特征	0.087	0.739	0.070
我积极参与各种活动,以让他人知道我具有这些特征	0.388	0.526	0.183
具备这些特征,让我感到羞愧	-0.051	0.033	0.875
是否具备这些特征,对我来说并不重要	-0.310	0.065	0.768

内在化道德认同标示着个体从内心深处接受与认可社会主流的道德特征,并希望将其内化为自身品质或价值观的一部分,实质是道德特征根植于人们自我观念中的程度,内在化道德认同包括"成为具备这些特征的

人，会让我感觉良好"等 3 项指标。

外在化道德认同是指个体以外显的方式表征自己所拥有的主流道德特征，即人们在多大程度上愿意用自身的行为举止强化道德品质，涉及"我平时的着装表明我具备这些特征""我平时所做的事，可以清楚地表明我具有这些特征"等 5 项指标。

负向道德认同指的是个体拒绝或者否定社会主流的道德特征，无法在内心认可或接纳它们，它包括 2 项指标，即"具备这些特征，让我感到羞愧"和"是否具备这些特征，对我来说并不重要"。

表 2 – 1 和表 2 – 2 综合显示，青少年的道德认同总体处于中等偏高的程度，且在道德认同量表的内部，青少年的内在化道德认同水平最高，外在化道德认同水平次之，负向道德认同水平最低。在本研究中，上述道德认同三个因子的 Cronbach's α 系数分别为 0.76、0.77 与 0.67，体现了具有较好的内部一致性与稳定性，因而本研究把这三个因子作为潜变量道德认同的结构，纳入后文的回归模型。

（二）父母教养方式、同伴关系和社区暴力接触对青少年道德认同的影响

为了检验父母教养方式、同伴关系和社区暴力接触对青少年道德认同的影响，本研究进行了多元线性回归分析。考虑到长期以来我国的家庭教育情况，青少年父母采用的家庭教养方式多是拒绝型、情感温暖型与过度保护型中的一种，且青少年的父亲与母亲在这些方式的选择上趋于一致。对此，本研究分别以青少年外在化道德认同、内在化道德认同和负向道德认同为因变量，以父母教养方式（父/母亲拒绝型教养方式、父/母亲情感温暖型教养方式、父/母亲过度保护型教养方式）、同伴关系（孤独感、追求受欢迎度）和社区暴力接触为自变量，在控制性别、年级、学校等级、独生子女、学生干部、学习成绩、家庭经济条件、社区类型和地区等变量的基础上，建立了三组共 9 个模型。模型的回归结果如表 2 – 3 所示。

第一，对于父母教养方式这一变量，拒绝型教养方式组的结果表明，除了父亲拒绝型教养方式对青少年的内在化道德认同具有一定的负向影响外（$p<0.1$），父亲拒绝型教养方式与母亲拒绝型教养方式均不能显著预测其他形式的青少年道德认同，如模型 1、模型 2、模型 3 所示。而在情感

表 2-3 青少年道德认同的回归分析结果

变量		拒绝型教养方式			情感温暖型教养方式			过度保护型教养方式		
		模型1(外在化道德认同)	模型2(内在化道德认同)	模型3(负向道德认同)	模型4(外在化道德认同)	模型5(内在化道德认同)	模型6(负向道德认同)	模型7(外在化道德认同)	模型8(内在化道德认同)	模型9(负向道德认同)
父母教养方式	父亲拒绝型教养方式	-0.005 (0.021)	-0.039+ (0.021)	0.026 (0.019)						
	母亲拒绝型教养方式	-0.001 (0.021)	-0.008 (0.020)	0.014 (0.019)						
	父亲情感温暖型教养方式				0.065** (0.023)	0.035 (0.022)	-0.040*** (0.020)			
	母亲情感温暖型教养方式				-0.011 (0.022)	0.084*** (0.022)	-0.077*** (0.020)			
	父亲过度保护型教养方式							0.006 (0.022)	0.021 (0.022)	-0.006 (0.020)
	母亲过度保护型教养方式							0.005 (0.022)	0.019 (0.022)	-0.014 (0.020)

第二章　父母教养方式、同伴关系、社区暴力接触与青少年的道德认同

续表

变量		拒绝型教养方式 模型1 (外在化道德认同)	模型2 (内在化道德认同)	模型3 (负向道德认同)	情感温暖型教养方式 模型4 (外在化道德认同)	模型5 (内在化道德认同)	模型6 (负向道德认同)	过度保护型教养方式 模型7 (外在化道德认同)	模型8 (内在化道德认同)	模型9 (负向道德认同)
同伴关系	孤独感	-0.026*** (0.003)	-0.024*** (0.003)	0.027*** (0.003)	-0.024*** (0.003)	-0.020*** (0.003)	0.021*** (0.003)	-0.025*** (0.003)	-0.025*** (0.003)	0.025*** (0.003)
	追求受欢迎度	0.085*** (0.020)	0.007 (0.019)	0.081*** (0.018)	0.082*** (0.019)	-0.001 (0.019)	0.087*** (0.017)	0.082*** (0.019)	-0.006 (0.019)	0.090*** (0.018)
社区暴力接触		0.044* (0.021)	-0.044* (0.020)	0.043* (0.019)	0.044* (0.021)	-0.045* (0.020)	0.044* (0.018)	0.042* (0.021)	-0.052** (0.020)	0.049** (0.019)
性别		-0.034 (0.036)	-0.033 (0.035)	0.145*** (0.033)	-0.034 (0.036)	-0.030*** (0.035)	0.141*** (0.032)	-0.036 (0.036)	-0.042*** (0.035)	0.151*** (0.032)
年级		0.009 (0.011)	-0.071*** (0.011)	0.012 (0.010)	0.012 (0.011)	-0.062*** (0.011)	0.003 (0.010)	0.009 (0.011)	-0.066 (0.011)	0.008 (0.010)
学校等级		0.016 (0.043)	0.046 (0.420)	-0.085* (0.038)	0.010 (0.043)	0.034 (0.042)	-0.073+ (0.037)	0.017 (0.043)	0.051 (0.042)	-0.087+ (0.039)
独生子女		0.038 (0.039)	-0.007 (0.038)	-0.001 (0.036)	0.036 (0.039)	-0.014 (0.038)	0.004 (0.035)	0.038 (0.039)	-0.005 (0.038)	-0.004 (0.036)
学生干部	班级干部	0.082* (0.040)	0.040 (0.039)	-0.064+ (0.036)	0.075+ (0.040)	0.033 (0.038)	-0.056 (0.037)	0.082* (0.039)	0.043 (0.038)	-0.065 (0.036)
	校级干部	0.210* (0.093)	-0.006 (0.090)	-0.006 (0.083)	0.212* (0.093)	0.007 (0.090)	-0.015 (0.083)	0.208* (0.092)	-0.01 (0.090)	0.001 (0.083)

· 119 ·

续表

变量		拒绝型教养方式 模型1 (外在化道德认同)	拒绝型教养方式 模型2 (内在化道德认同)	拒绝型教养方式 模型3 (负向道德认同)	情感温暖型教养方式 模型4 (外在化道德认同)	情感温暖型教养方式 模型5 (内在化道德认同)	情感温暖型教养方式 模型6 (负向道德认同)	过度保护型教养方式 模型7 (外在化道德认同)	过度保护型教养方式 模型8 (内在化道德认同)	过度保护型教养方式 模型9 (负向道德认同)
学习成绩		0.042** (0.015)	0.044** (0.015)	−0.062*** (0.014)	0.041** (0.015)	0.040** (0.015)	−0.060*** (0.014)	0.043** (0.015)	0.046*** (0.015)	−0.063*** (0.014)
家庭经济条件	富裕	0.071 (0.059)	0.128* (0.058)	0.033 (0.053)	0.061 (0.059)	0.118* (0.057)	0.045 (0.053)	0.073 (0.059)	0.137* (0.058)	0.026 (0.053)
	贫困	0.085 (0.057)	0.042 (0.055)	0.002 (0.051)	0.084 (0.057)	0.030 (0.055)	0.010 (0.051)	0.083 (0.057)	0.032 (0.055)	0.008 (0.051)
	城乡结合部	−0.010 (0.067)	0.055 (0.065)	0.050 (0.060)	−0.012 (0.067)	0.045 (0.065)	0.061 (0.060)	−0.012 (0.067)	0.047 (0.065)	0.056 (0.060)
社区类型	低档住宅区	0.010 (0.092)	0.052 (0.090)	−0.111 (0.083)	0.012 (0.092)	0.051 (0.089)	−0.115 (0.082)	0.008 (0.092)	0.041 (0.090)	−0.103 (0.083)
	中低档住宅区	0.053 (0.075)	−0.021 (0.073)	0.088 (0.067)	0.064 (0.075)	−0.160 (0.073)	0.082 (0.067)	0.052 (0.075)	−0.025 (0.073)	0.09 (0.067)
	中档住宅区	0.184*** (0.056)	−0.143 (0.054)	0.040 (0.050)	0.188** (0.056)	−0.009 (0.054)	0.037 (0.050)	0.182*** (0.056)	−0.021 (0.054)	0.044 (0.050)
	中高档住宅区	0.255*** (0.069)	−0.132* (0.067)	0.053 (0.062)	0.255*** (0.069)	−0.132* (0.067)	0.056 (0.061)	0.252*** (0.069)	−0.141* (0.067)	0.059 (0.062)
	高档住宅区	0.482*** (0.107)	−0.056 (0.104)	0.174+ (0.096)	0.490*** (0.107)	−0.033 (0.104)	0.155 (0.096)	0.479*** (0.107)	−0.066 (0.104)	0.181+ (0.097)

续表

	拒绝型教养方式			情感温暖型教养方式			过度保护型教养方式		
变量	模型1（外在化道德认同）	模型2（内在化道德认同）	模型3（负向道德认同）	模型4（外在化道德认同）	模型5（内在化道德认同）	模型6（负向道德认同）	模型7（外在化道德认同）	模型8（内在化道德认同）	模型9（负向道德认同）
地区 中部地区	-0.051 (0.041)	-0.120** (0.040)	0.005 (0.037)	-0.049 (0.041)	-0.118** (0.040)	0.003 (0.037)	-0.049 (0.041)	-0.113** (0.040)	0.001 (0.037)
东部地区	0.031 (0.056)	-0.147** (0.055)	-0.032 (0.051)	0.030 (0.056)	-0.134* (0.055)	-0.042 (0.051)	0.032 (0.056)	-0.141 (0.055)	-0.037 (0.051)

注：括号内的数值为标准误，$^{***}p<0.001$，$^{**}p<0.01$，$^{*}p<0.05$，$^{+}p<0.1$。

温暖型教养方式组中，父母情感温暖型的家庭教养方式对青少年的负向道德认同具有较强的解释力：前者每增加 1 个单位，后者分别降低 4.0%（$p<0.001$）与 7.7%（$p<0.001$）。青少年的外在化道德认同与内在化道德认同则受到父母情感温暖型教养方式的单向影响：父亲情感温暖型教养方式每增加 1 个单位，青少年的外在化道德认同水平提高 6.5%（$p<0.01$）；母亲情感温暖型教养方式每增加 1 个单位，青少年的内在化道德认同水平提高 8.4%（$p<0.001$）。如模型 4、模型 5、模型 6 所示。在过度保护型教养方式模型组中，无论是青少年的外在化道德认同、内在化道德认同还是负向道德认同，父母过度保护型教养方式的影响在统计上均不显著。

第二，表 2-3 中三组模型均显示，标示同伴关系的孤独感与追求受欢迎度能显著地预测青少年的道德认同，且这种预测力在三种模型中十分接近。孤独感对青少年的外在化道德认同与内在化道德认同均具有显著的负效应，对青少年的负向道德认同则是显著的正效应。以拒绝型教养方式组（模型 1、模型 2、模型 3）为例，青少年的孤独感每增加 1 个单位，其外在化道德认同与内在化道德认同水平分别降低 2.6%（$p<0.001$）与 2.4%（$p<0.001$），负向道德认同水平则提高 2.7%（$p<0.001$）。同伴关系变量另一维度的结果显示，追求受欢迎度对青少年的外在化道德认同与负向道德认同均具有显著的正效应。同样以拒绝型教养方式组为例，前者每增加 1 个单位，后者则分别提高 8.5%（$p<0.001$）与 8.1%（$p<0.001$）。但本研究也发现，这一正效应没有体现在青少年的内在化道德认同上。

第三，表征外部环境的社区暴力接触对青少年道德认同也具有较强的解释力，社区暴力接触能显著地正向预测青少年的外在化道德认同与负向道德认同，负向预测内在化道德认同。我们可以从表 2-3 第一组模型（模型 1、模型 2、模型 3）中看到，社区暴力接触每增加 1 个单位，青少年的外在化、内在化、负向道德认同分别增加 4.4%（$p<0.05$）、降低 4.4%（$p<0.05$）和提高 4.3%（$p<0.05$）。这说明，社区暴力接触越多，青少年将道德品质内化为自我观念的程度越低，拒绝主流道德品质的程度越高，用行为彰显此类品质的倾向也越高。第二组模型（模型 4、模型 5、模型 6）与第三组模型（模型 7、模型 8、模型 9）显示了同样的结果，只是每个具体模型关于社区暴力接触对青少年道德认同的解释力有所削减或增强。

此外，本研究还发现，作为控制变量的学习成绩、学校等级、家庭经济条件、社区类型以及地区等能较为显著地影响青少年的道德认同。例如，青少年的学习成绩有助于提高其内在化与外在化道德认同水平，降低其负向道德认同水平；相对于普通学校，重点学校学生的负向道德认同水平更低；地区间的差异也表明，中东部地区的青少年有着更低的内在化道德认同水平。

四 结论与讨论

本研究发现，第一，父亲情感温暖型教养方式能正向预测青少年的外在化道德认同，母亲情感温暖型教养方式能正向预测青少年的内在化道德认同，父亲/母亲情感温暖型家庭教养方式均能负向预测青少年的负向道德认同；第二，表征同伴关系的孤独感对青少年的外在化与内在化道德认同具有显著的负向影响，对青少年的负向道德认同具有显著的正向影响，而同样表征同伴关系的追求受欢迎度则对青少年的外在化与负向道德认同均具有显著的正向影响；第三，标示外部环境的社区暴力接触对青少年的外在化与负向道德认同具有正效应，对内在化道德认同具有负向效应。基于上述结论，笔者认为有以下几点值得进一步讨论。

（一）家庭教养方式与青少年道德认同

父亲/母亲情感温暖型教养方式对青少年的道德认同具有助推作用，父亲拒绝型教养方式对青少年的内在化道德认同具有负向影响，这似乎进一步印证了已有研究关于家庭教育对青少年道德认同的影响路径。霍夫曼曾指出，父母采用强制的方式（包括冷漠拒绝、过度控制、剥夺子女权力等）会抑制子女对道德规范的内化，也阻碍子女道德良知的发展（陈陈，2002）；家长对子女表示失望、孤立或者不理睬，会让子女产生过重的内疚感，并在道德规范的遵守上有着消极的反应，若家长对子女采取关爱、体贴等积极的家庭教养方式，则会对子女的价值观念与道德认知产生正面的影响（陈陈，2002）。然而，相对于父亲拒绝型教养方式对青少年道德认同产生的消极作用，本研究并未发现母亲拒绝型教养方式对青少年的道德认同造成负面影响，这可能与我国大部分家庭的角色分工有关，拒绝型教养方式通常由父亲这一家庭角色来承担，而母亲更多的是扮演情感温暖型的角色，即使她们采用拒绝型教养方式也难以达到预期的效果。

我们在考察父母教养方式对青少年内在化道德认同、外在化道德认同和负向道德认同的影响时发现，父母拒绝型和过度保护型教养方式对后两者的影响并不显著。其背后的机制可能是：一方面，父母拒绝型教养方式塑造了一种消极的亲子关系，学习与模仿的作用使得青少年在内心排斥一些社会主流的道德特征，并且不愿意用自身行为加以表现；另一方面，父母过度保护型教养方式在一定程度上压缩了青少年的成长空间，父母严格的要求对青少年所处社会环境起到了一种道德保护的作用，使得青少年所接受的主流价值观念难以被侵蚀。这说明父母教养方式对青少年道德认同的影响具有条件性。

（二）同伴关系与青少年道德认同

孤独感是同伴关系的重要体现，青少年的孤独感映衬出他们在同伴关系规模或质量上的缺陷，也反映着他们期望的同伴关系网络与实际情况的落差，这种缺陷与落差深刻地塑造着青少年的道德认知与道德行为（李彩娜、邹泓，2006）。与学界已有的研究成果相似，本研究的结论表明，孤独感对青少年的道德认同具有显著的负效应，青少年的孤独感越强，其将主流道德特征内化于自我观念的程度越低，以及用行为举止表达这些道德特质的意愿越弱，拒绝或否定主流道德特征的程度越高。同伴关系的"选择过程"表明，对于个体特征与自己不相似或相反的同伴，青少年倾向于解散与之建立的关系，并随之回避原有关系网络中所推崇的价值观念（张镇、郭博达，2016）。孤独感强的青少年由于被排斥在同伴关系网络之外，受制于主流道德观念的约束也较小，因而他们的道德认同会受到消极影响。反之，亲密、广阔的同伴关系网络能为孤独感低的青少年提供道德规范，嵌入这类同伴关系网络中的青少年容易获得更多的道义支持，为此，他们有强大的动机去接纳与认可社会主流道德观念。

而在追求受欢迎度这一变量上，本研究却发现，追求受欢迎度对青少年的外在化道德认同和负向道德认同的影响都是正向的。这一发现驱使着我们对社会心理学领域的认知失调理论与自我一致性概念的重探。费斯廷格的认知失调理论指出，在一定情境下，受制于特殊性奖励（或威胁性惩罚）的个体会产生表面上的服从行为，这种行为违背了个体先前一以贯之的自我认知；从自我一致性中分离出的"主我"与"客我"也表明，为了获得社会文化倡导的价值规范，个体可能会放弃自己的道德承诺（马向真，2006）。青少年时期是个体身心发展的波动期，渴望社会赞许的冲动与道德规范的抑制共同影响着这个群体，对此，青少年为了获得来自同伴的尊重与仰慕，即使是自己并不认同的道德特质，他们也愿意用行动表达其"正确性"，即负向道德认同与外在化道德认同并行。

（三）社区暴力接触与青少年道德认同

关于暴力接触对青少年道德认同的影响，Anderson 和 Bushman（2006）的一般学习模型解释为：反复暴露于暴力情境中的个体，其攻击性的情绪、图式与记忆容易被习得，攻击性的人格特质也容易形成或强化，通过亲身经历或媒介传播，个体在潜移默化中形成消极的道德自我认知。社区作为青少年重要的外部环境，对青少年道德认同的发展发挥着强大的作用。已有的实证研究表明，不良的社区环境会阻碍青少年一致性道德规范与期望的产生，也不利于青少年道德认同的形成。作为一种消极的社区环境，社区暴力接触会使青少年认同一些不道德的观念，并催生支持攻击性行为的社会认知。与上述研究相似，本研究中的社区暴力接触对青少年的内在化道德认同具有负效应，对负向道德认同具有正效应。

但对青少年的道德认同进行类别化后，本研究发现，社区暴力接触对于青少年各种类型道德认同的影响有所不同，其呈现的作用并不仅仅是消极的一面：社区暴力接触对青少年的外在化道德认同具有助推作用。这可能与具体情境下的"同情表达"和"补偿提供"机制有关，当青少年看到自己所在社区的成员遭受暴力行为时，会对受害者表达其关心或同情，并尝试用道德行为去弥补受害者遭受的伤害（Grant et al., 2009）。青少年在接触社区暴力之后呈现的外在化道德认同，正是一种补偿方式的表达。

第三章
父母教养方式、同伴关系、社区暴力接触与青少年的道德推脱

一 问题的提出

班杜拉（Bandura，1999）在其社会认知理论中指出，个体行为是由道德标准来引导的：人们通常"做那些让自己满意且能建立自我价值感的事情……不做那些违背其道德标准的事情，因为那样做将带来自我谴责"。在这个意义上，他进一步指出，遵守有关行为的约定标准的人因受制于外在和内在约束而不会做一些不道德的行为。即使有做坏事的机会，人们也会因为羞耻感、罪恶感或自责感之类的内在约束的存在而自我克制（Grasmick et al.，1991），或者因害怕来自他人的非难、排斥或惩罚之类的外在约束而回避它（Williams & Hawkins，1986）。然而，人们还是可能不顾内在和外在约束而做坏事。班杜拉认为，道德观念自身不足以约束坏的行为。道德调节机制只有被激活时，才能有效地影响人们的行为，但人们也有能力通过一个可称为道德推脱的过程来选择性地不激活其道德调节机制（Bandura，2002）。

在班杜拉看来，道德推脱指的是个体的一种认知倾向：使用一些有选择性地推脱道德谴责的机制，它通过重新定义自己的行为、模糊因果机制、扭曲伤害后果和归责受害者等机制来实现（Paciello et al.，2008），从而弱化和抑制道德自我约束对个体行为的调节作用。其中，重新定义自己

第三章 父母教养方式、同伴关系、社区暴力接触与青少年的道德推脱

的行为通过道德辩护、委婉标签和有利比较三种机制来实现；模糊因果机制表现为责任转移和责任扩散；扭曲伤害后果指的是，当个体为个人目的或因社会诱因而伤害他人时，他们倾向于回避面对那些因其引致的伤害或将伤害后果最小化、扭曲或使其不可置信，从而免除内心的自我谴责；归责受害者则通过非人性化和罪责归因两种机制来实现（Bandura，1990）。

道德推脱一经提出，就被广泛地用来解释个体和组织层面的不道德行为。例如，个体层面的（青少年）攻击性行为（Bandura et al.，1996；Gini et al.，2015；杨继平、王兴超，2012）、反社会行为（Hyde et al.，2010；王栋、陈作松，2016）、亲社会行为（王栋、陈作松，2016；王兴超、杨继平，2013）、网络偏差行为（杨继平等，2015）、学术欺骗（杨继平等，2010）、酗酒行为（Quinn & Bussey，2015）、运动员犯规（Tsai et al.，2014）和对军事打击的支持（McAlister et al.，2006），组织层面的企业家的不道德决策（Baron et al.，2015）、组织员工的不道德行为与偏离行为（Barsky，2011；Moore et al.，2012；Christian & Ellis，2014）、监狱中的处决行为（Osofsky et al.，2005）和组织腐败行为（Moore，2008）等。然而，有关道德推脱形成和变化的机理及其经验检验近年来才引起学界的零星关注。该领域的研究主要集中在以下两个方面。

第一，道德推脱的变化及其类型化研究。帕西埃罗等（Paciello et al.，2008）基于366名青少年的追踪调查数据考察了道德推脱的稳定性，发现了四种不同的变化轨迹。一是非推脱型群体（nondisengaged group）：起初有低水平的道德推脱，而后又有较大的下降；二是标准型群体（normative group）：起初有中等水平的道德推脱，而后有所下降；三是后期停止型群体（later desister group）：起初有中－高水平的道德推脱，14~16岁有所提高，而17~20岁开始急剧下降；四是长期型群体（chronic group）：在整个青少年期，一直维持着中－高水平的道德推脱。与之相似，费根和泰勒（Fagan & Tyler，2005）发现，青少年的道德推脱在10~16岁相对稳定。然而，他们也指出，道德推脱在14岁时达到顶点，而后在15~16岁又有所下降。托帕利等（Topalli et al.，2014）基于12~16岁青少年的数据分析，发现了四种中立化（道德推脱）轨迹：极度低水平的中立化（13.21%）、低水平中立化（38.04%）、中等水平的中立化（32.86%）和高水平中立化

(15.90%)。这些中立化倾向都既保持了一定的稳定性,也在12岁和16岁时呈现了一定的差异。卡德韦尔等(Cardwell et al.,2015)基于对横跨7年的1354名青少年罪犯的调查分析发现,青少年道德推脱的变化轨迹呈现低水平、中等水平和高水平三种模式,女性和白人青少年的道德推脱更可能遵循低水平的变化轨迹,而西班牙裔青少年则更可能遵循高水平的变化轨迹。

第二,道德推脱的影响因素研究。归纳起来,学界已考察了以下因素对道德推脱形成与变化的影响。一是家庭教育。有研究者基于对来自低收入家庭的187名男孩的数据分析发现,拒绝型家庭教育方式对青少年的道德推脱有正向影响(Hyde et al.,2010);另有研究者基于245名非洲裔美国孩子的研究发现,积极型家庭教育方式对青少年的道德推脱有负向影响,即抑制了后者的发展(Pelton et al.,2004)。二是同伴关系。卡拉韦塔等(Caravita et al.,2014)基于369名意大利学生(含133名高年级小学生和236名初中生)的调查研究发现,同伴影响个体的道德推脱:个体可能调整自己的道德推脱水平以趋近于同伴的道德推脱水平。方丹等(Fontaine et al.,2014)基于对392名意大利青少年的调查分析发现,在青少年早期经历过同伴拒绝的被访者可能将其所处的世界看作残酷的和不公平的,因此更可能发展出宽恕和有利于反社会行为的道德推脱。三是邻里环境。海德等(Hyde et al.,2010)研究发现,生活在贫穷的邻里环境中的青少年有更高的道德推脱水平。四是刺激自利的情境。基什-格普哈特等(Kish-Gephart et al.,2014)基于定量与定性的数据分析发现,刺激自利的情境可触发道德推脱,且两者之间的关系受到伤害性暗示和良心的调节。五是消极性经历。科克尔等(Coker et al.,2014)基于美国内城区45名非洲裔美国中学生的数据分析发现,消极的生活经历可激发青少年的道德推脱,而社会问题解决技巧在两者间起了中介作用。另有研究发现,组织中的消极性经历也可引发员工的道德推脱(Claybourn,2011;Fida et al.,2015;Loi et al.,2015)。

上述研究尽管为理解(青少年)道德推脱的形成及变化机制提供了很有价值的洞见,但也还存在一些明显的不足:一是已有研究的对象多为少数民族青少年、来自低收入家庭青少年或青少年罪犯等特殊人群,且样本量不大;二是已有研究多将道德推脱作为中介变量,在探讨其中介效应的过程中考察了家庭教育、同伴关系、邻里环境和组织工作中消极性经历等因素对道德推脱的影响,而以道德推脱为因变量探讨其形成与变化机制的专门性研究还非常少;三是即使有少数几项专门解释道德推脱的形成与变化的研究,也多只关注和分析某单个核心因素对道德推脱的影响,尽管这有利于较深入地探讨道德推脱形成与变化机制的特定维度,却难以获得有关道德推脱形成与变化机制的系统性认识。要较系统地把握青少年道德推脱的形成与变化机制,就要将其置于青少年赖以社会化的环境中来考察。道德推脱作为道德观念的一种特殊形式,是行动者在其所处的社会环境中被社会化的结果。在这一社会化过程中,行动者的道德标准被来自社会环境的各种信息或刺激所建构(Bandura,1986)。青少年直接接触的社会环境主要涉及家庭教育、同伴关系和社区环境三个层面:从家庭教育中获取直接的生活信息,通过模仿从同伴那里习得"群体规范",在社区中发展其社会关系。它们属于布朗芬布伦纳(Bronfenbrenner,1979)生态系统理论所论及的微观系统,中观系统和宏观系统均需经由微观系统才能影响青少年的观念和行为。基于上述认识,本章尝试基于一个较大样本的数据在一项研究中同时考察家庭教育(主要是父母教养方式)、同伴关系和社区环境三个层面的因素对青少年道德推脱的影响及其机制,并兼及其性别差异,以弥补该领域已有研究的明显不足。

二 研究方法

(一) 数据来源

本研究的调查对象是初高中在校学生,该群体在年龄上与伯克所界定的青少年基本一致,即11~18岁(伯克,2014);调查时间是2016年1~4月;抽样方法是混合抽样,即方便抽样与整群抽样相结合:用方便抽样抽取省(区、市)、县(市、区)和学校,用整群抽样在学校内部抽取班级。具体抽样程序是,首先在东部、中部、西部地区分别抽取2个省(区、市),然后在被抽取的省(区、市)分别抽取1~2个县(市、区),而后在被抽取的县(市、区)抽取1~2所中学,最后在被抽取学校的每个年级各抽取1个班级。此外，在基本遵循上述抽样原则的基础上，还利用课题组成员的人脉关系在东部地区另抽取了4个省（区、市），然后在被抽取的省（区、市）各抽取1~2个班级；为了让总样本中有职高生和农村中学生，在研究者所在省（区、市）另抽取了1所职高和2所农村中学，然后在被抽取学校的每个年级各抽取1个班级；最后对被抽取班级的每个学生做自填式问卷调查。据此，我们获得了来自10个省（区、市）20个县（市、区）33所中学的共4530份有效问卷。

在有效样本中，重点学校学生占43.1%，其中男生所占比例略高于女生（高出2.9个百分点）；除高一和高三学生外，各年级学生在总样本中所占比例基本一致，其中男生在初一、初二和高一年级中所占比例略高于女生；独生子女占49.0%，其中男生所占比例高出女生1.4个百分点；学生干部占36.8%，其中女生所占比例高出男生6.4个百分点；家庭经济条件一般的学生占73.4%，其中女生所占比例高出男生6.3个百分点，而在家庭经济条件为富裕和贫困的学生中，男生所占比例都略高于女生；认同学习成绩为中等及以上的占70.5%，其中男生在"最好的20%"组别中所占比例高出女生3.4个百分点；生活在和谐家庭的占91.0%，其中男生所占比例高出女生1.3个百分点；35.8%的学生家住农村社区和城乡结合部，13.1%的学生住在中档以下的城市社区，而家住中档以上城市社区的学生占19.3%，另有31.8%的学生家住中档城市社区，其中女生在"农村社区"和"中档城市社区"组别中所占比例都略高于男生；中部地区学生占43.8%，东部地区学生占33.6%，西部地区学生占22.6%，其中女生在"西部地区"组别中所占比例略高于男生。从样本分布来看，除地区分布略有失衡外，其他变量的分布基本接近现实。

（二）变量测量及设置

1. 因变量

青少年的道德推脱是本研究的因变量，用由班杜拉等设计的道德推脱量表（Bandura et al., 1996）来测量。该量表包括"为了保护自己的朋友而打架是正确的"、"拍打或推搡别人，只是开玩笑的方式"、"如果小孩生活在一个不良环境中，那他们不应该因为攻击性行为而受到责罚"和"取笑他人并没有真正伤害到他们"等32项指标,调查对象被要求从"不同意"、"有点同意"和"同意"三个答案选项中选出一项来表征其在某维度上推卸道德责任的程度,他们选择上述三个答案,依次分别计1分、2分和3分。得分越高表示青少年在某道德维度上推脱责任的程度越高。调查对象在道德推脱32项指标上的得分被累加为一个指数值,最大值为96,最小值为32,均值为44.20。本研究中,道德推脱量表的Cronbach's α 系数为0.89。

2. 自变量

同伴关系、父母教养方式和社区暴力接触是本研究的自变量。

在本研究中,我们从孤独感和追求受欢迎度两个方面考察青少年的同伴关系。孤独感是指被同伴拒绝或缺少可与之玩耍和交流的同伴的感觉,我们用卡西迪和阿什(Cassidy & Asher,1992)设计和修正的孤独感量表来测量。该量表包括"在学校交到新朋友对你来说容易吗?"、"你在学校有其他伙伴可以交谈吗?"、"你在学校有伙伴可以一起玩耍吗?"和"你在学校有被排挤或冷落的感觉吗?"等15项指标,调查对象被要求从"是"、"说不清"和"否"三个答案选项中选出一项来表征其在某维度上孤独感的程度。调查对象在回答正向指标时,选择"是"、"说不清"和"否",分别计1分、2分和3分;在回答负向指标时,选择"是"、"说不清"和"否",分别计3分、2分和1分。得分越高表示青少年在某维度上的孤独感越高。调查对象在孤独感15项指标上的得分被累加为一个指数值,最大值为45,最小值为15,均值为22.47。本研究中,孤独感量表的Cronbach's α 系数为0.85。追求受欢迎度(popularity)常被用来标示个体与同伴的关系,尤其是个体在同伴关系中的地位。它指的是为了被认为是受同伴欢迎的而做某事,我们用桑塔等(Santor et al.,2000)的追求受欢迎度量表来测量。该量表原初包括12项指标,我们根据中国文化和中学生的生活实况删掉了其中5项指标,最后包括"我做过一些使自己更受欢迎的事,即使这意味着我要做一些平常不会(或不愿)做的事"、"有时为了让自己更受他人欢迎,我会无视另一些人"和"在学校我经常和他人一起做事,只是为了受欢迎"等7项指标,调查对象被要求从"完全不符合"、"不太符合"、"说不清"、"比较符合"和"完全符合"五个答案选项中选出一个来表征其在某维度上追求受欢迎的程度，他们选择上述五个答案，依次分别计1分、2分、3分、4分和5分。得分越高表示青少年在某维度上追求受欢迎的程度越高。调查对象在追求受欢迎度7项指标上的得分被累加为一个指数值，最大值为35，最小值为7，均值为16.03。在本研究中，追求受欢迎度量表的Cronbach's α系数为0.86。

父母教养方式以改编自蒋奖、鲁峥嵘、蒋苾菁和许燕（2010）修订的简氏父母教养方式问卷来测量，改编后的量表包括12项指标，调查对象被要求从"完全不一致"、"不太一致"、"说不清"、"比较一致"和"完全一致"五个答案选项中选出一项来表征其父母采取某种教养方式的程度。经因子分析后，分别测量父亲和母亲教养方式的12项指标被分别提取出了三个因子，即拒绝型教养方式（例如，"经常以一种使我很难堪的方式对待我"，共4项指标）、情感温暖型教养方式（例如，"当我遇到不顺心的事时，尽量安慰我"，共4项指标）和过度保护型教养方式（例如，"不允许做一些其他孩子可以做的事情，他/她害怕我出事"，共4项指标）。父亲教养方式三个因子的Cronbach's α系数分别为0.86、0.84和0.74，母亲教养方式三个因子的Cronbach's α系数分别为0.86、0.85和0.78。

在本研究中，社区暴力接触特指目击或观察发生在社区或学习和生活所在的周边区域中的暴力行为或事件。我们在国外相关研究（Barroso et al., 2008）的基础上设计了用来测量社区暴力接触的5项指标，例如，"在社区或街上看到有人吵嘴、谩骂""在社区或街上看到有人被殴打"等，调查对象被要求从"很少"、"比较少"、"说不清"、"比较多"和"很多"五个答案选项中选出一个来表征其接触某维度的社区暴力的程度。在本研究中，社区暴力接触的Cronbach's α系数为0.86。我们对社区暴力接触的5项指标进行了因子分析，提取出了1个公因子，并将其纳入后面的回归分析。

3. 控制变量

本研究涉及的控制变量主要有性别、年级、学校等级、独生子女、学生干部、学习成绩、家庭经济条件、社区类型和地区等。

在数据处理中，性别为虚拟变量，设女＝0；年级做连续变量处理；学校等级分为普通学校和重点学校两类，为虚拟变量，设普通学校＝0；

第三章　父母教养方式、同伴关系、社区暴力接触与青少年的道德推脱

独生子女为虚拟变量，设非独生子女＝0；学生干部分为不担任、班级干部和校级干部三类，为虚拟变量，设不担任＝0；学习成绩做连续变量处理；家庭经济条件分为一般、富裕和贫困三类，为虚拟变量，设一般＝0；社区类型分为农村社区、城乡结合部、低档城市社区、中低档城市社区、中档城市社区、中高档城市社区和高档城市社区七类，为虚拟变量，设农村社区＝0；地区由调查对象所在省（区、市）合并转化而来，分为西部、中部、东部三个地区，为虚拟变量，设西部地区＝0。

三　结果分析

（一）青少年道德推脱的水平及其机制

我们利用班杜拉等的道德推脱量表调查了4000多名在校初高中生，所得结果如表3-1所示。

从总样本来看，青少年道德推脱的总体水平得分为1.38分，介于对道德推脱各指标"不同意"和"有点同意"之间，但略偏向于"不同意"。这表明，青少年道德推脱的总体水平不算高，即他们受源自道德准则的自我约束比较大。

在道德推脱的8个机制中，责任扩散得分最高，达到了1.85分，接近对相关指标"有点同意"的水平。值得注意的是，青少年在"如果一个集体一起决定做坏事，那么只责罚这个集体中的某个孩子是不公平的"和"因为集体造成的伤害，而责罚这个集体中的一个孩子，是不公平的"这两项指标上的得分分别为2.32分和2.24分，都介于对相关指标"有点同意"和"同意"之间。这表明，青少年的责任扩散已达到了一个比较高的水平。

道德辩护的得分位居第二，为1.49分，介于对相关指标"不同意"和"有点同意"的正中间。其中，青少年对"为了保护自己的朋友而打架是正确的"和"为了让朋友摆脱困境，撒谎也是可以的"这两项指标的认同度相对较高，得分分别为1.56分和1.58分，均高于道德辩护的平均得分。

责任转移的得分位居第三，为1.42分，也介于对相关指标"不同意"

和"有点同意"之间。其中,青少年对"如果一个孩子是迫于他朋友的压力而做坏事,那这个孩子不应该被责罚"和"如果小孩生活在一个不良环境中,那他们不应该因为攻击性行为而受到责罚"这两项指标的认同度相对较高,得分分别为1.52分和1.47分,均高于责任转移的平均得分。

表3-1 青少年道德推脱的水平及其机制

指标	总体 均值	总体 样本量	男性 均值	男性 样本量	女性 均值	女性 样本量
道德辩护	**1.49**	**4329**	**1.57**	**2088**	**1.42**	**2175**
为了保护自己的朋友而打架是正确的	1.56	4390	1.69	2124	1.47	2197
打那些说你家人坏话的人,是对的	1.49	4371	1.56	2112	1.43	2191
因为集体荣誉受到威胁而打架,是可以的	1.34	4366	1.41	2113	1.26	2187
为了让朋友摆脱困境,撒谎也是可以的	1.58	4355	1.64	2104	1.51	2185
委婉标签	**1.37**	**4325**	**1.44**	**2091**	**1.30**	**2169**
拍打或推搡别人,只是开玩笑的方式	1.70	4387	1.79	2121	1.61	2197
打那些令人讨厌的同学只是给他们"一个教训"	1.30	4372	1.39	2115	1.21	2189
没经过主人的允许而拿走他们的东西,可视为"借用"	1.13	4364	1.17	2112	1.10	2186
偶尔放纵一下(如抽烟等),也不是一件坏事	1.35	4355	1.40	2107	1.29	2182
有利比较	**1.16**	**4292**	**1.20**	**2068**	**1.13**	**2159**
当考虑到别人在打人时,我觉得损坏财物没什么大不了	1.20	4372	1.24	2112	1.17	2191
与那些偷很多钱的人相比,偷一点点钱不算什么	1.09	4374	1.11	2118	1.06	2188
可以言语上侮辱一下同学,因为打他/她就更为恶劣了	1.25	4348	1.30	2100	1.20	2183
跟违法行为相比,不付钱就从商店里拿东西不算严重	1.13	4347	1.16	2101	1.09	2180
责任转移	**1.42**	**4307**	**1.45**	**2087**	**1.38**	**2154**
如果小孩生活在一个不良环境中,那他们不应该因为攻击性行为而受到责罚	1.47	4365	1.50	2114	1.44	2183
如果孩子没有接受过关于遵守纪律方面的教育,那他们不应该因为不端行为而受到责罚	1.40	4377	1.43	2118	1.37	2191
当小孩所有的朋友都讲脏话时,他们不应该因为讲了脏话而受到责罚	1.28	4360	1.33	2111	1.23	2183

第三章 父母教养方式、同伴关系、社区暴力接触与青少年的道德推脱

续表

指标	总体 均值	总体 样本量	男性 均值	男性 样本量	女性 均值	女性 样本量
如果一个孩子是迫于他朋友的压力而做坏事，那这个孩子不应该被责罚	1.52	4349	1.55	2107	1.50	2176
责任扩散	**1.85**	**4300**	**1.85**	**2077**	**1.85**	**2159**
集体中的成员不应该因为集体所造成的麻烦，而受到责备	1.62	4351	1.65	2106	1.59	2176
如果其他小孩带头违反制度，那个只是提议（但并未参与）的小孩不应该受到责罚	1.23	4374	1.27	2116	1.19	2192
如果一个集体一起决定做坏事，那么只责罚这个集体中的某个孩子是不公平的	2.32	4365	2.29	2111	2.36	2187
因为集体造成的伤害，而责罚这个集体中的一个孩子，是不公平的	2.24	4355	2.22	2104	2.27	2186
扭曲结果	**1.24**	**4321**	**1.28**	**2088**	**1.20**	**2167**
撒点小谎没有关系，因为它也不会给别人造成什么伤害	1.32	4378	1.35	2120	1.29	2190
小孩不用在意被取笑，因为那表示别人对他们感兴趣	1.34	4366	1.40	2111	1.29	2188
取笑他人并没有真正伤害到他们	1.18	4360	1.22	2110	1.14	2184
孩子之间的相互侮辱，不会伤害到任何人	1.14	4357	1.18	2107	1.10	2184
责备归因	**1.37**	**4324**	**1.42**	**2088**	**1.33**	**2171**
如果小孩在学校打架或行为不端，这是他们老师的过错	1.27	4370	1.32	2113	1.22	2189
如果人们粗心大意、乱放东西，使东西被偷了，这是他们自己的错	1.72	4372	1.74	2113	1.71	2191
小孩遭受虐待通常是他们罪有应得	1.13	4352	1.17	2105	1.09	2182
如果父母给孩子太大的压力，那这个孩子做了坏事也不算错	1.38	4365	1.43	2113	1.33	2186
非人性化	**1.24**	**4307**	**1.29**	**2078**	**1.20**	**2163**
有些人只值得像对待动物一样被对待	1.33	4368	1.38	2113	1.29	2187
对那些懦弱的人不（友）好，也是可以的	1.19	4354	1.24	2104	1.15	2182
那些令人讨厌的人不值得像对待人一样对待	1.31	4354	1.38	2104	1.26	2184
有些人因为缺乏知觉，即使被伤害了，他们也感觉不到，对这样的人就应该粗暴对待	1.14	4365	1.18	2112	1.10	2187
道德推脱总体水平	**1.38**	**4053**	**1.42**	**1947**	**1.34**	**2045**

得分最低的是有利比较，只有 1.16 分，接近对相关指标"不同意"的水平。其中，青少年对"与那些偷很多钱的人相比，偷一点点钱不算什么"的认同度相当低，得分仅为 1.09 分，相当于几乎所有的人都不认同这一点；但青少年对"可以言语上侮辱一下同学，因为打他/她就更为恶劣了"和"当考虑到别人在打人时，我觉得损坏财物没什么大不了"这两项指标的认同度相对要高一些，但其得分也分别只有 1.25 分和 1.20 分。

得分位居倒数第二的是非人性化和扭曲结果，它们的得分均为 1.24 分。在非人性化中，青少年对"有些人只值得像对待动物一样被对待"和"那些令人讨厌的人不值得像对待人一样对待"这两项指标的认同度相对较高，得分分别为 1.33 分和 1.31 分，都高于非人性化的平均得分；在扭曲结果中，青少年对"小孩不用在意被取笑，因为那表示别人对他们感兴趣"和"撒点小谎没有关系，因为它也不会给别人造成什么伤害"这两项指标的认同度相对较高，得分分别为 1.34 分和 1.32 分，也都高于扭曲结果的平均得分。

在道德推脱的 8 个机制中，道德辩护、委婉标签和有利比较三者都旨在对有害的或不道德的行为进行重构，使之合法化或变得可接受；责任转移和责任扩散的实质是模糊行为与后果之间的因果机制，从而免除个体理应为行为后果担负的责任；扭曲结果指向的是行为后果，即最小化、忽视或扭曲行为后果，以消解个体的责任；责备归因和非人性化指向的则是受害者，即将过错归因于受害者或认定受害者不具有正常人的特性而理应受到伤害。据此，将各机制合并求平均数后可发现，青少年在模糊行为与后果之间的因果机制这类道德推脱上的得分最高，为 1.64 分（求 1.42 和 1.85 的算术平均数），表明青少年更多地以模糊或扭曲行为与后果间关系的方式来免除自我谴责。由表 3-1 还可看到，重构不道德行为，使之更为社会所接受，也是青少年较常选择的道德推脱机制。这些研究发现与国外相关研究发现有一定出入：怀特、班杜拉和贝罗基于科学家、公司经理、律师和推销员的文本分析发现，最小化和否定伤害结果是他们最常使用的道德推脱机制，道德辩护则是他们使用第二多的道德推脱机制（White et al., 2009）。这种发现上的一致与不一致可能是研究对象的差异所导致的。

比较男女两性的道德推脱水平可看到，男生道德推脱总体水平得分为1.42分，女生为1.34分，前者高出后者0.08分，即男生受到的道德自我约束较女生略小。从道德推脱的八个机制看，除了责任扩散的得分男女相等外，其他七个机制的得分均是男生略高于女生，而且各机制下各具体指标的得分也都是男生高于女生。唯一例外的是责任扩散下的"如果一个集体一起决定做坏事，那么只责罚这个集体中的某个孩子是不公平的"和"因为集体造成的伤害，而责罚这个集体中的一个孩子，是不公平的"这两项指标的得分是女生略高于男生。男生较女生展示出更高的道德推脱水平这一发现与国外相关研究发现（Bandura et al.，1996；Caprara et al.，2014；Paciello et al.，2008）基本一致。但不管是男生还是女生，他们在道德推脱八个机制上得分的结构或位序与总样本完全一致：以模糊行为与后果间因果关系的方式来免除自我谴责，是青少年（不管是男生还是女生）最常采用的道德推脱形式。

（二）父母教养方式、同伴关系和社区暴力接触对青少年道德推脱的影响

表3-2列出了分别基于总样本、男生样本和女生样本，以青少年道德推脱为因变量，以父母教养方式（父亲拒绝型教养方式、父亲情感温暖型教养方式、父亲过度保护型教养方式、母亲拒绝型教养方式、母亲情感温暖型教养方式、母亲过度保护型教养方式）、同伴关系（孤独感和追求受欢迎度）、社区暴力接触为自变量，控制性别、年级、学校等级、独生子女、学生干部、学习成绩、家庭经济条件、社区类型和地区等变量的一组多元线性回归分析结果。考虑到在现实的家庭教育中，父亲或母亲通常只会采取一种教养方式，例如，或拒绝型，或情感温暖型，或过度保护型，不会既是拒绝型，又是情感温暖型或过度保护型，因此我们在某一具体统计模型中，只纳入父亲或母亲的一种教养方式；另外，我们假定父亲和母亲在教养方式的选择上是一致的，这似乎也已成为中国家庭教育的一种共识。这样，我们可纳入统计模型的教养方式是父亲和母亲各一种，且父亲和母亲的教养方式一致：或拒绝型，或情感温暖型，或过度保护型。由此，我们可得到三组共九个模型。

表 3-2 青少年道德推脱的回归分析结果

变量		拒绝型教养方式			情感温暖型教养方式			过度保护型教养方式		
		模型1（总体）	模型2（女生）	模型3（男生）	模型4（总体）	模型5（女生）	模型6（男生）	模型7（总体）	模型8（女生）	模型9（男生）
父母教养方式	父亲拒绝型教养方式	0.111 (0.165)	0.126 (0.207)	-0.004 (0.262)						
	母亲拒绝型教养方式	0.570*** (0.163)	0.387† (0.202)	0.808** (0.260)						
	父亲情感温暖型教养方式				-0.169 (0.175)	-0.266 (0.207)	-0.059 (0.296)			
	母亲情感温暖型教养方式				-0.077 (0.177)	-0.105 (0.211)	-0.028 (0.297)			
	父亲过度保护型教养方式							-0.353* (0.176)	-0.767*** (0.219)	0.086 (0.278)
	母亲过度保护型教养方式							0.136 (0.176)	0.343 (0.214)	-0.111 (0.284)
同伴关系	孤独感	0.124*** (0.027)	0.097** (0.033)	0.149*** (0.043)	0.132*** (0.027)	0.097† (0.033)	0.164*** (0.044)	0.140*** (0.026)	0.110*** (0.032)	0.167*** (0.043)
	追求受欢迎度	1.174*** (0.154)	1.320*** (0.195)	1.082*** (0.241)	1.292*** (0.151)	1.413*** (0.191)	1.221*** (0.238)	1.315*** (0.153)	1.461*** (0.192)	1.227*** (0.241)
	社区暴力接触	0.849*** (0.163)	0.323 (0.220)	1.209*** (0.242)	0.922*** (0.162)	0.361† (0.219)	1.308*** (0.241)	0.949*** (0.162)	0.418† (0.218)	1.312*** (0.240)
男生ª		1.807*** (0.283)			1.805*** (0.283)			1.853*** (0.283)		

第三章 父母教养方式、同伴关系、社区暴力接触与青少年的道德推脱

续表

变量		拒绝型教养方式			情感温暖型教养方式			过度保护型教养方式		
		模型1（总体）	模型2（女生）	模型3（男生）	模型4（总体）	模型5（女生）	模型6（男生）	模型7（总体）	模型8（女生）	模型9（男生）
年级		0.577***(0.862)	0.382***(0.105)	0.799***(0.140)	0.518***(0.283)	0.324**(0.105)	0.740***(0.141)	0.516***(0.086)	0.308**(0.105)	0.746***(0.141)
重点学校[b]		0.624†(0.336)	0.787†(0.406)	0.552(0.555)	0.641†(0.337)	0.835*(0.407)	0.539(0.558)	0.581†(0.337)	0.742†(0.406)	0.534(0.558)
独生子女[c]		-0.669*(0.301)	-0.564(0.390)	-0.894†(0.487)	-0.690*(0.311)	-0.574(0.391)	-0.914†(0.489)	-0.704*(0.310)	-0.609(0.389)	-0.919†(0.489)
学生干部[d]	班级干部	0.030(0.311)	0.140(0.374)	-0.219(0.515)	0.031(0.311)	0.148(0.374)	-0.259(0.518)	0.018(0.311)	0.164(0.373)	-0.276(0.518)
	校级干部	0.129(0.730)	-0.078(0.940)	0.153(1.123)	0.213(0.732)	-0.048(0.939)	0.309(1.128)	0.224(0.732)	-0.059(0.396)	0.342(1.129)
学习成绩		-0.321**(0.118)	-0.265†(0.152)	-0.358†(0.183)	-0.318**(0.119)	-0.259†(0.153)	-0.348†(0.184)	-0.336**(0.119)	-0.279†(0.152)	-0.350†(0.184)
家庭经济条件[e]	富裕	0.744(0.468)	1.016†(0.597)	0.329(0.727)	0.688(0.469)	0.979(0.597)	0.274(0.732)	0.635(0.468)	0.937(0.594)	0.261(0.731)
	贫困	0.562*(0.441)	1.356*(0.572)	-0.288(0.674)	0.630(0.442)	1.376*(0.572)	-0.179(0.676)	0.678*(0.442)	1.484**(0.570)	-0.194(0.677)
社区类型[f]	城乡结合部	0.510(0.523)	1.051(0.640)	-0.380(0.847)	0.614(0.524)	1.097(0.640)	-0.201(0.850)	0.625(0.524)	1.100†(0.638)	-0.206(0.851)
	低档城市社区	-0.923(0.714)	-0.942(0.939)	-0.917(1.081)	-0.788(0.715)	-0.877(0.939)	-0.674(1.084)	-0.786(0.716)	-0.871(0.936)	-0.644(1.084)

· 139 ·

续表

变量		拒绝型教养方式 模型1（总体）	拒绝型教养方式 模型2（女生）	拒绝型教养方式 模型3（男生）	情感温暖型教养方式 模型4（总体）	情感温暖型教养方式 模型5（女生）	情感温暖型教养方式 模型6（男生）	过度保护型教养方式 模型7（总体）	过度保护型教养方式 模型8（女生）	过度保护型教养方式 模型9（男生）
社区类型[f]	中低档城市社区	-0.218 (0.581)	0.408 (0.716)	-1.047 (0.932)	-0.201 (0.583)	0.394 (0.717)	-0.955 (0.936)	-0.158 (0.582)	0.433 (0.715)	-0.952 (0.935)
	中档城市社区	-0.219 (0.436)	0.434 (0.526)	-0.957 (0.720)	-0.206 (0.438)	0.478 (0.526)	-0.989 (0.724)	-0.161 (0.437)	0.544 (0.525)	-0.986 (0.724)
	中高档城市社区	0.112 (0.540)	0.229 (0.652)	-0.142 (0.891)	0.161 (0.541)	0.318 (0.652)	-0.122 (0.895)	0.192 (0.542)	0.349 (0.625)	-0.117 (0.894)
	高档城市社区	0.893 (0.842)	0.953 (1.089)	0.573 (1.305)	0.909 (0.844)	0.936 (1.090)	0.658 (1.312)	0.992 (0.844)	1.131 (1.090)	0.865 (1.310)
地区	中部地区	0.087 (0.320)	-0.165 (0.399)	0.405 (0.510)	0.046 (0.320)	-0.196 (0.398)	0.377 (0.512)	0.017 (0.321)	-0.219 (0.397)	0.379 (0.513)
	东部地区	-0.628 (0.444)	-0.990[†] (0.528)	-0.113 (0.747)	-0.696 (0.445)	-0.962[†] (0.529)	0.658 (1.312)	-0.671 (0.445)	-0.916[†] (0.527)	-0.289 (0.749)
常数项		39.263*** (0.875)	39.849*** (1.072)	40.600*** (1.392)	39.280*** (0.886)	39.978*** (1.081)	40.451*** (1.414)	39.161*** (0.877)	39.778*** (1.069)	40.379*** (1.403)
Adj. R^2		0.111	0.083	0.103	0.106	0.081	0.095	0.106	0.087	0.095
样本量		27770	1446	1324	2770	1446	1324	2770	1446	1324

注：（1）[†] $p<0.1$，* $p<0.05$，** $p<0.01$，*** $p<0.001$。
（2）a 表示以女生为参照，b 表示以农村社区为参照，c 表示以非独生子女为参照，d 表示以不担任学生干部为参照，e 表示以家庭经济条件一般为参照，f 表示以农村社区为参照，g 表示以西部地区为参照。

第三章 父母教养方式、同伴关系、社区暴力接触与青少年的道德推脱

从三组模型中的模型1、模型4和模型7（总体模型）均可看到，在控制相关变量后，男生的道德推脱水平远高于女生的道德推脱水平，前者均在后者的1.8倍以上（$p<0.001$）。这与前面关于青少年道德推脱的描述分析发现一致。

从拒绝型教养方式组的三个模型（模型1、模型2和模型3）来看，在控制相关变量后，母亲拒绝型教养方式对青少年（不管是男生还是女生）的道德推脱有显著的正向影响，即母亲采用拒绝型教养方式越多，青少年的道德推脱水平越高：前者每增加1个单位，后者则提高57.0%（总体，$p<0.001$）、38.7%（女生，$p<0.1$）和80.8%（男生，$p<0.01$）。这些数据也表明，母亲拒绝型教养方式对男生的影响更大，且在统计上的显著性水平也更高。同伴关系中的孤独感和追求受欢迎度对青少年的道德推脱都有显著正向影响。具体来说，青少年的孤独感越高，其道德推脱水平越高：前者每增加1个单位，后者则提高12.4%（总体）、9.7%（女生）和14.9%（男生）；青少年追求受欢迎度越高，其道德推脱水平也越高：前者每增加1个单位，后者则增加1.17倍（总体）、1.32倍（女生）和1.08倍（男生）。社区暴力接触对青少年的道德推脱也有显著正向影响，即青少年接触社区暴力越多，其道德推脱水平越高：前者每增加1个单位，后者则提高84.9%（总体）、1.21倍（男生），但社区暴力接触对女生道德推脱的影响在统计上不显著（$p>0.1$）。

另外，作为控制变量的年级和学习成绩对青少年（不管是男生还是女生）的道德推脱都有较显著的影响。例如，青少年随着所上年级的升高，其道德推脱水平也得到相应的提高。这一发现与帕西埃罗等（Paciello et al., 2008）的研究有一致之处：在青少年期的14~16岁年龄段，道德推脱水平有一个攀升的过程，而后开始下降。青少年的学习成绩越好，其道德推脱水平则越低，这可能与其认识水平有关。另外，学校等级、家庭经济条件和地区等变量对女生的道德推脱有显著影响，而独生子女则对男生的道德推脱有显著影响。

从情感温暖型教养方式组的三个模型（模型4、模型5和模型6）来看，在控制相关变量后，情感温暖型教养方式（不管是父亲的还是母亲的）对青少年的道德推脱有负向影响，但在统计上均不显著（$p>0.1$）。同伴关系中

的孤独感和追求受欢迎度仍然都对青少年（不管是男生还是女生）的道德推脱有显著的正向影响，只是在影响力上较前三个模型略有变化。社区暴力接触也仍然对青少年的道德推脱有显著正向影响，只是社区暴力接触对男生道德推脱的影响（系数为1.308）远大于对女生的影响（系数为0.361），且其对女生道德推脱的影响的统计显著性也要低得多（$p=0.099<0.1$）。另外，作为控制变量的年级和学习成绩仍然都对青少年（不管是男生还是女生）的道德推脱有显著影响；学校等级、家庭经济条件（贫困相对于一般）、社区类型（城乡结合部相对于农村社区）和地区（东部地区相对于西部地区）只对女生的道德推脱有显著影响，而独生子女则只对男生的道德推脱有显著影响。

从过度保护型教养方式组的三个模型（模型7、模型8和模型9）来看，在控制相关变量后，父亲过度保护型教养方式对青少年的道德推脱有显著影响，即父亲采用过度保护型教养方式越多，青少年的道德推脱水平则越低：前者每增加1个单位，后者则降低35.3%（总体）和76.7%（女生），但父亲过度保护型教养方式对男生道德推脱的影响在统计上不显著（$p>0.1$）。也就是说，父亲过度保护型教养方式只对女生有显著负向影响。同伴关系中的孤独感和追求受欢迎度依然都对青少年的道德推脱有显著的正向影响。社区暴力接触也依然对青少年的道德推脱有显著正向影响，且依然是社区暴力接触对男生道德推脱的影响（系数为1.312）远大于对女生的影响（系数为0.418），且其对女生道德推脱的影响的统计显著性也要低得多（$p=0.056<0.1$）。另外，控制变量对青少年道德推脱的影响接近于前两组模型。

四　结论与讨论

基于对10个省（区、市）4000多名初高中学生的问卷调查，本研究实证考察了青少年的道德推脱及父母教养方式、同伴关系和社区暴力接触对它的影响。研究表明，青少年道德推脱的总体水平不算高，得分为1.38分，介于对道德推脱"不同意"和"有点同意"之间，其中男生的道德推脱水平较女生的高；但不管是男生还是女生，其道德推脱中责任扩散机制

第三章　父母教养方式、同伴关系、社区暴力接触与青少年的道德推脱

的水平都比较高，得分均为 1.85 分，已接近对相关道德推脱指标 "有点同意" 的水平，这意味着，青少年更多地以模糊行为与后果间因果关系的方式来为自己的不道德行为免除自我谴责。将青少年道德推脱的形成与变化置于其所处的三维环境中做进一步分析后发现，母亲拒绝型教养方式对男生和女生道德推脱水平的提高均有助推作用，但父亲过度保护型教养方式则可抑制女生道德推脱水平的提高；标示同伴关系的孤独感和追求受欢迎度不管是对男生还是对女生的道德推脱都有助推作用；社区暴力接触对男生的道德推脱有稳定的助推作用，但对女生道德推脱的影响则不稳定，且远小于对男生的影响。

有关青少年道德推脱研究的上述发现，还需要从以下方面做进一步的分析与讨论。

父母教养方式与青少年的道德推脱。以往有关父母教养方式对青少年道德推脱的影响的研究多比较碎片化：或整合父母教养方式中的积极部分（如情感温暖型的和高监管型的），并发现了母亲积极型教养方式对青少年道德推脱的抑制效应（Pelton et al., 2004）；或探讨拒绝型教养方式对青少年道德推脱的影响，但发现其间的负向关系并不稳健（Hyde et al., 2010）。这些研究也多忽视了父亲和母亲教养方式在影响青少年道德推脱过程中可能存在的差异及其对不同性别的青少年可能存在的差异性影响。我们在同一项研究中分别考察了父母不同教养方式对不同性别青少年的影响，发现作为积极型教养方式的父亲过度保护型教养方式可抑制女生的道德推脱，但对男生的效应并不显著。其背后的机制可能是：表现为喜欢过问、关心甚或限制孩子行为的父亲过度保护型教养方式，尽管在一定程度上限制了孩子的自由空间，但同时也减少了孩子与 "不良青少年" 的交往及接触 "不良行为" 或 "不良信息" 的机会，从而也减少了孩子从小从家庭和学校接受的主流道德标准被侵蚀的机会，即对孩子的主流道德标准起到了一种保护作用。但在中国，这种工具性的监管角色更多地由父亲来扮演，而被保护的对象也更多的是女孩：出于安全考虑，父亲生怕自己的女儿在外 "上当受骗" 或 "被他人欺负或占便宜"；出于礼仪考虑，父亲希望自己的女儿多几分 "淑女" 和 "文雅"。对男孩，父亲尽管也加以监管，但通常还是赋予其 "符合男孩本性" 的更多的自由，给予他们更多外出的

时间。可能正是家庭的这种角色分工和性别社会化模式导致了父亲过度保护型教养方式对青少年道德推脱的上述效应。本研究还发现，母亲拒绝型教养方式助推了青少年（不管是男生还是女生）道德推脱水平的提高，但父亲拒绝型教养方式的效应则不显著。这可能是社会学习（Bandura，1973）的结果。当孩子在家里遭受责罚和攻击时，他们对一些敌对性的暗示会变得高度敏感，并由此习得了一种这样的观念：责罚和攻击是应对问题的一种可接受的策略（Stoltz et al.，2013），道德推脱也由此逐渐内化为孩子价值观念的一部分。刚才已经提及，在家庭角色分工中，父亲的角色更多的是工具性的，例如，在外打拼挣钱、社交公关，相对于母亲来说，父亲在家照管孩子的时间要少得多，从而使得母亲拒绝型教养方式对青少年的道德推脱有显著效应，而父亲的效应则并不显著。另外，与已提及的国外研究不同，作为积极型教养方式的情感温暖型教养方式（不管是父亲的还是母亲的）对青少年的道德推脱没有显著效应。其背后的逻辑可能是，中国式父母-孩子之间的情感温暖更多的是出于关爱保护、怕孩子受到心理伤害之目的简单地培育出来的，父母可能并未在这种情感呵护中与孩子讨论各种适当和不适当行为的道德意蕴，或引导和鼓励孩子采纳其有关行为的道德标准（Pelton et al.，2004）。

　　同伴关系与青少年的道德推脱。本研究发现，标示被同伴拒绝或游离于同伴之外的孤独感对青少年（不管是男生还是女生）的道德推脱有显著正效应，亦即，嵌入同伴关系可抑制青少年的道德推脱。这似乎有悖于班杜拉（Bandura，1991）有关道德推脱的基本观点：道德推脱源自个人的人际经历和与他人（包括同伴）的相互关系，因为如卡拉韦塔等（Caravita et al.，2014）所说的，青少年可通过模仿和日常互动向同伴学习如何使用推脱性道德辩护。班杜拉和卡拉韦塔等人的观点基于一个前提：青少年同伴群体中已存在道德推脱的"因子"。只有当同伴群体中已经弥散着道德推脱的"因子"时，青少年才能在与同伴的互动中习得道德推脱；当然，在充溢着不良道德风气的社会系统中，青少年在与同伴的互动中可自生出道德推脱，但同时也能孕育出约束彼此行为的道德观念与道德准则。涂尔干（2001）曾就指出，道德根植于人的社会本性和社会联系中，"一旦所有的社会联系都消失……那么政治经济就与道德隔离了"；只有建立了稳

第三章　父母教养方式、同伴关系、社区暴力接触与青少年的道德推脱

定的社会联系,才能在它们之间形成某种超越个人利益的集体情感。当这种集体情感的效用得到明确证明,"当他们被时间神圣化以后,他们就会表现出一种责任意识,转变成法律或道德的规定"。在涂尔干看来,所有道德来源于社会,社会之外没有道德生活,社会即相当于一个生产道德的工厂;社会鼓励道德上有约束的行为,而排斥、抑制或阻止不道德行为(鲍曼,2002)。基于此,我们可更明确地指出,青少年在与同伴的联系和互动中所形成的共识及其关系本身可约束不负责任的道德观念与行为,而游离于社会关系之外的孤独者则只会走向道德责任的反面。本研究也发现,标示同伴关系的另一变量——追求受欢迎度助推了青少年道德推脱水平的提高。其背后可能隐含着这样一种机制:受欢迎的青少年可能表现出更具攻击性的行为,因为他们的攻击性有助于他们维持在同伴群体中的支配性地位(Garandeau & Cillessen,2006);而在受欢迎的青少年中表现出来的攻击性可能伴随一种更高的需要:在道德上容忍这些攻击性行为(道德推脱),以维持其在同伴中的地位(Caravita & Cillessen,2012;Sijtsema et al.,2009)。以攻击性赢得同伴的尊敬,可能与青少年期意图释放冲动和崇尚力量的生理心理特点有关。综合以上分析,我们可以推断:在青少年同伴群体中,既存在基本的道德共识——借同伴关系的监控之网约束个体的不道德行为,也存在一些容忍伤害、漠视责任的道德推脱性"因子"——借模仿学习和群体压力之机制影响个体的道德观念。

　　社区暴力接触与青少年的道德推脱。本研究发现,社区暴力接触对男生的道德推脱有稳定的助推作用,但对女生道德推脱的影响则不稳定,且远小于对男生的影响。其背后的机制可能是,反复暴露于社区暴力使青少年相信暴力是一种可提高地位的合法的、可接受的行为,并相信其负面性是微乎其微的(Slaby & Guerra,1988),从而使其面对暴力的情感反应逐渐钝化,视暴力为道德上可允许的,并发展出一种漠视他人的态度(Ng-Mak et al.,2002)。在中国,父母出于安全的考虑而给女孩以更多的限制和保护,使之远离危险的行为或事件,并因此而使之较男孩接触更少的社区暴力(这在我们的调查中也得到了验证,具体数据略),也致使社区暴力接触对女生道德推脱的影响较男生小。另外,男生比女生容易冲动和难以自控(伯克,2014),在较频繁地暴露于社区暴力之后,他们相应地也

可能较女生更难以在道德上保持自制，更不在意他人的痛苦和需要（Gottfredson & Hirschi, 1990）。

  基于上述研究发现，本研究认为，要缓冲和消解青少年的道德推脱，强化其道德责任与道德担当，采取以下方面措施可能是有效的：一是彻底修正"打是亲，骂是爱"的家庭教育理念和相应做法；二是合理监管孩子的行动空间，预防"不良观念"的道德侵蚀；三是以学生兴趣为导向组织第二课堂，构筑道德监控之关系网；四是正确引导青少年的地位观，培育"尊重他人"的同伴文化；五是力避社区暴力、净化社区环境，根除道德推脱之社会诱因；六是上述道德教育主体和青少年应联合行动，创造一种实质有效的多层生态联合干预机制，形成一种遏制青少年道德推脱产生和扩散的综合性力量，避免陷入"头痛医头、脚痛医脚"的"孤立主义"的道德教育困境。

第四章
社区暴力接触对青少年攻击性行为的影响

一 问题的提出

自2015年以来，广州市检察机关已办理中小学生遭受校园暴力伤害案件70件，涉案人员106人；北京市高级人民法院近5年审结了近200起校园暴力犯罪案件（曹菲、孙皓辰，2016）。近年来，手机微信和其他网络上也经常转播某一群人围攻、殴打和谩骂另一人之类的青少年暴力性视频。2016年6月，李克强总理曾针对频发的校园暴力指出："校园暴力频发，不仅伤害未成年人身心健康，也冲击社会道德底线。教育部要会同相关方面多措并举，特别是要完善法律法规、加强对学生的法制教育，坚决遏制漠视人的尊严与生命的行为。"[①] 频繁发生于校园或社区的暴力事件使青少年经常性地暴露于暴力之中（目击暴力行为或亲历暴力事件），而这种社区暴力暴露或接触（exposure to community violence）是否会使身处人生发展关键期的青少年深陷暴力-攻击的循环之中呢？学术界对此已开展了广泛的研究。

许多研究表明，社区暴力接触容易引发青少年焦虑、沮丧、创伤性压力和攻击性等诸多心理和行为层面的适应性困难（Buka et al., 2001）。辛格等（Singer et al., 1999）发现，社区暴力接触能预测城市非洲裔美国人

[①] 《李克强对近期校园暴力频发作出重要批示》，中国政府网，https://www.gov.cn/guowuyuan/2016-06/12/content_5081199.htm。

和白人青少年的暴力行为。格拉、休斯曼和斯宾德勒（Guerra et al.，2003）基于4458名城市青少年的调查数据发现，社区暴力接触会增加青少年随后的攻击性行为和支持攻击性行为的社会认知，而有关攻击性行为的正当化信念在其中起到了重要的中介作用。他们认为，将攻击性行为看作正当的，使孩子对其真正的后果变得不敏感，并营造了一种视之为生活方式的背景，从而达致易引发攻击性行为的状态。博克瑟等（Boxer et al.，2008）沿循尼格－马克等（Ng-Mak et al.，2002）的病理适应模型提出了应对社区暴力接触的两条路径：一是涉及社区暴力接触经由攻击性－支持认知而引发攻击性行为的正当化路径，二是涉及社区暴力接触经由回避式应对而引致情感性症状的伤痛型路径。他们基于调查数据的分析结果支持了这两条假设性路径，同时也回应性地支持了格拉等的研究发现。麦克马洪等（McMahon et al.，2009）在格拉和博克瑟等研究的基础上引入了一个新的中介变量后发现，社区暴力接触易产生支持攻击性的报复性信念，而后者使得控制攻击性的自我效能感下降，从而引发更多的攻击性行为。爱贝苏坦尼等（Ebesutani et al.，2014）的研究则发现，负性情感和社区暴力接触都能显著地预测青少年的攻击性行为，而负性情感在社区暴力接触和攻击性行为之间起到了部分中介作用。法雷尔等（Farrell et al.，2014）基于1156名高风险青少年的追踪调查发现，社区暴力接触与攻击性行为之间存在双向纵向效应。上述研究均较为一致地表明，社区暴力接触易引发青少年攻击性行为，且多是以经观察习得的攻击性合法化认知（Bandura，1973）或与暴力相关的负性情感为中介影响青少年的攻击性行为。

尽管以往研究大都发现了社区暴力接触有助于引发青少年的攻击性行为，但也有研究发现，社区暴力接触能引发与攻击性行为相对的亲社会行为。马克索德和阿伯（Macksoud & Aber，1996）基于黎巴嫩遭受战争破坏的地区10~16岁青少年的研究发现，跟没有直接受到暴力影响的孩子相比，那些目睹了家庭成员被军队恐吓或在社区看到过有人被杀害或伤害的孩子在亲社会行为上的得分更高。范德默韦和道斯（Van der Merwe & Dawes，2000）也发现，尽管社区暴力接触比较多，但青少年依然表现出相当多的亲社会行为。麦克马洪等（McMahon et al.，2013）的研究也支持了范德默韦和道斯的上述发现。沃尔哈德（Vollhardt, 2009）在梳理了一些有关目击或亲历暴力伤害后仍或更表现出亲社会行为的研究后，基于临床视角和应用社会心理学理论建构了一个解释其因果机制的动机过程模型。他认为，对于那些受害者或处于高度压力下的个体来说，助人是一种有效的应对机制：转移伤痛、改善心情、提高自我效能感、促进社会整合和重新发现遭受伤痛后生活的意义；因目睹他人的伤痛而倍感压力的人可通过助人而得到舒缓；感知到与受害者的相似性有助于移情和观点采择，并达致助人概率的提高。

综观以往的研究文献可发现，一方面，社区暴力接触可直接有助于青少年攻击性行为的发生或经由攻击性合法化认知或其他中介因素引致青少年的攻击性行为；另一方面，它又可经由移情和观点采择或其他应对/舒缓机制激发亲社会行为。攻击性行为与亲社会行为分处于对立的两端，社区暴力接触之所以可诱发相互对立的这两种行为结果，可能关键在于其所激发或所处的情境：是攻击性合法化认知，还是高水平的移情？也就是说，社区暴力接触如果经由观察学习过程激发出了攻击性合法化认知，则更可能引致攻击性行为；而社区暴力接触如果激发出了高水平的移情，则更可能引致亲社会行为或消解作为其对立面的攻击性行为。

以往研究大多只单方面地考察了上述两条路径中的一种机制——或者是攻击性合法化认知的中介效应，或者是社会支持或移情的中介或调节效应，而很少有研究将上述两种机制同时纳入其中。而且，以往研究多是考察攻击性合法化认知的中介效应，我们认为，攻击性合法化认知是多种因素或情境导致的结果，而不完全是在观察发生于社区中的暴力的过程中习得的。也就是说，攻击性合法化认知（或至少有相当部分）是独立于社区暴力接触而存在的。因此，攻击性合法化认知不只是在社区暴力接触与青少年攻击性行为之间起中介作用，还可能在两者之间具有调节作用。基于上述认识，本章拟同时引入攻击性合法化认知和移情这两个变量，并考察其调节效应，检视社区暴力接触是否如以往研究所表明的那样可增加青少年的攻击性行为或消解其攻击性行为，或者两种情形都存在。

二　研究方法

（一）数据来源

本研究的调查对象是初高中在校学生，该群体在年龄上与伯克（2014：389）所界定的青少年基本一致，即 11~18 岁；调查时间是 2016 年 1~4 月；抽样方法是混合抽样，即方便抽样与整群抽样相结合：用方便抽样抽取省（区、市）、县（市、区）和学校，用整群抽样在学校内部抽取班级。具体抽样程序是，首先在东部、中部、西部地区分别抽取 2 个省（区、市），然后在被抽取的省（区、市）分别抽取 1~2 个县（市、区），而后在被抽取的县（市、区）抽取 1~2 所中学，最后在被抽取学校的每个年级各抽取 1 个班级。此外，在基本遵循上述抽样原则的基础上，还利用课题组成员的人脉关系在东部地区另抽取了 4 个省（区、市），然后在被抽取的省（区、市）各抽取 1~2 个班级；为了让总样本中有职高生和农村中学生，在研究者所在省（区、市）另抽取了 1 所职高和 2 所农村中学，然后在被抽取学校的每个年级各抽取 1 个班级；最后对被抽取班级的每个学生做自填式问卷调查。据此，我们获得了来自 10 个省（区、市）20 个县（市、区）33 所中学的共 4530 份有效问卷。

在有效样本中，男女比例和初高中生比例基本持平；重点学校学生占 43.1%（1903 人）；独生子女占 49.0%（2158 人）；近 40%（1628 人）的学生担任干部；认同学习成绩在中等及以上的占 70.5%（3091 人）；生活在和谐家庭的占 91.0%（4080 人）；父亲为公务员、专业技术人员、管理人员和个体私营企业主等中等以上收入阶层的学生占 52.4%（2315 人）；35.8%（1555 人）的学生家住农村社区和城乡结合部，13.1%（568 人）的学生住在中档以下城市社区，而家住中档以上城市社区的学生占 19.3%（841 人），另有 31.8%（1385 人）的学生家住中档城市社区；中部地区学生占 43.8%（1979 人），东部地区学生占 33.6%（1517 人），西部地区学生占 22.6%（1019 人）。从样本分布来看，除地区分布略有失衡外，其他变量的分布基本接近现实。

(二) 变量测量及设置

1. 因变量

青少年的攻击性行为是本研究的因变量,它指的是青少年表现出来的一种以造成伤害或引起痛苦为目的的故意行为(阿伦森等,2012:414)。我们采用克里克和他的合作者(Crick,1996;Kawabata et al.,2012)使用过并经我们修订的攻击性行为量表来测量。该量表包括"挑起或参与一场同伴之间的打架"和"把同伴排挤出自己的交际圈"等10项指标,调查对象被要求从"从不"、"有时"和"经常"三个答案选项中选出一项来表征其过去一个学期在攻击性行为某维度上的表现程度。在本研究中,攻击性行为量表的Cronbach's α系数为0.86。

2. 自变量

社区暴力接触、攻击性合法化认知、移情,以及社区暴力接触与后两者的交互项是本研究的自变量。

社区暴力接触在本书特指目击或观察发生在社区或学习和生活所在的周边区域中的暴力行为或事件。我们在相关研究(Scarpa & Fikretoglu,2000)的基础上设计了用来测量社区暴力接触的5项指标,例如,"在社区或街上看到有人吵嘴、谩骂""在社区或街上看到有人被殴打"等,调查对象被要求从"很少"、"比较少"、"说不清"、"比较多"和"很多"五个答案选项中选出一个来表征其接触某维度的社区暴力的程度。在本研究中,社区暴力接触的Cronbach's α系数为0.86。

攻击性合法化认知指的是认为攻击性行为是正确的或将攻击性行为的危害最小化或将其责任归咎于他人或外力的认知。我们从班杜拉等(Bandura et al.,1996)的道德推脱量表中选择了12项有关攻击性的指标来测量攻击性合法化认知,例如,"拍打或推搡别人,只是开玩笑的方式""取笑他人并没有真正伤害到他们"等,调查对象被要求从"不同意"、"有点同意"和"同意"三个答案选项中选出一个来表征其有关攻击性合法化认知的程度。在本研究中,攻击性合法化认知的Cronbach's α系数为0.79。在数据分析中,调查对象在攻击性合法化认知12项指标上的得分被累加为一个指数值,最大值为36,最小值为12,均值为16。

移情起源于对另一个人的情绪或状况的忧虑或理解（艾森伯格等，2011：518），或者说，是对他人情感经历的间接体验和感受（Bryant，1982）。本研究用布赖恩特（Bryant，1982）的移情指数来测量移情，该指数包括22项指标，例如，"看到一个女孩找不到任何伙伴一起玩耍，我会感到难过""当看到一个男孩受伤时，我会感到难过"等，调查对象被要求从"从没有"、"有时有"、"经常有"和"总是有"四个答案选项中选出一个来表征其移情水平。在本研究中，移情指数的Cronbach's α系数为0.78。在数据分析中，调查对象在移情指数22项指标上的得分被累加为一个指数值，最大值为88，最小值为34，均值为58.5。

3. 控制变量

本研究涉及的控制变量主要有性别、年级、学校等级、独生子女、学生干部、学习成绩、父母关系、父亲职业、父亲受教育年限、社区类型和地区等。

在数据处理中，性别为虚拟变量，设女=0；年级为连续变量；学校等级为虚拟变量，设普通学校=0；独生子女为虚拟变量，设非独生子女=0；学生干部为虚拟变量，设不担任=0；学习成绩为连续变量；父母关系为虚拟变量，设离异=0；父亲职业为虚拟变量，设无业=0；父亲受教育年限根据中国现行学制由父亲受教育程度转化而来；社区类型为虚拟变量，设农村社区=0；地区由调查对象所在省（区、市）合并转化而来，分为西部、中部、东部三个地区，为虚拟变量，设西部地区=0。

（三）统计模型

为考察社区暴力接触对青少年攻击性行为的影响，我们建立一个基准模型和两个调节效应模型，其数学表达式如下：

$$aggression = \beta_1 violence + \beta_2 cognitive + \beta_3 empathy + \sum BZ \quad (4-1)$$

式（4-1）中，$aggression$指的是攻击性行为，$violence$、$cognitive$和$empathy$分别指的是社区暴力接触、攻击性合法化认知和移情，β_1、β_2、β_3分别指的是社区暴力接触、攻击性合法化认知和移情对攻击性行为的效应，Z指的是控制变量向量，B指的是控制变量向量对攻击性行为的效应。

第四章　社区暴力接触对青少年攻击性行为的影响

$$aggression = \beta_1 violence + \beta_2 cognitive + \beta_3 empathy + \beta_4 violence \times cognitive + \sum BZ \quad (4-2)$$

式（4-2）中，β_4指的是攻击性合法化认知与社区暴力接触对攻击性行为的交互效应，其他与式（4-1）相同。

$$aggression = \beta_1 violence + \beta_2 cognitive + \beta_3 empathy + \beta_4 violence \times cognitive + \beta_5 violence \times empathy + \sum BZ \quad (4-3)$$

式（4-3）中，β_5指的是移情与社区暴力接触对攻击性行为的交互效应，其他与式（4-1）和式（4-2）相同。

三　结果分析

（一）青少年社区暴力接触的程度

在国外相关研究（Scarpa & Fikretoglu，2000）的基础上，我们设计了用来测量青少年社区暴力接触的5项指标，并对其进行了调查，所得结果如表4-1所示。

表4-1　青少年社区暴力接触的程度及其因子分析

指标	很少(%)	比较少(%)	说不清(%)	比较多(%)	很多(%)	样本量	社区暴力接触因子
吵嘴、谩骂	31.1	38.6	11.9	14.4	4.0	4053	0.625
被殴打	54.3	29.1	9.4	4.8	2.2	4057	0.847
被打伤	75.3	14.1	7.4	1.7	1.5	4056	0.898
被逮捕	73.3	16.1	7.1	2.1	1.4	4047	0.886
吸毒	78.3	10.8	7.0	2.0	1.9	4049	0.808
累计方差贡献率（%）							67.0

注：表中描述社区暴力接触程度的数据为百分数，因子所在列的数据分别为各指标在因子上的载荷。

表4-1显示，有68.9%的青少年表示在生活所在社区或街上看到过他人"吵嘴、谩骂"，其中有18.4%的青少年表示对该现象见得比较多；45.7%的青少年表示看到过他人"被殴打"，其中表示对该现象见得比较

多的有7.0%；分别有24.7%、26.7%和21.7%的青少年表示看到过他人"被打伤"、"被逮捕"和"吸毒"，而其中表示对该现象见得比较多的分别为3.2%、3.5%和3.9%。在社区暴力接触的上述5项指标中，"吵嘴、谩骂"可归为较轻微的暴力行为，"被打伤"、"被逮捕"和"吸毒"属于较严重的暴力现象，而"被殴打"则处于两者之间，属于中等程度的暴力现象。与之相应，观察到它们的青少年的人次也呈现有规律性的差异：暴力现象/行为的暴力程度越高，在社区或街上见到它的青少年的人次则相应越低。这可能与高暴力程度的暴力现象/行为发生的概率相对更低且更隐蔽有关。

表4-1还显示，对社区暴力接触的5项指标做因子分析，可提取出一个公因子，即社区暴力接触因子，该因子可解释67.0%的方差。

（二）青少年攻击性行为的表现及其结构

根据中国青少年所处文化的特征和生活实际，我们修订了克里克和他的合作者（Crick, 1996; Kawabata et al., 2012）用来测量青少年攻击性行为的指标，例如，删除了几项因子载荷值比较低的指标，最后得到了"把同伴排挤出自己的交际圈"和"打或踢其他同伴"等10项指标，各具体指标及调查结果如表4-2所示。

表4-2显示，有37.5%的青少年表示曾有过"忽视或不再喜欢某些同伴"之类的行为，其中表示经常有该类行为的有3.6%；分别有29.7%和25.2%的青少年表示曾有过"拒绝同伴提出的任何要求"和"推搡同伴"之类的行为，其中表示经常有该类行为的分别为2.1%和3.3%；分别有14.4%、17.3%、19.2%和15.4%的青少年表示曾有过"把同伴排挤出自己的交际圈"、"假装接近其他同伴，使自己的朋友难过"、"让同伴不要接近自己或坐在自己的身边"和"打或踢其他同伴"之类的行为，其中表示经常有该类行为的分别为2.1%、2.4%、2.7%和2.3%；另分别有9.0%、9.6%和7.9%的青少年表示曾有过"威胁同伴，以伤害他们或得到自己想要的东西"、"挑起或参与一场同伴之间的打架"和"以打或殴打的方式威胁其他小孩"之类的攻击性行为，其中表示经常有该类行为的分别为1.8%、1.7%和1.9%。

表4-2 青少年攻击性行为表现的程度及其因子分析

指标	从不(%)	有时(%)	经常(%)	样本量	身体性攻击行为	关系性攻击行为
把同伴排挤出自己的交际圈	85.6	12.3	2.1	4189	0.396	**0.556**
忽视或不再喜欢某些同伴	62.5	33.9	3.6	4182	0.045	**0.813**
拒绝同伴提出的任何要求	70.3	27.6	2.1	4181	0.240	**0.622**
假装接近其他同伴,使自己的朋友难过	82.7	14.9	2.4	4185	0.373	**0.601**
让同伴不要接近自己或坐在自己的身边	80.8	16.5	2.7	4179	0.363	**0.634**
威胁同伴,以伤害他们或得到自己想要的东西	91.0	7.2	1.8	4182	**0.769**	0.271
打或踢其他同伴	84.6	13.1	2.3	4180	**0.742**	0.257
挑起或参与一场同伴之间的打架	90.4	7.9	1.7	4178	**0.835**	0.215
以打或殴打的方式威胁其他小孩	92.1	6.0	1.9	4184	**0.808**	0.228
推搡同伴	74.8	21.9	3.3	4177	**0.570**	0.297
累计方差贡献率(%)						57.5

稍加仔细考察,我们便能发现,上述攻击性行为尽管均有故意伤害他人之特征,但内部则存在明显的差异:有的涉及关系情感,有的则涉及身体暴力。为了更清晰地呈现青少年上述攻击性行为内在的结构及差异,我们对这些行为指标做了因子分析,提取出了两个因子,并分别将其命名为身体性攻击行为和关系性攻击行为,累计方差贡献率为57.5%。

身体性攻击行为是以通过肢体或武力打压或威胁他人,从而造成其身体伤痛为目的的故意行为,包括"威胁同伴,以伤害他们或得到自己想要的东西"等5项指标,Cronbach's α系数为0.84;关系性攻击行为是以将他人排挤出自己的关系圈,从而造成其心理伤痛为目的的故意行为,包括"把同伴排挤出自己的交际圈"等5项指标,Cronbach's α系数为0.75。从表4-2可以看到,青少年总体上表现出更多的关系性攻击行为,但也可以发现,"推搡同伴"和"打或踢其他同伴"这两类身体性攻击行为较部分关系性攻击行为显得更为常见。

(三) 社区暴力接触对青少年攻击性行为的影响

1. 社区暴力接触对青少年身体性攻击行为的影响

表4-3中模型1列出了以青少年身体性攻击行为为因变量,以社区暴力接触、攻击性合法化认知、移情为自变量,控制性别、年级、学校等级、独生子女、学生干部、学习成绩、父母关系、父亲职业、父亲受教育年限、社区类型、地区等变量的多元线性回归分析结果。

模型1显示,社区暴力接触对青少年身体性攻击行为有显著正效应,社区暴力接触每增加1个单位,青少年表现出的身体性攻击行为则增加15.6%($p<0.001$),即观察社区暴力行为/事件越多,青少年表现出的身体性攻击行为也越多。这一发现与已有的相关研究发现(Hardaway et al.,2012;Buckner et al.,2004;Overstreet,2000)基本一致。模型1也显示,攻击性合法化认知对青少年身体性攻击行为有显著正效应,而移情对其则有较显著的负效应。

模型1还显示,性别、年级、父亲职业、社区类型等变量也对青少年身体性攻击行为有较显著的影响。例如,男生较女生表现出更多的身体性攻击行为,支持了已有的相关研究发现(Kawabata et al.,2012;Farrell et al.,2014;Guerra et al.,2003)。

为了考察攻击性合法化认知是否在社区暴力接触与青少年身体性攻击行为之间存在调节效应,我们在模型1的基础上引入了攻击性合法化认知与社区暴力接触的交互项,所得回归结果见模型2。

模型2显示,攻击性合法化认知对社区暴力接触与青少年身体性攻击行为之间的关系有显著的调节作用:攻击性合法化认知程度越高,社区暴力接触越多,青少年表现出的身体性攻击行为也越多。非常意外的是,经攻击性合法化认知调节后,社区暴力接触对青少年身体性攻击行为原有的正效应完全消失,而呈现显著的负效应,即社区暴力接触越多,青少年表现出的身体性攻击行为则越少。这一令人振奋的发现似乎否定了上述有关社区暴力接触对青少年攻击性行为有较稳定的正效应的发现。从模型2也可以看到,移情对青少年身体性攻击行为依然有较显著的负效应,攻击性合法化认知对它的正效应也依然存在,只是较模型1略有减少。

第四章 社区暴力接触对青少年攻击性行为的影响

为了进一步考察社区暴力接触对青少年身体性攻击行为的负效应是否与移情有关系，我们在模型 2 的基础上引入了移情与社区暴力接触的交互项，所得回归结果见模型 3。

从模型 3 可看到，移情对社区暴力接触与青少年身体性攻击行为之间的关系有较显著的调节作用：移情水平越高，社区暴力接触越多，青少年表现出的身体性攻击行为越少。经移情调节之后，社区暴力接触对青少年身体性攻击行为的负效应全部消失。可见，移情在社区暴力接触与青少年身体性攻击行为之间有完全的调节作用。从模型 3 还可以看到，攻击性合法化认知对社区暴力接触与青少年身体性攻击行为间关系的调节作用依然存在。另外，攻击性合法化认知和移情分别对青少年身体性攻击行为的正效应和负效应也依然存在。这些发现基本支持了之前的预测性分析。

表 4-3 社区暴力接触对青少年身体性攻击行为的影响的回归分析

解释变量		因变量：身体性攻击行为					
		模型 1		模型 2		模型 3	
		回归系数	标准误	回归系数	标准误	回归系数	标准误
性别	男	0.219***	0.033	0.219***	0.032	0.219***	0.032
年级		-0.036***	0.009	-0.035***	0.009	-0.036***	0.009
学校等级	重点学校	0.001	0.039	0.005	0.038	0.005	0.038
独生子女	是	0.055	0.037	0.059	0.036	0.060†	0.036
学生干部	班级干部	-0.042	0.035	-0.042	0.035	-0.043	0.035
	校级干部	-0.052	0.080	-0.052	0.079	-0.055	0.079
学习成绩		0.0003	0.013	-0.001	0.013	-0.001	0.013
父母关系	和谐	0.067	0.068	0.056	0.068	0.052	0.068
	其他	0.011	0.111	-0.001	0.110	0.0009	0.110
父亲职业	公务员	-0.099	0.108	-0.123	0.108	-0.118	0.108
	专业技术人员	-0.124	0.094	-0.132	0.093	-0.124	0.094
	管理人员	-0.185†	0.105	-0.191†	0.105	-0.186†	0.105
	个体私营企业主	-0.085	0.092	-0.091	0.091	-0.086	0.091
	普通工人	-0.044	0.090	-0.049	0.089	-0.041	0.089
	农民	-0.051	0.101	-0.058	0.101	-0.051	0.101
	办事员	-0.175	0.121	-0.178	0.132	-0.172	0.120

续表

解释变量		因变量：身体性攻击行为					
		模型1		模型2		模型3	
		回归系数	标准误	回归系数	标准误	回归系数	标准误
父亲受教育年限		-0.001	0.006	-0.002	0.006	-0.002	0.006
社区类型	城乡结合部	0.022	0.059	0.027	0.058	0.024	0.058
	低档城市社区	0.169*	0.080	0.181*	0.079	0.183*	0.079
	中低档城市社区	0.019	0.067	0.027	0.067	0.028	0.067
	中档城市社区	0.063	0.053	0.067	0.053	0.067	0.053
	中高档城市社区	0.050	0.063	0.056	0.063	0.057	0.063
	高档城市社区	0.169†	0.092	0.163†	0.092	0.155†	0.092
地区	中部地区	-0.027	0.036	-0.026	0.036	-0.026	0.036
	东部地区	0.055	0.051	0.057	0.051	0.055	0.051
社区暴力接触		0.156***	0.017	-0.145*	0.063	0.164	0.157
攻击性合法化认知		0.061***	0.005	0.057***	0.005	0.057***	0.005
移情		-0.004†	0.002	-0.004†	0.002	-0.005*	0.002
社区暴力接触×攻击性合法化认知				0.018***	0.004	0.016***	0.004
社区暴力接触×移情						-0.005*	0.002
常数项		-0.786***	0.206	-0.715**	0.206	-0.687**	0.206
Adj. R^2		0.130		0.138		0.139	
观察值		2817		2817		2817	

注：† $p<0.1$，* $p<0.05$，** $p<0.01$，*** $p<0.001$。

2. 社区暴力接触对青少年关系性攻击行为的影响

表4-4中模型1列出了以青少年关系性攻击行为为因变量，以社区暴力接触、攻击性合法化认知、移情为自变量，控制前述相关变量的多元线性回归分析结果。

模型1显示，社区暴力接触对青少年关系性攻击行为有显著正效应：社区暴力接触每增加1个单位，青少年表现出的关系性攻击行为则增加7.1%（$p<0.001$），即观察社区暴力行为/事件越多，青少年表现出的关系性攻击行为也越多。模型1也显示，攻击性合法化认知对青少年关系性攻击行为有显著正效应，而移情则对其有显著负效应。

第四章 社区暴力接触对青少年攻击性行为的影响

表4-4 社区暴力接触对青少年关系性攻击行为的影响的回归分析

解释变量		因变量：关系性攻击行为					
		模型1		模型2		模型3	
		回归系数	标准误	回归系数	标准误	回归系数	标准误
性别	男	-0.147***	0.037	-0.147***	0.035	-0.147***	0.037
年级		0.056***	0.011	0.056***	0.011	0.056***	0.011
学校等级	重点学校	0.064	0.044	0.064	0.044	0.064	0.044
独生子女	是	-0.039	0.042	-0.039	0.042	-0.039	0.042
学生干部	班级干部	-0.006	0.039	-0.006	0.039	-0.007	0.039
	校级干部	0.065	0.091	0.066	0.091	0.064	0.091
学习成绩		0.022	0.015	0.023	0.015	0.023	0.015
父母关系	和谐	-0.149†	0.077	-0.149†	0.077	-0.151†	0.078
	其他	0.065	0.126	0.066	0.126	0.067	0.126
父亲职业	公务员	0.135	0.123	0.137	0.123	0.139	0.123
	专业技术人员	0.148	0.106	0.148	0.107	0.153	0.107
	管理人员	0.079	0.119	0.079	0.119	0.082	0.120
	个体私营企业主	0.127	0.104	0.128	0.104	0.130	0.104
	普通工人	0.142	0.102	0.142	0.103	0.146	0.103
	农民	0.148	0.114	0.149	0.115	0.152	0.115
	办事员	0.061	0.110	0.062	0.112	0.065	0.115
父亲受教育年限		-0.008	0.006	-0.008	0.007	-0.008	0.007
社区类型	城乡结合部	0.008	0.066	0.007	0.066	0.006	0.067
	低档城市社区	-0.063	0.091	-0.064	0.091	-0.063	0.091
	中低档城市社区	-0.139†	0.076	-0.140†	0.076	-0.139†	0.076
	中档城市社区	-0.071	0.060	-0.071	0.060	-0.071	0.060
	中高档城市社区	-0.075	0.072	-0.076	0.072	-0.075	0.072
	高档城市社区	-0.283***	0.105	-0.283***	0.105	-0.286**	0.105
地区	中部地区	0.070†	0.041	0.070†	0.041	0.070†	0.041
	东部地区	0.137*	0.058	0.136*	0.058	0.135*	0.058
社区暴力接触		0.071***	0.019	0.094	0.072	0.245	0.179
攻击性合法化认知		0.069***	0.005	0.069***	0.006	0.070***	0.006
移情		-0.006*	0.003	-0.006*	0.002	-0.006*	0.003

· 159 ·

续表

解释变量	因变量：关系性攻击行为					
	模型 1		模型 2		模型 3	
	回归系数	标准误	回归系数	标准误	回归系数	标准误
社区暴力接触 × 攻击性合法化认知			-0.001	0.004	-0.002	0.004
社区暴力接触 × 移情					-0.002	0.003
常数项	-0.822***	0.235	-0.827***	0.235	-0.814**	0.236
Adj. R^2	0.086		0.086		0.086	
观察值	2817		2817		2817	

注：† $p<0.1$，* $p<0.05$，** $p<0.01$，*** $p<0.001$。

模型 1 还显示，性别、年级、父母关系、社区类型和地区等变量也均对青少年关系性攻击行为有较显著的影响。例如，男生表现出的关系性攻击行为较女生少；年级越高，青少年表现出的关系性攻击行为越多。

为了进一步考察社区暴力接触对青少年关系性攻击行为的正效应是否也是攻击性合法化认知调节的结果，我们在模型 1 的基础上引入了攻击性合法化认知与社区暴力接触的交互项，所得回归结果见模型 2。

从模型 2 可以看到，攻击性合法化认知与社区暴力接触的交互项对青少年关系性攻击行为的影响并不显著。也就是说，攻击性合法化认知对社区暴力接触与青少年关系性攻击行为之间的关系不存在显著的调节作用。而且，社区暴力接触对青少年关系性攻击行为原有的显著正效应也完全消失了，但攻击性合法化认知和移情对其原有的效应依然存在。

在模型 2 的基础上引入移情与社区暴力接触的交互项后（见模型 3）可看到，移情与社区暴力接触的交互项对青少年关系性攻击行为的影响也不显著，即移情对社区暴力接触与青少年关系性攻击行为之间的关系也不存在显著的调节作用。从模型 3 还可看到，攻击性合法化认知与社区暴力接触的交互项、社区暴力接触对青少年关系性攻击行为的影响均不显著。

从上面的数据分析发现，社区暴力接触对青少年关系性攻击行为有显著的正效应，但这一效应并不受攻击性合法化认知的调节，那社区暴力接触是不是经由攻击性合法化认知而影响青少年关系性攻击行为呢？或者说，攻击性合法化认知是否在社区暴力接触和青少年关系性攻击行为之间起了中介作用？为此，我们利用巴伦和肯尼（Baron & Kenny，1986；亚科布奇，2011：192～194）检验中介作用的经典方法，建立了3个回归方程，所得结果如表4－5所示。

表4－5 社区暴力接触对青少年关系性攻击行为的影响：
以攻击性合法化认知为中介的分析

变量		模型1 关系性攻击行为		模型2 攻击性合法化认知		模型3 关系性攻击行为	
		回归系数	标准误	回归系数	标准误	回归系数	标准误
性别	男	-0.076*	0.037	0.814***	0.123	-0.147***	0.037
年级		0.065***	0.011	0.190***	0.036	0.056***	0.011
学校等级	重点学校	0.065	0.045	-0.183	0.146	0.064	0.044
独生子女	是	-0.068	0.042	-0.312*	0.139	-0.039	0.042
学生干部	班级干部	-0.011	0.041	-0.163	0.133	-0.006	0.039
	校级干部	0.110	0.093	-0.029	0.303	0.065	0.091
学习成绩		0.008	0.015	-0.168**	0.050	0.022	0.015
父母关系	和谐	-0.156*	0.079	-0.209	0.259	-0.149†	0.077
	其他	0.079	0.129	0.001	0.422	0.065	0.126
父亲职业	公务员	0.188	0.126	1.001*	0.406	0.135	0.123
	专业技术人员	0.145	0.110	-0.006	0.351	0.148	0.107
	管理人员	0.117	0.124	0.391	0.394	0.079	0.120
	个体私营企业主	0.125	0.108	0.231	0.343	0.127	0.104
	普通工人	0.156	0.106	0.187	0.338	0.142	0.102
	农民	0.103	0.118	-0.545	0.381	0.148	0.115
	办事员	0.108	0.112	0.256	0.215	0.086	0.122
父亲受教育年限		-0.004	0.007	0.081***	0.022	-0.008	0.007
社区类型	城乡结合部	0.024	0.068	0.181	0.223	0.008	0.066
	低档城市社区	-0.064	0.094	-0.286	0.305	-0.063	0.091
	中低档城市社区	-0.147†	0.078	-0.308	0.255	-0.139†	0.076
	中档城市社区	-0.074	0.061	-0.156	0.201	-0.071	0.060
	中高档城市社区	-0.074	0.074	-0.136	0.241	-0.075	0.072
	高档城市社区	-0.216*	0.106	0.467	0.349	-0.283**	0.105

续表

变量		模型1 关系性攻击行为		模型2 攻击性合法化认知		模型3 关系性攻击行为	
		回归系数	标准误	回归系数	标准误	回归系数	标准误
地区	中部地区	0.070†	0.042	-0.147	0.137	0.070†	0.041
	东部地区	0.142*	0.059	-0.123	0.194	0.137*	0.058
移情		-0.009***	0.002	-0.048***	0.008	-0.006*	0.003
社区暴力接触		0.111***	0.020	0.465***	0.065	0.071***	0.020
攻击性合法化认知						0.069***	0.006
常数项		0.417†	0.219	17.499***	0.710	-0.822***	0.235
Adj. R^2		0.036		0.094		0.086	
观察值		2914		2916		2817	

注：† $p<0.1$，* $p<0.05$，** $p<0.01$，*** $p<0.001$。

从表4-5中模型1可看到，社区暴力接触对青少年关系性攻击行为有显著正效应：社区暴力接触每增加1个单位，青少年表现出的关系性攻击行为则增加11.1%。模型2显示，社区暴力接触对青少年的攻击性合法化认知有显著正效应；模型3则显示，攻击性合法化认知又对青少年关系性攻击行为有显著正效应，且社区暴力接触对青少年关系性攻击行为的显著正效应依然存在，但较模型1中的总效应减少了4个百分点（0.111 - 0.071）。因此，我们可以确定，攻击性合法化认知在社区暴力接触与青少年关系性攻击行为之间的因果关系中起了中介作用，并且是部分中介作用。

以上述同样的方法，我们检验了移情在社区暴力接触与青少年关系性攻击行为之间的作用，但并没有发现它在两者之间起到显著的中介作用（统计结果从略）。

四 结论与讨论

基于对全国10个省（区、市）4000多名初高中生的调查，本章考察了青少年的社区暴力接触、攻击性行为及前者对后者的影响。结果表明，青少年不同程度地暴露在社区暴力之下：有近70%的人在社区或街上看到过"吵嘴、谩骂"之类的暴力现象，45.7%的人在社区或街上看到过"被殴打"之类的暴力行为，25%左右的人看到过"被打伤"、"被逮捕"和"吸毒"之类的较为严重的暴力现象。青少年的攻击性行为可区分为身体性攻击行为和关系性攻击行为，青少年相对较多地表现出关系性攻击行为：37.5%的青少年在过去一个学期有过"忽视或不再喜欢某些同伴"这种关系性攻击行为；但青少年在某些身体性攻击行为上也有不低的表现比例：25%左右的青少年在过去一个学期有过"推搡同伴"这种身体性攻击行为。社区暴力接触对青少年身体性攻击行为和关系性攻击行为的影响及其机制是不同的：社区暴力接触对青少年身体性攻击行为不存在显著的直接影响，但经由攻击性合法化认知的调节可助推后者的产生，而经由移情的调节则可消解后者的产生；社区暴力接触对青少年关系性攻击行为有显著影响，攻击性合法化认知和移情均不能调节两者间的关系，但攻击性合法化认知在两者间起了部分中介作用。

本章一个值得强调的具有创新性的发现是，社区暴力接触经由两种不同的机制影响青少年身体性攻击行为：一是经由攻击性合法化认知的调节正向影响青少年身体性攻击行为，即助推后者的产生；二是经由移情的调节负向影响青少年身体性攻击行为，即消解后者的产生。这一发现修正了"社区暴力接触对攻击性行为具有正效应"和"源自不利生活事件的亲社会行为"（Vollhardt，2009）之类有关社区暴力接触与攻击性行为间关系的单维认识，为更科学地考察社区暴力接触与攻击性行为之间的关系提供了一个多维视角和综合的分析框架。尽管本章并未引入亲社会行为这一变量，没有直接分析社区暴力接触与亲社会行为之间的关系，但攻击性行为和亲社会行为可简化为处于同一连续统对立的两端，因此，可近似地认为，亲社会行为的增加可能意味着攻击性行为的减少，反之亦然。当然，更准确地探讨社区暴力接触、攻击性行为和亲社会行为之间的关系，还需要有新的研究设计。

本章获得上述貌似矛盾的发现，可能与我们选择了与以往研究不同的研究路径及引入了新的关键变量有关。以往的研究者多先入为主地认为攻击性合法化认知是青少年在社区暴力接触过程中经观察习得的，因此他们在统计上很自然地使用了结构方程模型来考察攻击性合法化认知的中介效应，然而，这可能遮掩了社区暴力接触对青少年攻击性行为的负效应。我们认为，社区暴力接触可让青少年在观察暴力行为或暴力事件的过程中形成有关暴力或攻击性的图式和脚本，并经编码而作为知识结构储存在记忆中（Huesmann，1998），同时也可让他们感知到周围生活世界的危险。此时，如果他们相信暴力或攻击性行为是正确的、可接受的，是维护自身安全的有效手段，那么一旦他们遭遇被攻击的风险、被激怒、受到挫折或要达到特殊目的这样的情境，他们就会表现出攻击性行为；如果他们富有同情心，能感受和体验到遭受暴力伤害的他人的痛苦，那么一旦他们遭遇与他人冲突或要达到特殊目的这样的情境，他们就不会轻易表现出攻击性行为。在这一有关社区暴力接触－攻击性行为的因果机制中，攻击性合法化认知并不完全是在社区暴力接触过程中习得的，家庭教育、学校教育、同伴互动、具有暴力色彩的影视和游戏接触之类的因素都可能影响或与社区暴力接触共同影响攻击性合法化认知的形成。由此可推断，攻击性合法化认知（或至少有相当部分）是先于和独立于社区暴力接触而存在的，而移情先于和独立于社区暴力接触，更是不难理解。也正是基于这种认识，我们推测攻击性合法化认知可作为一个调节变量影响社区暴力接触与青少年攻击性行为之间的关系。因此，我们在统计分析中考察了攻击性合法化认知在社区暴力接触与青少年身体性攻击行为之间的调节效应，也正是在这一过程中，发现了社区暴力接触对青少年身体性攻击行为的负效应及移情在这一负效应中的调节作用。

攻击性合法化认知和移情能调节社区暴力接触与青少年身体性攻击行为之间的关系，但它们在社区暴力接触与青少年关系性攻击行为之间则不具有调节效应，这可能与各相关变量在中国文化语境下的具体含义及测量有关。在本章中，测量社区暴力和身体性攻击行为的各指标涉及的多是人身伤害，传统暴力色彩较强；而测量关系性攻击行为的各指标涉及的多是心理伤害，属于"冷暴力"，在中国传统文化语境下甚至不被视为具有攻击性。同时，我们也发现，尽管社区暴力接触、攻击性合法化认知和移情三个变量都对青少年关系性攻击行为具有一定解释力，但社区暴力接触对青少年关系性攻击行为的解释力远小于其对身体性攻击行为的解释力。可能也正是各变量情境含义的上述差异，致使攻击性合法化认知和移情分别

第四章 社区暴力接触对青少年攻击性行为的影响

与社区暴力接触的交互关系能调节社区暴力接触与青少年身体性攻击行为间的关系,而不能调节社区暴力接触与青少年关系性攻击行为间的关系。

综上分析,本章的基本结论是,社区暴力接触对青少年身体性攻击行为不具有直接效应,但经由攻击性合法化认知的调节更有助于诱发后者的产生,而经由移情的调节则可消解后者的出现;攻击性合法化认知和移情在社区暴力接触与青少年关系性攻击行为间不具有调节效应,但攻击性合法化认知在两者之间起了部分中介作用。因此,我们不能简单地、想当然地认为社区暴力接触一定会增加青少年的攻击性行为,而应对两者之间的复杂关系持谨慎态度。进一步的研究可从以下两方面入手:一是区分和比较目击暴力和遭受暴力对青少年攻击性行为的影响及其机制;二是利用跨时段数据做追踪研究,以便更准确地考察社区暴力接触与青少年攻击性行为之间的因果关系。

基于上述研究发现,预防和减少青少年攻击性行为需考虑以下四个关键方面:一是以"友爱助人、和谐社区"为主旨,加强社区联系、培育社区支持,营造能有效监控和减少社区暴力的社会网络和行动文化;二是推行有助于消解攻击性合法化认知的心理教育计划(McMahon et al., 2009),训练教师为学生提供一致的强化-后果式教育,以创造积极的班级规范,挑战攻击性合法化认知(McMahon et al., 2013),以弱化社区暴力接触与青少年攻击性行为之间的关系;三是设计角色扮演实验,"让自己处在别人的地位,经历别人正在经历的感受",可以培养同情心,以消解社区暴力接触对青少年攻击性行为的正效应;四是联合青少年、父母、学校管理者和社区成员,创造一种实质有效的多层生态联合干预机制,以减少社区暴力和青少年攻击性行为。尽管这些旨在调控青少年成长的社会环境的预防性干预给人以信心和希望,但我们对大规模实施这样的干预项目还是要特别谨慎(van Lier et al., 2007),因为我们有关社区暴力接触与青少年攻击性行为间关系的知识依然是有限的。

第五章
社区暴力接触、家庭教养方式
对青少年攻击性行为的影响

一 问题的提出

2011年1月至2015年12月，湖南省永州市冷水滩区法院共审理未成年人犯罪案件38件，其中普通刑事犯罪案件31件，校园暴力犯罪案件7件（文静等，2016）。自2015年以来，广州市检察机关已办理中小学生遭受校园暴力伤害案件70件，涉案人员106人；北京市高级人民法院近5年审结了近200起校园暴力犯罪案件（曹菲、孙皓辰，2016）。近年来，手机微信和其他网络上也经常转播某一群人围攻殴打和谩骂另一人之类的青少年暴力性视频。上述频发的青少年暴力性攻击事件让我们不得不思考：青少年暴力性攻击行为或一般化的攻击性行为缘何而来？暴露于暴力之下（目击暴力行为或遭受暴力伤害）是否会使青少年陷入暴力循环之中？也即，暴露于暴力之下（exposure to violence，可简译为"暴力接触"）是否会引发暴力接触者进一步的攻击性行为，而攻击性行为又使其陷入更多的暴力接触之中？又有何种因素缓冲或加剧了暴力接触对青少年攻击性行为的影响？本章只尝试集中关注上述问题的一个面向，即探讨目击发生在社区或生活周边的暴力行为/事件（社区暴力接触）对青少年攻击性行为的影响，以及家庭教育可能在其中扮演的角色。

许多研究已经关注和探讨了社区暴力接触与青少年攻击性行为之间的关

第五章 社区暴力接触、家庭教养方式对青少年攻击性行为的影响

系,并发现社区暴力接触有助于引发青少年攻击性行为。Singer 等(1999)发现,社区暴力接触能预测城市非洲裔美国人和白人青少年(3~8 年级)的暴力行为;与之相似,Schwab-Stone 等(1999)调查研究 6 年级、8 年级、10 年级的孩子后发现,暴力接触与孩子时隔两年后的外显性症状存在较显著的关系。Guerra、Huesmann 和 Spindler(2003)基于 4458 名城市青少年的调查数据发现,社区暴力接触会增加青少年随后的攻击性行为和支持攻击性行为的社会认知,而有关攻击性行为的正当化信念在其中起到了重要的中介作用。他们认为,将攻击性行为看作正当的,使孩子对其真正的后果变得不敏感,并营造了一种视之为生活方式的背景,从而达致易引发攻击性行为的状态。他们也发现,正当化信念在社区暴力接触与青少年攻击性行为的关系中只起到了部分中介作用。McMahon 等(2009)在 Guerra 等(2003)研究的基础上引入了一个新的中介变量,基于对城市非洲裔美国青少年样本的分析发现,社区暴力接触易产生支持攻击性的报复性信念,而后者使得控制攻击性的自我效能感下降,从而引发更多的攻击性行为。McMahon 等(2013)在一项研究中,用自我报告、同伴评价和教师评价三种方法测量青少年攻击性行为,得到的结果与之前的研究发现基本一致。Ebesutani 等(2014)的研究则发现,负性情感(negative affect)和社区暴力接触都能显著地预测青少年攻击性行为,而负性情感在社区暴力接触和攻击性行为之间起到了部分中介作用。上述研究均较为一致地表明,社区暴力接触易引发青少年攻击性行为,且多是以经观察习得的攻击性合法化认知(Bandura,1973)或与暴力相关的负性情感为中介影响青少年攻击性行为。

家庭教育被认为在防止青少年从事过失行为或暴力性攻击行为中扮演了一个核心角色(Herrenkohl et al.,2003;Spillane-Grieco,2000)。从行为的主动-被动关系角度,攻击性行为可分为主动性攻击行为(proactive aggressive behavior)和反应性攻击行为(reactive aggressive behavior)。主动性攻击行为被认为是工具性的、目标取向的,为获得回报的期望所驱动;反应性攻击行为源于有关攻击的挫折-愤怒理论,被概念化为一种应对威胁或挑衅的敌对性行为(Dodge,1991)。攻击性孩子的认知图式,特别是其自我感知有别于他们的同伴。许多攻击性孩子没有明确的自我观,觉得

他们需要在他人面前维持一种高地位的外表。当他们的能力或价值遭到其他孩子的挑战时，他们试图捍卫他们不明确的自我观以不受外力的威胁（Baumeister et al.，1996）。这样，不清楚自己的价值或能力可能导致他们将他人视为一种威胁、敌对和拒绝，从而引发敌对、防卫和攻击性行为（De Castro et al.，2007）。从社会学习理论（Bandura，1973）视角来看，当孩子观察一个被强化的攻击性榜样时，他们会模仿攻击性行为。当孩子在家里遭受攻击时，他们对一些敌对性的暗示变得高度敏感，并由此习得了一种这样的观念：攻击是应对问题的一种可接受的策略。通过这种方式，孩子发展了有关自己和他人预期的认知图式，并最终影响其行为。这样，观察父母做敌对性归因、设置支配性目标、引发攻击性反应、采取攻击性行为，可能会在孩子中导致类似的社会认知和行为模式。也正是因为这样，积极的教养方式使青少年表现出更少的攻击性行为，而消极的教养方式则导致更少的积极性自我认知，使其由此而表现出更多的攻击性行为（Stoltz et al.，2013）。有研究者更是明确地指出，主动性攻击行为看起来是故意的，与过分支持、疏于监管和容忍攻击性行为作为成就目标的一种手段之类的父母教养方式有关；它还可经由严苛的教养方式习得或被强化（Vitaro et al.，2006）。相反，反应性攻击行为被认为是"易激动的"，与父母的敌对、拒绝和身体性虐待有关。大量的经验研究均已经表明，放任（Clark et al.，2015）、严苛（Xu et al.，2009）和拒绝（Khaleque & Rohner，2002）之类的教养方式都易引发青少年攻击性行为；而能提供关爱、相互信赖和工具性帮助的高质量亲子关系（O'Brien & Mosco，2012）则与其存在负向联系（Murray et al.，2014）。

家庭教养方式不仅可直接影响青少年攻击性行为，还可调节暴力接触与青少年攻击性行为之间的关系：在那些家庭支持水平低或父母疏于教养的青少年中，暴力接触与攻击性行为之间的关系更强（Mazefsky & Farrell，2005）。因为父母可为暴露于暴力之下的青少年提供潜在的支持资源，例如，安慰、帮助他们处理事件、恢复安全感（Duncan，1996）。作为积极型教养方式的家庭支持通过降低对同伴负面影响的感受来间接影响青少年攻击性行为（Gomez & Gomez，2002），还可通过控制那些与攻击性行为有关的条件和强化暴力不是应对困难形势的可取方式之类的

第五章 社区暴力接触、家庭教养方式对青少年攻击性行为的影响

观念，调节社区暴力接触与青少年攻击性行为的关系（Patterson et al.，1998）。追踪研究结果也表明，内含于家庭教养方式之中的亲子关系对青少年起到了一种保护性的缓冲作用，那些有高质量亲子关系的暴力受害者卷入暴力性攻击行为的可能性更小，但这种作用只对男性是显著的（Aceves & Cookston，2007）。

尽管已有一些研究探讨了家庭教养方式在暴力接触与青少年攻击性行为关系中的调节作用，但现有研究很少在较系统地考察家庭教养方式之结构的基础上，同时考察不同家庭教养方式在两者关系中所起的作用；而且，这些研究也多将青少年攻击性行为视为一个整体，而很少考察不同家庭教养方式在暴力接触与青少年不同攻击性行为关系中的调节作用；利用中国青少年数据的相关研究（中英文）则更是少见。本研究试图弥补该领域研究的明显不足，利用中国青少年的问卷调查数据考察社区暴力接触、家庭教养方式对青少年不同类型攻击性行为的影响，以及不同家庭教养方式在社区暴力接触与青少年不同类型攻击性行为关系中的调节作用。

二 对象与方法

（一）数据来源

本研究的调查对象是初高中在校学生，该群体在年龄上与伯克（2014）所界定的青少年基本一致，即11~18岁；调查时间是2016年1~4月；抽样方法是混合抽样，即方便抽样与整群抽样相结合：用方便抽样抽取省（区、市）、县（市、区）和学校，用整群抽样在学校内部抽取班级。具体抽样程序是，首先在东部、中部、西部地区分别抽取2个省（区、市），然后在被抽取的省（区、市）分别抽取1~2个县（市、区），再在被抽取的县（市、区）抽取1~2所中学，最后在被抽取学校的每个年级各抽取1个班级。对被抽取班级的每个学生做自填式问卷调查。据此，我们获得了来自10个省（区、市）20个县（市、区）33所中学的共4530份有效问卷，问卷的发放均由班主任老师认真组织完成。样本分布情况如表5-1所示。

表 5-1 样本分布情况

变量		样本量	占比（%）	变量		样本量	占比（%）
性别	男	2208	49.6	学习成绩	中等偏上的 20%	1210	27.6
	女	2248	50.4		最好的 20%	809	18.4
年级	初一	742	16.6	父亲职业	公务员	279	6.3
	初二	784	17.5		专业技术人员	418	9.5
	初三	717	16.0		管理人员	508	11.5
	高一	966	21.6		个体私营企业主	1110	25.1
	高二	689	15.4		办事员	310	7.0
	高三	584	13.0		普通工人	1172	26.5
学校等级	普通学校	2513	56.9		农民	461	10.4
	重点学校	1903	43.1		无业	161	3.6
独生子女	是	2158	49.0	社区类型	农村社区	1117	25.7
	否	2245	51.0		城乡结合部	438	10.1
学生干部	不担任	2800	63.2		低档城市社区	210	4.8
	班级干部	1443	32.6		中低档城市社区	358	8.2
	校级干部	185	4.2		中档城市社区	1385	31.8
父母关系	离异	264	5.9		中高档城市社区	651	15.0
	和谐	4080	91.0		高档城市社区	190	4.4
	其他	138	3.1	地区	东部地区	1517	33.6
学习成绩	最差的 20%	443	10.1		中部地区	1979	43.8
	中等偏下的 20%	852	19.4		西部地区	1019	22.6
	中间的 20%	1072	24.4				

（二）变量测量

1. 因变量

攻击性行为是本研究的因变量，用攻击性行为量表测量。该量表改编自 Raine 等（2006）的反应性-主动性攻击行为问卷（the Reactive-Proactive Aggression Questionnaire），包括 23 个项目，采取 3 点计分法进行评估，得分越高表示攻击性越强。经因子分析后，攻击性行为量表的 23 个项目被提取出了 2 个因子（其中有 7 个项目的因子载荷值太低，被删除），即主动性攻击行为（例如，"为了显示自己的'老大'地位，和他人打架"，共11个项目）和反应性攻击行为（例如，"被他人挑衅时，会有愤怒的反应"，共5个项目）。在本研究中，攻击性行为量表的Cronbach's α系数为0.87，两个因子的Cronbach's α系数分别为0.91和0.73。

2. 自变量

社区暴力接触和家庭教养方式是本研究的自变量。测量社区暴力接触的量表是根据Scarpa和Fikretoglu（2000）用来测量社区暴力接触的9项指标，再结合中国社会的实际改编而来，包括"在社区或街上看到有人吵嘴、谩骂""在社区或街上看到有人被殴打"等5个项目，采用5点计分法（回答"很少"、"比较少"、"说不清"、"比较多"和"很多"，分别计1分、2分、3分、4分和5分）进行评估，得分越高表示社区暴力接触程度越高。在本研究中，社区暴力接触量表的Cronbach's α系数为0.86。在后面的统计中，我们对其进行因子分析，并将因子值纳入回归方程。

测量家庭教养方式的量表改编自蒋奖、鲁峥嵘、蒋苾菁和许燕（2010）修订的简氏父母教养方式问卷（原问卷有21个项目，其中5个因子载荷值过低，且测量维度和语义与其他项目几乎雷同的项目被删除），包括12个项目，采用5点计分法进行评估，得分越高表示该教养方式被采纳的程度越高。经因子分析后，家庭教养方式量表的12个项目被提取出了3个因子，即拒绝型教养方式（例如，"经常以一种使我很难堪的方式对待我"，共4个项目）、情感温暖型教养方式（例如，"当我遇到不顺心的事时，尽量安慰我"，共4个项目）和过度保护型教养方式（例如，"不允许做一些其他孩子可以做的事情，他/她害怕我出事"，共4个项目）。本研究中，家庭教养方式量表的Cronbach's α系数为0.70，各因子的Cronbach's α系数分别为0.86、0.84和0.74。[①]

[①] 此处及后文提及的家庭教养方式只考察了父亲教养方式，原因有二：一是中国家庭依然属于父权制家庭，父亲对孩子的影响是主导性的；二是我们事先分别分析了父亲教养方式和母亲教养方式对青少年两类攻击性行为的影响及其在社区暴力接触与青少年两类攻击性行为关系中的调节作用，结果基本一致。因此，本章只呈现了父亲教养方式对青少年攻击性行为的影响及其调节作用。

3. 控制变量

可能影响青少年攻击性行为的特征变量包括调查对象的性别、年级、学校等级（重点学校还是普通学校）、独生子女、学生干部、学习成绩、父母关系、父亲职业、社区类型和地区等，这些变量构成了本研究的控制变量。

三 实证结果与分析

（一）各主要变量的特征及其之间的相关分析

表5-2列出了社区暴力接触、家庭教养方式和青少年攻击性行为各因子的均值、标准差及其之间的Pearson相关分析结果。表5-2显示，如果将均值转化为百分制得分，调查对象在主动性攻击行为和反应性攻击行为上的得分分别是37.6和55.7，即表明青少年表现出了更多的反应性攻击行为；因家庭教养方式3个因子包括的项目数相等，我们可直接从均值看出，情感温暖型教养方式被采用最多，其次是过度保护型教养方式，最后是拒绝型教养方式。

表5-2还显示，两类攻击行为之间显著正相关，且其均与社区暴力接触、拒绝型教养方式和过度保护型教养方式显著正相关，而与情感温暖型教养方式显著负相关；社区暴力接触除与两类攻击行为显著正相关外，还与拒绝型教养方式和过度保护型教养方式显著正相关，与情感温暖型教养方式显著负相关；拒绝型教养方式与过度保护型教养方式显著正相关，与情感温暖型教养方式显著负相关；而过度保护型教养方式与情感温暖型教养方式显著正相关。

表5-2 社区暴力接触、家庭教养方式和攻击性行为各因子均值、标准差及其之间的相关分析

变量	M	SD	1	2	3	4	5	6
1. 主动性攻击行为	12.42	3.14	1					
2. 反应性攻击行为	8.35	2.13	0.36***	1				
3. 社区暴力接触	8.12	3.61	0.31***	0.10***	1			

第五章 社区暴力接触、家庭教养方式对青少年攻击性行为的影响

续表

变量	M	SD	1	2	3	4	5	6
4. 拒绝型教养方式	8.35	3.96	0.19***	0.10***	0.24***	1		
5. 情感温暖型教养方式	13.84	3.97	-0.09***	-0.03*	-0.12***	-0.33***	1	
6. 过度保护型教养方式	11.19	3.84	0.10***	0.06**	0.12***	0.41***	0.08***	1

注：† $p<0.1$，* $p<0.05$，** $p<0.01$，*** $p<0.001$。下同。

（二）社区暴力接触影响青少年攻击性行为的回归分析

表 5-3 列出了分别以青少年主动性攻击行为和反应性攻击行为为因变量，以社区暴力接触、拒绝型教养方式、情感温暖型教养方式、过度保护型教养方式及三种教养方式与社区暴力接触的交互项为自变量，以青少年的性别、年级、学校等级、独生子女、学生干部、学习成绩、父母关系、父亲职业、社区类型和地区为控制变量的回归分析结果。

模型 1 显示，控制上述相关变量后，社区暴力接触对青少年主动性攻击行为有显著正效应：社区暴力接触每增加 1 个单位，青少年表现出的主动性攻击行为则增加 26.8%（$p<0.001$）。模型 1 还显示，拒绝型教养方式对青少年主动性攻击行为有显著正效应：前者被选择的程度每增加 1 个单位，后者则增加 6.9%（$p<0.001$）；而情感温暖型教养方式对青少年主动性攻击行为则有显著负效应：前者被选择的程度每增加 1 个单位，后者则减少 4.7%（$p<0.01$）。

模型 2 显示，在模型 1 基础上引入三类家庭教养方式与社区暴力接触的交互项之后，社区暴力接触和拒绝型教养方式依然对青少年主动性攻击行为有显著正效应，而情感温暖型教养方式则依然对青少年主动性攻击行为有显著负效应。模型 2 还显示，拒绝型教养方式和过度保护型教养方式分别与社区暴力接触的交互项都对青少年主动性攻击行为有显著正效应，这意味着拒绝型和过度保护型教养方式都加剧了社区暴力接触对青少年主动性攻击行为的正效应；情感温暖型教养方式与社区暴力接触的交互项则对青少年主动性攻击行为有显著负效应，这意味着情感温暖型教养方式缓冲或部分消解了社区暴力接触对青少年主动性攻击行为的正效应。

模型 3 显示，控制相关变量后，社区暴力接触对青少年反应性攻击行

为不存在显著影响,而拒绝型教养方式和过度保护型教养方式则均对青少年反应性攻击行为有显著正效应:前者分别每增加1个单位,后者则分别增加6.1%和4.3%。

模型4显示,在模型3基础上引入三类家庭教养方式与社区暴力接触的交互项之后,社区暴力接触依然对青少年反应性攻击行为没有显著影响,而拒绝型教养方式和过度保护型教养方式则依然均对青少年反应性攻击行为有显著正效应。模型4还显示,情感温暖型教养方式和过度保护型教养方式分别与社区暴力接触的交互项均对青少年反应性攻击行为有显著正效应,这意味着情感温暖型教养方式和过度保护型教养方式都加剧了社区暴力接触对青少年反应性攻击行为的正效应。

表5-3 社区暴力接触影响青少年攻击性行为的回归分析结果

变量	主动性攻击行为		反应性攻击行为	
	模型1	模型2	模型3	模型4
性别(女=0)	0.171***	0.171***	-0.105**	-0.103**
年级	0.011	0.010	0.070***	0.070***
学校等级(普通学校=0)	0.013	0.013	0.039	0.042
独生子女(非独生子女=0)	0.044	0.045	-0.049	-0.050
学生干部(不担任=0)				
班级干部	-0.073*	-0.069*	0.035	0.034
校级干部	0.019	0.031	0.014	0.009
学习成绩	-0.004	-0.005	-0.031*	-0.030†
父母关系(离异=0)				
和谐	-0.010	-0.002	-0.279***	-0.274**
其他	-0.078	-0.068	-0.249†	-0.250†
父亲职业(无业=0)				
公务员	-0.187†	-0.202*	0.032	0.017
管理人员	-0.158†	-0.197†	-0.126	-0.129
专业技术人员	-0.124	-0.150	-0.039	-0.043
个体私营企业主	-0.133	-0.150†	-0.017	0.023
办事员	-0.185†	-0.186†	0.038	0.033
普通工人	-0.099	-0.109	-0.043	-0.051

续表

变量	主动性攻击行为		反应性攻击行为	
	模型 1	模型 2	模型 3	模型 4
农民	-0.177†	-0.184†	-0.076	-0.080
父亲受教育年限	0.002	0.001	0.005	0.005
社区类型（农村社区 =0）				
城乡结合部	0.578	0.065	0.001	0.003
低档城市社区	0.117	0.108	-0.138	-0.140
中低档城市社区	-0.035	-0.032	-0.143†	-0.140†
中档城市社区	0.002	0.007	-0.141*	-0.132*
中高档城市社区	0.081	0.076	-0.245**	-0.235**
高档城市社区	0.197*	0.197*	-0.207*	-0.201†
地区（西部地区 =0）				
中部地区	0.007	0.012	0.001	-0.002
东部地区	0.101*	0.093†	-0.081	-0.075
社区暴力接触	0.268***	0.233***	0.016	0.032
家庭教养方式				
拒绝型教养方式	0.069***	0.072***	0.061**	0.054**
情感温暖型教养方式	-0.047**	-0.056***	0.027	0.028
过度保护型教养方式	0.015	0.022	0.043*	0.045*
社区暴力接触×拒绝型教养方式		0.051***		-0.025
社区暴力接触×情感温暖型教养方式		-0.073***		0.049**
社区暴力接触×过度保护型教养方式		0.049**		0.037†
常数项	-0.125	-0.124	0.323*	0.323*
Adj. R^2	0.132	0.142	0.027	0.030
样本量	3027	3027	3027	3027

考虑到社区暴力接触对青少年反应性攻击行为的效应一直不显著，而情感温暖型教养方式和过度保护型教养方式又能调节两者间的关系，我们进一步将情感温暖型教养方式和过度保护型教养方式分别分为高低两类（高情感温暖型教养方式和低情感温暖型教养方式、高过度保护型教养方式和低过度保护型教养方式），然后分别以相应的子样本做回归分析后发现，在低情感温暖型教养方式下，社区暴力接触依然对青少年反应性攻击

行为没有显著效应,但在高情感温暖型教养方式下,社区暴力接触对青少年反应性攻击行为则有显著正效应;同样,也只有在高过度保护型教养方式下,社区暴力接触才对青少年反应性攻击行为有显著正效应。

四 结论与讨论

基于对全国10个省(区、市)4000多名初高中生的调查,本章考察了社区暴力接触对青少年攻击性行为的影响及家庭教养方式在其间的调节作用。结果表明,社区暴力接触对青少年主动性攻击行为有显著正效应,但对反应性攻击行为的效应则不显著。这与以往有关社区暴力接触易引发青少年攻击性行为(Guerra et al.,2003;McMahon et al.,2009;Ebesutani et al.,2014)的笼统发现并不完全一致,也让我们反思:社区暴力接触对青少年所有的攻击性行为都有正效应吗?这也提醒我们,应具体区分和考察社区暴力接触与青少年不同攻击性行为的关系。另外,社区暴力接触对两类不同攻击性行为的效应存在此般差异,可能与测量社区暴力接触的指标有关。在本研究中,测量社区暴力接触的5项指标多充满进攻性和支配性的色彩,与主动性攻击行为存在更多的关联,而与反应性攻击行为则不然。

拒绝型教养方式对青少年主动性攻击行为和反应性攻击行为均有显著正效应,与以往研究发现(O'Brien & Mosco,2012)基本一致。情感温暖型教养方式对青少年主动性攻击行为有显著负效应,而对反应性攻击行为的效应则是正向的,但不显著。这与以往有关父母关爱和情感支持负向影响青少年攻击性行为的发现(Mazefsky & Farrell,2005)不完全一致。过度保护型教养方式对青少年反应性攻击行为有显著正效应,但对主动性攻击行为的效应则不显著。

三类家庭教养方式均可调节社区暴力接触与青少年攻击性行为间的关系,但其对不同关系的调节方向和力度存在一定差异:拒绝型教养方式加剧了社区暴力接触对青少年主动性攻击行为的正效应,而对社区暴力接触与反应性攻击行为关系的调节作用则不显著;情感温暖型教养方式缓冲或部分消解了社区暴力接触对青少年主动性攻击行为的正效应,而在高情感

第五章 社区暴力接触、家庭教养方式对青少年攻击性行为的影响

温暖型教养方式下，社区暴力接触对青少年反应性攻击行为则有显著正效应；过度保护型教养方式加剧了社区暴力接触对青少年两类攻击性行为的正效应。

拒绝型教养方式和过度保护型教养方式加剧了社区暴力接触对青少年攻击性行为的正效应，与以往有关低水平的家庭支持和不好的教养方式强化了社区暴力接触与青少年攻击性行为之间的正向关系的发现（Duncan，1996）基本一致。其实，过度保护是父母对孩子自由的剥夺，可能引发孩子对父母的怨恨和敌对。过度保护和拒绝都是孩子对父母不满和与其发生冲突的来源。当遭受父母拒绝或被父母过度保护的青少年经常目击社区暴力事件时，心中积郁已久的不满和怨恨可能驱使他们将从观察社区暴力中习得的暴力行为施加到周围其他人身上。

另外，值得进一步讨论的是情感温暖型教养方式的调节作用。以往的相关研究多认为并发现，家庭关爱和情感支持缓冲了社区暴力接触对青少年攻击性行为的正效应（Patterson et al.，1998；伯克，2014），但我们发现内含家庭关爱和情感支持的情感温暖型教养方式在社区暴力接触与青少年主动性攻击行为关系中的调节作用与前述的相关研究发现基本一致，但在社区暴力接触与反应性攻击行为关系中的调节作用则是完全挑战或补充了已有的相关研究发现。这种相互矛盾的新发现是可以解释的。作为一种总体性的资源，家庭关爱和情感支持一方面可为受到刺激和伤害的孩子提供安慰，防止其将观察到的暴力行为合法化，从而抑制攻击性之类的否定性发展；另一方面又可激发和助长孩子对尊重、信任和权利的期待，一旦其遭遇挫折，并在观察社区暴力事件的刺激下，他们就可能向周围相关人发怒甚至施以拳脚，即表现出反应性攻击行为。因此，情感温暖型教养方式并不是一种一定能带来积极效应的教养方式，其积极效应的产生可能还需其他条件，例如，父母引导孩子如何理性地看待自己的权利及自己与他人之间的权利关系。

第六章
影视媒介接触对青少年攻击性行为的影响

一 问题的提出

美国学者乔治·格伯纳曾提出,人类自出生至死去,始终处于受媒介教化的过程中(孙妍妍,2016)。媒介不仅覆盖到现代社会的方方面面,进一步变革大众的思维方式,也变更了人们的生存状态与生活方式。影视媒介作为一种新型传播媒介,以电影和电视为载体,依托视听结合的强大功能以一种最接近于现实的状态反映生活(史加辉,2012),其表达效果远强于报纸、书籍、杂志等传统媒介。随着网络技术的迅猛发展,影视媒介迅速占领了新媒体的阵地,使传播渠道不再受传统意义上的电视及影院的限制,当前移动传媒、计算机网络视频、手机视频等众多渠道互通共存,影视内容可被拆分为单个视频单位进入流通环境为人观看。因此,影视媒介已成为大众接收信息娱乐休闲的重要渠道。青少年作为媒体文化受众中最踊跃的群体,从影视荧屏中习得的内容并不亚于学校和家庭教育。可以说,影视已成为影响他们社会化进程的关键因素之一。诸多现实依据均证实,影像讯息能以极快的速度催化个体的潜在欲望,并引起种种反应(邹霞、袁智忠,2010)。作为渗透力极强的媒介,不同影视的文本内容、创作题材及传达的价值取向,均能对青少年群体的道德观念和道德行为产生截然不同的影响。然而如今影视媒介的运作多以营利为目的,为博取巨额利润,不可避免地携带一些不良信息,尤其是电影、电视及网络游戏中，极富感官刺激的暴力讯息会直接影响青少年的健康成长。与此同时，校园暴力事件亦使青少年的行为问题引发舆论关注，越发为社会各界重视。最高人民检察院公布的《未成年人检察工作白皮书（2014—2019）》显示，未成年人聚众斗殴、寻衅滋事、强奸犯罪的人数逐年上升，经检察机关审批后逮捕的未成年犯罪嫌疑人达 28.4 万人，不批准逮捕的近 8.8 万人，起诉 38.3 万人，不起诉 5.8 万余人；当前未成年人刑事犯罪的规模较大，且犯罪年龄越发趋于低龄。[①] 多起见诸媒体报道、性质恶劣的校园霸凌事件也发人深省：青少年的攻击性行为缘何频频发生？

目前学术界主要从个体和环境因素两大层面解释青少年攻击性行为的产生机制，而媒介环境是青少年几乎无法回避的极为重要的一种环境因素，也是解释其攻击性行为不能不检视的重要因素。关于媒介与青少年攻击性行为的关系，以往研究主要集中在以下方面。

一是网络游戏对青少年攻击性行为的影响。有研究运用内容分析法发现市面上约 89% 的电子游戏均包含暴力成分，而近半数的电子游戏存在重度暴力成分（Dill & Dill，1998）。还有研究发现，在学生群体中，沉迷于游戏的时间越长、游戏经历越多的学生，发生不良行为的概率越高（李丹等，2007）。基于此，学界主要从内容和形式两个层面考察了电子游戏对青少年攻击性行为的影响。在游戏内容层面上，Griffiths 和 Hunt（1995）发现，接触暴力视频游戏后，个体的攻击性水平显著提升。Anderson 和 Bushman（2001）运用元分析方法进行研究后发现玩暴力电子游戏会在一定程度上增加儿童攻击性行为发生的可能性，唤起其攻击冲动，使与之相关的认知和情绪进一步得到强化。他们在后续的有关分析中又发现，对含有暴力信息的媒体接触程度越高，则个体所表征出来的攻击性越强（Anderson & Carnagey，2009）。Huesmann（2010）指出，暴力视频与网络电子游戏中参差不齐的讯息能助推攻击性认知及敌意情绪的生成。Bluemke、Friedrich 和 Zumbach（2010）认为暴力游戏能促进攻击性认知的生成，而玩和平游戏则能减少攻击性认知。同时，有研究者指出玩家通过玩非暴力型游戏（不含亲社会信息）能有效减少攻击性认知、情感、行为（Sestir

---

[①] 《最高检发布〈未成年人检察工作白皮书（2014—2019）〉涉未成年人犯罪稳中有变、司法保护任重道远》，www.soho.com/a/398955497_115239。

& Bartholow，2010）。而 Greitemeyer 和 Osswald（2009）表明较之于中性电子游戏，接触亲社会类电子游戏通常可降低玩家的敌意，削减反社会思想，减少攻击性认知。还有研究者发现接触含亲社会信息的网络游戏能显著减少学生的攻击性认知与情感（雷浩等，2013）。靳宇倡、李俊一（2014）基于暴力电子游戏与广大青少年攻击性行为的元分析发现，对暴力电子游戏的接触可促使个体生成攻击性认知，该现象在各年龄阶段均较普遍。在游戏形式层面上，主要关注合作与竞争两种形式。有研究者将研究对象随意分配至合作、竞争、独处三类互动模式中，考察不同情境对攻击性认知的作用，发现合作模式可使玩家减少部分攻击性认知（Schmierbach，2010）。Greitemeyer、Traut-Mattausch 和 Osswald（2012b）指出，在合作模式中，玩家能增强向心力，增进情谊，合作可削弱游戏生成的竞争性，降低玩家的敌对意识。Anderson 和 Morrow（1995）的实验研究结果显示，唤醒游戏玩家的竞争结构可造成攻击性行为的直接生成，也就是说，较之于唤醒合作，唤醒竞争的玩家在后续研究中的攻击性更强。Zhang 等（2010）认为暴力内容与竞争均可唤醒攻击性认知或行为，但能唤醒攻击性情感的只有暴力内容。Adachi 和 Willoughby（2011）在游戏的竞争性、难易程度、动作频次、暴力内容上设置了更严苛的要求，发现致使玩家攻击性变强的原因在于游戏本身的竞争性，而非内容。

二是音乐对青少年攻击性行为的影响。犯罪青年中的大多数是摇滚音乐爱好者，其对包含破坏性主题类摇滚音乐的偏好与所表征出来的攻击性行为之间存在密切的联系（Hannelore et al.，1991）。Took 和 Weiss（1994）发现说唱和重金属音乐偏好与较低的学习成绩、吸毒、拘留和攻击性行为之间存在正相关关系。Barongan 和 Hall（1995）通过实验的方式探索了接触暴力性说唱音乐对攻击性行为的影响，发现较之于中性音乐组，听暴力性说唱音乐的被调查者向同伴表现出了更多的攻击性行为，这就在一定程度上证明了接触暴力性说唱音乐能够增加个体的攻击性行为。而 Anderson、Carnagey 和 Eubanks（2003）则进一步对歌词内容与攻击性之间的关系进行了探索研究，发现较之于偏中性的音乐，歌词含暴力内容的音乐与个体所表征出来的攻击性行为之间存在明显的正相关关系。有的学者则指出较之于听憎恶他人歌曲的男性被调查者，那些聆听中性歌曲的被调查者所表露出的攻击举动要更少（Fischer & Greitemeyer，2006）。Krahe 和 Bieneck（2012）以实验研究的方式发现暴露在欢快歌曲中的被试流露出的愉快情绪要更多，而暴露于憎恶歌曲下的研究对象则产生了较多的消极情绪，在进一步分析后发现由歌曲唤起愉快情绪体验越多的被调查者所处的愤怒水平越低，表征出的攻击性行为也越少。另外，Greitemeyer（2009）率先考察了部分含亲社会歌词的音乐可能对亲社会行为产生的作用，指明较之于中性歌曲，那些包含亲社会歌词的歌曲能在一定程度上强化个体的亲社会认知及共情能力，从而增加亲社会举动发生的频率。而后，还在此基础上深入挖掘了此类音乐对于攻击性情绪、认知及行为生成的具体影响，发现聆听亲社会类型的音乐能有效降低与攻击相关的特质，且亲社会音乐不仅能降低个体实施攻击性行为的可能性，还能在一定程度上减少成见与蔑视的出现（Greitemeyer & Schwab，2014）。Selfhout 等（2008）针对荷兰青少年展开了为期两年的纵向研究，结果发现青少年对重金属和嘻哈音乐的偏好与攻击性行为呈显著正相关，进一步分析发现，前测的青少年对重金属和嘻哈音乐的偏好能够显著预测后测的攻击性行为，而攻击性行为不能显著预测青少年对重金属和嘻哈音乐的偏好，该结果为该群体对重金属和嘻哈音乐的偏好与攻击性行为的纵向因果关系提供了一定的证据。Coyne 和 Padilla-Walker（2015）通过为期一年的纵向研究发现青少年对包含攻击性内容音乐的偏好与攻击性行为之间存在显著正相关关系，在控制了最初的攻击性行为水平后，听那些包含攻击性内容音乐的个体一年后的攻击性行为水平得到了显著的提高，但该研究并未认定这两者间是否存在因果关系。

三是电视和图片对青少年攻击性行为的影响。Anderson、Berkowitz 和 Donnerstein（2003）研究发现，观看与暴力主题相关的电视或电影能在某种程度上增强人们的攻击性，在短时期内接收此类暴力讯息会使个体的语言攻击性行为、观念及情绪体验得到增强。曾凡林、戴巧云、汤盛钦、张文渊（2004）发现，在青少年群体中，经常或过度观看电视暴力可以在某种程度上致使该群体的攻击性行为倾向增强，且表征出来的攻击性行为与观看电视时产生的情绪反应存在一定的关联。然而，对此也有不同的观点和发现。Valkenburg 和 Peter（2013）认为，电视暴力对幼儿生成消极社会行为所起的作用过小,完全可以忽略不计。有研究指出,个体内心的忧伤、恐惧与愤恨均能经由观看电视上的相仿情节得以澄清及净化,隐藏于个体内心的攻击性冲动也可通过观看电视暴力得到宣泄,因而通过观看电视暴力能够消除此后可能会实施的暴力举止(Feshbach,1955)。邱小艳、唐烈琼(2006)以暴力图片和词汇为素材,通过判断词汇之间的关联度以及词汇记忆法,基于思维和记忆两种视角考察了暴力图片对攻击性认知的唤醒作用,揭示了暴力图片能够在一定程度上激活被调查者的攻击性认知。

综观相关文献发现,已有的专注于媒介环境的文献大多倾向于考察暴力媒介对儿童或青少年所起的负面作用。然而,不同类型的媒介具有的特点、作用、功能均不相同,很少有研究基于全局的视角,探讨不同类别的媒介接触对攻击性行为生成的影响。鉴于此,本研究以一项涉及全国范围的调查数据为样本,试图了解当前青少年群体攻击性行为的基本情况,以一种全局的视角,从多个维度出发全面、客观地探讨接触不同内容的影视媒介对青少年攻击性行为生成的影响及具体的内在作用机制,以期为该领域的研究提供些许启示。

二 理论分析与假设提出

按照内容性质的差异,影视媒介可分为主旋律影视媒介、暴力性影视媒介和娱乐性影视媒介,而它们对青少年攻击性行为的影响可能存在一定差异。下面,我们具体考察各类影视媒介接触与青少年攻击性行为的关系。

(一)主旋律影视媒介接触与青少年的攻击性行为

学界常用一般攻击模型解释暴力媒介与攻击性行为的关系,关注影响的短时及长时效应(Anderson & Bushman,2002)。然而,主旋律影视媒介接触会助推青少年的亲社会行为,或抑制攻击性行为的产生,目前学界很少有实证研究就这些问题给予回答。

一般攻击模型强调攻击他人的行动因个体内部特征及外部环境因素的共同作用才得以生成,该生成过程基于个体脑海中对相关知识的学习、联系、激活与应用。具体包括输入、内部状态及输出进展,多从个体的认知、情感和唤醒三个角度解释暴力电子游戏对攻击性行为生成的影响,根据时长可分为短时与长时效应。在短时效应中,输入变量来自个体特征及情境因素。暴力网游归属于情境刺激,在与人格特质共同作用下,能激活与攻击相关的图式,使人们的攻击性认知、敌对情绪、生理唤醒不断加强,从而对决策过程造成影响,决定后续行动。而长时效应指长时间接触暴力电子游戏会改变人们的个性特质,逐渐培养出攻击性倾向与观念,此类行为图式会在反复接触过程中进一步强化,后演变成输入刺激参与到短时效应的循环中去,生成攻击性行为。而后,有学者基于此进行了深入分析,由此发展出了一般学习模型,此模型为研究多种维度的视频游戏与个体行为间的关系提供了有力依据。它指出短时效应中,与个体有关的特质在与外部情境因素的共同作用下会使个体的认知、情感等诸多状态被激活,而个人的决策在很大程度上受这些变化的影响。如若此种短时学习的过程不断重复,便会产生长久的影响。譬如,游戏者经常玩某类型游戏,其行为态度、期望观念、知觉图式均会变化,会生成某种行为模式逐渐改变认知习惯与情感态度,最终影响在社会情境中的行为反应,该循环方式构成了学习过程,攻击性行为正是基于此类过程生成的。

根据这一模型,接触暴力电子游戏极易导致攻击性行为。相应地,亲社会游戏也会对个体的行为活动产生影响,即促使该群体养成亲社会认知,且逐步生成亲社会的脚本与图式,从而提高亲社会行为发生的概率,进一步减少与攻击有关的认知和情感,减少攻击性行为。Gentile 等(2009)发现,较之于玩攻击类游戏的人,玩亲社会游戏的人发起伤害行为要少。Greitemeyer 等(2012a)发现亲社会游戏对被试表征出的攻击性行为存在显著的抑制效应。Anderson 等(2010)发现接触亲社会游戏会增加该群体的助人活动,减少伤害行为,而玩暴力游戏不仅会增加伤害举动,还会减少利他行为。还有研究指出,接触不同类别的电子游戏会对社会行为产生截然不同的影响,经常接触暴力游戏会增强玩家的攻击性,从而降低亲社会行为发生的可能性,而经常接触亲社会游戏会降低玩家的攻击性,逐步增加亲社会行为(Greitemeyer & Mugge, 2014)。换言之,接触亲社会型视频游戏能助推游戏玩家实施利他行为,减少攻击性行为。

据上述分析，无论是何种行为，均能受影视媒介作品的鼓励得到促进。在疫情于武汉发酵蔓延之际，各大媒体争相报道疫情实况及其间的感人事迹，经报道后，社会各界对当地所捐的物资呈与日俱增之势。显然，媒体的积极参与功不可没，其具有的教化功能在当时得到了很好的发挥。由此可知，青少年在接触主旋律影视作品时，会对作品中的人物进行模仿学习，从而增加帮助、捐献、谦让等亲社会行为。同时，随着接触程度的不断加深，该模仿行为不断强化，进一步演变为长期行为，从而提升亲社会行为实施的概率，也就降低了攻击性行为的可能性。

综上观之，本研究可提出假设1：青少年接触主旋律影视媒介的程度越高，则其表现出来的攻击性行为可能越少。

（二）暴力性影视媒介接触与青少年的攻击性行为

社会学习理论强调一切行动均为个体与环境相互作用的产物，人类的内部因素、行为活动与环境因素间是双向作用关系。一切行为方式均是个人后天学习的结果。主要包括：第一种是主动的经验学习，即直接实践完成学习行为；第二种是间接的观察学习，靠观察他人的示范活动进行模仿（Bandura，1978）。人类社会绝大部分的学习行为通过观察得以学会，依靠观察示范者的举止，将其以某种心理表象或符号特征形式记于脑海，而后于类似的情境中将保存的符号还原成行动，该方式可迅速习得各类行为活动。

根据该理论，个体的行为多通过观察父母、教师、同伴、大众媒介等途径获得，攻击性行为同样如此。一方面，信息技术的发展从传播速度与传播范围方面扩大了观察学习的规模，延伸了该学习方式的意义；另一方面，个体生存的环境及生活事件相对稳定，故更多的是依靠媒介渠道把握社会实在，认知基础便形成于此。对符号环境的依赖程度越深，示范作用的影响越大。人们的行为举止或多或少会受到媒介的影响，尤其对于涉世未深的未成年人而言，其正处于人格塑造的重要时期，更易生成媒介认同现象。通过看电视（影）或玩电子游戏，他们会对部分角色或举动产生一定的认同感，并意识到在特定环境中对该类人物或活动进行模仿会使自身受益。当类似的情境在现实中再现时，便极有可能生成模仿行为，而此种模仿又可在反复接触的过程中不断强化，演变成长期行为。

在现实里,通过媒体获得暴力资讯(符号示范)及反复的观影体验,是该群体养成攻击性倾向的重要路径之一。他们对此类作品越感兴趣,便越可能受暴力资讯的示范影响。多次观摩暴力内容后,便逐渐从这种符号性的示范过程中习得攻击他人的方式,削弱自身对攻击性的控制能力,甚至出现脱敏反应,对暴力情节习以为常,以致在现实中表现出严重的攻击性倾向。同时,该理论还强调了榜样的作用,人们对崇拜的对象及其行为产生的认同度越高,则成功复刻榜样行为举止的可能性也越大。在浏览暴力讯息后,他们便极有可能对暴力影视作品中的主人公及其行动产生好感。不仅对主角实施的暴力行为产生认同感,认为这些行动合理,还会将与暴力相关的信息进行深度加工储存于记忆中,而后在现实生活里模仿暴力主角的言谈举止。长此以往,便会巩固攻击图式,更倾向于运用暴力方式处理问题。

诸多研究已表明,含有暴力元素的网络游戏会促使个体生成攻击性信念、态度及图式,而长期反复接触此类游戏会于无形中增强个体的攻击性(Anderson et al., 2010)。新媒介时代,作品中携带的暴力讯息使得学习效果被放大。过度接触此类媒介,对暴力内容持认可态度时,便可能生成错误的判断,助推发出攻击性行为。

综上观之,本研究可提出假设2:青少年接触暴力性影视媒介的程度越高,则其表现出的攻击性行为可能越多。

(三)娱乐性影视媒介接触与青少年的攻击性行为

以电视为代表的媒介传播对改变社会大众的认知结构起了深刻作用,正如尼尔·波兹曼所言,"电视正将人类社会文化转移到娱乐舞台上。人类社会的一切成为娱乐的附庸"。实际上,他反感的并非电视本身的娱乐功能,而是一切均以娱乐的方式呈现的趋势。尽管已有学者对此倾向加以批判,然而,在受众群体看来,媒介的娱乐属性是吸引其注意力的重要原因。波兹曼痛斥了泛娱乐化现象,并声明娱乐绝非现代生活的万能工具。纵然此种泛娱乐化特征受到了一定的谴责,却也有学者注意到了其积极作用。如在宣传健康信息、社会规则、注意事项等方面,这种兼具欢快搞笑性质的娱乐节目相较于单一的教化方式,往往能够对受众产生更好的说服教育效果（毛良斌，2014）。Singhal等（2002）将该类媒介传播活动称为娱乐教育，即在娱乐性的消息中有意识地植入某些欲传达的内容，依托于此种极具吸引力的方式，使观众更易接受想要表达的主旨和理念。也就是说，这种娱乐教育的目的是实现对受众的说服，以期进一步作用于其态度与行为上，使其能够做出符合社会规定或需要的举动，从而更好地推动社会实现整体上的变革。

娱乐教育指将传播教育的内容以一种娱乐的表现形式进行编排，主要以传输部分教育知识，形成某些思想观念，改善受众的不良行为为要旨，强调传播与交流的共存及相互作用的过程，实则是一种通过传播思想与观念引导不良社会行为发生改变的传播策略。Moyer-Guse（2008）认为，这是一种特别的教育方式兼传播策略，它植入了大量亲社会信息，将一些重要的教育信息根植于主流媒介中的娱乐部分进行传播，以期产生积极影响。对青少年群体而言，该种传播策略能有效将利他互助、团结协作、规则意识等植入娱乐影视节目的传播过程中，从而对其获取亲社会信息及技能的培养起良好演示作用。娱乐性影视作品的主要梗概往往能够使人们产生愉悦的心情，对社会大众普遍具有较强吸引力，而青少年群体则更易沉浸其中，由此体验到高度的认同感。当他们对影视作品入迷时，便会运用主要角色的视角来分析事物，从而产生相同的情绪体验。同时，部分受众也会生成期望认同，即希望自身能如某位角色般具有某些优秀品质，渴望模仿其生活与行为方式。故在无形中接受此类亲社会信息，从而更好地消解攻击性，也就降低了个人攻击性行为发生的可能性。

综上观之，本研究可提出假设3：青少年接触娱乐性影视媒介的程度越高，则其表现出的攻击性行为可能越少。

三 研究方法

（一）数据来源

本研究以国内的初高中在校生为研究对象。依据研究的目标，选用混合抽样的方法确定符合条件的中学生：先用方便抽样抽选省（区、市）、县（市、区）和学校，后用整群抽样在所选学校中抽选一定的班级。具体

第六章　影视媒介接触对青少年攻击性行为的影响

步骤即先于东部、中部、西部三个地区依次选2~4个省（区、市），后于所抽省（区、市）中各选1~2个县（市、区），在抽取县（市、区）中选1~2所学校，在所选中学的各年级分别抽出1个班，让被选班级的全体成员填写问卷。剔除部分无效问卷后，共获得4276名初高中学生的有效样本，分布情况如表6-1所示。

表6-1　样本分布情况

单位：人，%

变量		频数	占比	变量		频数	占比
性别	男	2090	49.7	年级	初二	785	18.6
	女	2116	50.3		初三	712	16.8
	合计	4206	100		高一	959	22.7
学校等级	重点中学	1875	44.9		高二	657	15.5
	普通中学	2300	55.1		高三	379	9.0
	合计	4175	100		合计	4231	100
独生子女	独生子女	2084	49.7	父亲文化程度	初中及以下	1804	43.7
	非独生子女	2109	50.3		普高及大专	1444	34.9
	合计	4193	100		本科及以上	884	21.4
学生干部	非学生干部	2626	62.8		合计	4132	100
	班级干部	1375	32.9	母亲文化程度	初中及以下	2049	49.6
	校级干部	180	4.3		普高及大专	1375	33.3
	合计	4181	100		本科及以上	703	17.0
学习成绩	最好的20%	787	19.0		合计	4127	100
	中等偏上的20%	1132	27.3	父母关系	离异	261	6.2
	中间的20%	996	24.0		和谐	3844	90.9
	中等偏下的20%	810	19.6		其他	125	3.0
	最差的20%	418	10.1		合计	4230	100
	合计	4143	100	家庭经济条件	非常富裕	40	1.0
地区	东部地区	1290	30.7		比较富裕	518	12.3
	中部地区	1845	43.9		一般	3093	73.6
	西部地区	1065	25.4		比较贫困	404	9.6
	合计	4200	100		非常贫困	149	3.5
年级	初一	739	17.5		合计	4204	100

从个体特征来看，男生占49.7%，女生占50.3%，男女所占的比例基本持平；独生子女占49.7%，非独生子女占50.3%，独生子女与非独生子女的数量也基本持平；就读于初中的学生占52.8%，高中的占47.2%，可见被调查的初中生略多于高中生。

从家庭特征来看，在父亲文化程度上，其文化程度在初中及以下的占比最高，高达43.7%，而其文化程度在普高及以上的占总样本的56.3%；在母亲文化程度上，其文化程度在初中及以下的，所占的比例高达49.6%，可见绝大多数研究对象的父母文化程度集中于初、高中基础教育层次；在父母关系上，超九成家庭的父母关系较为和谐，父母离异的仅占6.2%；在家庭经济条件上，有超七成的学生认为自家经济条件一般，而认为较富裕的与较贫困的占比基本持平。从在校表现来看，在学生干部任职情况上，不到四成的学生就任了学生干部，有六成以上的未担任过班级/校级干部；在学习成绩上，超七成的学生认为自身成绩中上；在学校等级上，超五成的学生就读于普通中学，而重点中学的占44.9%。

从样本整体分布情况来看，除所在的地区分布略有失衡外，其他变量的大致情况均分布得较为合理，这便为后续分析增添了可靠性。

（二）变量测量

1. 因变量

青少年的攻击性行为是本研究的因变量。该行为是指个体出于某种目的，以直接或间接的方式对他人的身体或心理造成了某种伤害的行为。出于对该变量的考察，本研究以 Buss 与 Crick 等人发展出来的攻击性指标为参考，根据国内现实情况，编制了一套信效度较高、结构较为稳定的量表。量表共包括19项条目，如"用武力强迫他人做你想让其做的事""为在比赛中获胜而伤害其他人""对其他伙伴拳打脚踢"等。要求被调查的青少年根据实际情况从"从未""有时""经常"中进行选择，依次计1分、2分、3分，数值越大表示青少年在某类行为上表现出来的攻击性行为越多。

2. 自变量

影视媒介接触为本研究的自变量。研究基于影视实际，结合影视传统，以作品的主要内容为依据，划分成主旋律、暴力性和娱乐性三类。主旋律影视指的是以责任、爱国、助人、奋斗、奉献等为主题的亲社会影视作品与游戏；暴力性影视指的是充斥着斗殴、血腥、谋杀等暴力讯息的影视片与视频游戏；娱乐性影视则指的是轻松、欢快、搞笑的影视片与视频游戏。要求被调查者在三类影视作品下填写出四部非常了解的作品名，并从"听过，却未看过"、"一次"与"一次以上"中选择一项表示接触程度，分别赋 1 分、2 分、3 分，某一类作品的总得分越高，代表其对该类影视媒介的接触程度越高。

3. 控制变量

本研究设置的控制变量主要包括性别、年龄、独生子女、学校等级、学习成绩、学生干部、父母关系、父亲职业、父/母亲受教育年限、家庭社区类型、家庭经济条件等，如表 6-2 所示。

表 6-2 变量说明

变量	说明
因变量	
攻击性行为	连续变量
自变量	
主旋律影视媒介接触	连续变量
暴力性影视媒介接触	连续变量
娱乐性影视媒介接触	连续变量
控制变量	
性别	虚拟变量；女 =0，男 =1
年龄	连续变量
独生子女	虚拟变量；非独生子女 =0，独生子女 =1
学校等级	虚拟变量；普通中学 =0，重点中学 =1
学习成绩	连续变量
学生干部	虚拟变量；非学生干部 =0，班级干部 =1；非学生干部 =0，校级干部 =1
父母关系	虚拟变量；离异 =0，和谐 =1；离异 =0，其他 =1
父亲职业	虚拟变量；无业 =0，公务员 =1；无业 =0，专业技术人员 =1；无业 =0，管理人员 =1；无业 =0，个体私营企业主 =1；无业 =0，普通工人 =1；无业 =0，农民 =1；无业 =0，办事员 =1

续表

变量	说明
父/母亲受教育年限	离散变量；基于我国现行学制规定，由受教育程度转化而来，小学及以下=6，初中=9，高中（含技校和中专）=12，大专=15，本科=16，硕士研究生=19，博士研究生=22
家庭社区类型	虚拟变量；农村=0，低档住宅区=1；农村=0，中高档住宅区=1
家庭经济条件	虚拟变量；设贫困=0，一般=1；贫困=0，富裕=1

（三）统计模型

本研究运用 SPSS 24.0 软件将问卷数据录入，后使用 Stata 15.0 软件展开分析。根据研究的目的，以主旋律、暴力性、娱乐性三种维度的影视媒介接触程度为自变量，以青少年的攻击性行为为因变量，建立起多元线性回归模型展开深入分析。

回归模型的数学表达式为：

$$aggressive\ behavior = \beta_1\ main\ theme + \beta_2\ violence + \beta_3\ entertainment + \sum BZ \quad (6-1)$$

在式（6-1）中，$aggressive\ behavior$ 指的是青少年攻击性行为，而 $main\ theme$、$violence$ 和 $entertainment$ 依次表示主旋律影视媒介接触、暴力性影视媒介接触和娱乐性影视媒介接触，β_1、β_2、β_3 分别是三种维度的影视媒介接触对青少年攻击性行为存在的效应，Z 是控制变量的向量，B 是控制变量向量对攻击性行为的效应。

四 结果分析

（一）青少年影视媒介接触的状况

在科技发展日新月异的时代，海量信息高速共享。一方面，影视媒介的极速发展丰富了个体的生活内容与休闲方式，影响了年青一代的思想和观念；另一方面，可接触渠道的增多也使得此类媒介逐步成为生活不可或缺的一部分。本研究要求青少年在问卷中分别就主旋律、暴力性和娱乐性三种不同题材影视作品各列出四部（最熟悉的），并标明观影的具体次数，以了解当代青少年影视媒介接触的大致情况，如表6-3所示。

表6-3 青少年对不同类型影视媒介的接触程度得分及排序

影视作品	最低分	最高分	平均得分	标准差	回答人数（人）	得分排序
主旋律影视作品	1	3	2.10	0.62	1653	2
暴力性影视作品	1	3	2.04	0.73	1757	3
娱乐性影视作品	1	3	2.44	0.57	1848	1
总的接触程度	1	3	2.15	0.50	1310	

表6-3显示，青少年接触影视媒介总的平均得分为2.15分，处于观看所列影视作品"一次"到"一次以上"之间的水平，但更偏近"一次"的水平。从三类具体影视作品的接触情况看，青少年接触主旋律影视作品的平均得分为2.10分，处于观看该类作品"一次"到"一次以上"之间的水平，但更偏近"一次"的水平；青少年接触暴力性影视作品的平均得分为2.04分，处于观看该类作品"一次"的水平；青少年接触娱乐性影视作品的平均得分为2.44分，处于观看该类作品"一次"到"一次以上"之间的水平，相较于接触前两类作品，它更偏近"一次以上"的水平。从表6-3所列的得分排序看，青少年接触轻松欢快的娱乐性影视作品的频次最高，接触催人奋进、倡导爱国和责任奉献的主旋律影视作品次之，而接触充满打斗、凶杀和血腥的暴力性影视作品频次最低。青少年更乐意观看娱乐性影视作品，这很容易理解，因为该类作品让人放松、逗人高兴。然而，他们接触主旋律影视作品的得分只略高于暴力性影视作品（仅高0.06分），这值得人们深思：一方面，宣传和文化部门需进一步改革创新，不断创作出更有吸引力的、更高质量的主旋律影视作品，更好地引领青少年的认知、观念、情感和行为；另一方面，家庭和教育部门应正确引导青少年的是非判断、善恶观念和文化质量意识，让他们具有自主挑选优质影视作品进行观摩和欣赏的能力。

根据观看（玩）影视作品的方式，可将影视媒介接触分为间接接触与直接接触两种，前者指听说过，却未观看过，而后者指观看过一次或一次以上。三种维度下的四部影视作品累加分超过4分的，可被视为直接接触。表6-4显示,对主旋律影视作品,间接接触的共有148人,占8.95%;直接接触的共1505人,占91.05%。对暴力性影视作品,有17.82%的青少年间接接触过,另有82.18%的青少年是直接接触;对娱乐性影视作品,直接接触的占96.32%,间接接触的仅占3.68%。可见,青少年对影视媒介的接触方式多为直接观看,尤其是娱乐性及主旋律影视作品。关于暴力性影视作品,有近18%的青少年只"听说过,没观看或玩过",这表明,较之于暴力性影视媒介,青少年对娱乐性及主旋律影视媒介的直接接触程度要更高。值得注意的是,尽管青少年直接接触三类影视媒介的程度顺序依然是娱乐性影视作品居第一,主旋律影视作品次之,最后是暴力性影视作品,但他们直接接触主旋律影视作品的频次大大高出对暴力性影视作品的直接接触,前者高出后者近9个百分点。

表6-4 不同类型的影视媒介接触频数

单位:人,%

影视作品	间接接触		直接接触	
	频数	占比	频数	占比
主旋律影视作品	148	8.95	1505	91.05
暴力性影视作品	313	17.82	1443	82.18
娱乐性影视作品	68	3.68	1780	96.32

(二)青少年攻击性行为的表现及结构

1. 青少年攻击性行为的表现

为了解广大青少年实施攻击性行为的表现方式,通过提问"这一学期以来,你是否有过下列行为?"来测量其攻击性行为的程度,详情如表6-5所示。

表6-5 青少年攻击性行为的状况

行为	从未(%)	有时(%)	经常(%)	平均得分	标准差	回答人数(人)
为显示"老大"地位,和他人打架	83.3	8.1	1.6	1.12	0.38	3975
为让自己显酷而打架	84.9	6.4	1.6	1.10	0.36	3973

续表

行为	从未(%)	有时(%)	经常(%)	平均得分	标准差	回答人数(人)
为在比赛中获胜而伤害其他人	83.8	7.4	1.7	1.12	0.38	3972
用武力强迫他人做你想让其做的事	79.9	10.8	2.3	1.16	0.43	3972
用武力手段夺取他人的财物	83.4	7.3	2.0	1.12	0.39	3966
威胁或恐吓他人	83.0	7.9	2.0	1.13	0.39	3971
会结伙对付他人	79.5	10.9	2.3	1.17	0.43	3965
在打架的过程中动用武器	81.3	9.2	2.2	1.15	0.42	3966
把同伴排挤出自己的交际圈	79.4	11.5	1.9	1.17	0.42	3968
散播关于伙伴的谣言和八卦	73.1	17.6	2.1	1.23	0.47	3969
忽视或不再喜欢某些伙伴	58.5	31.0	3.3	1.41	0.56	3967
拒绝伙伴所提的各种要求	65.6	25.2	1.9	1.31	0.51	3962
假装靠近其他伙伴使自己的朋友伤心	76.9	13.7	2.1	1.19	0.45	3965
拒绝伙伴靠近自己或坐在身旁	74.7	15.5	2.4	1.22	0.47	3960
捂耳朵,拒绝听伙伴说话	74.6	15.9	2.0	1.22	0.46	3958
威胁他人,以或伤害或得到想要之物	84.0	7.1	1.7	1.11	0.37	3964
对其他伙伴拳打脚踢	78.1	12.4	2.2	1.18	0.44	3961
主动挑起或参与同学间的打架	83.3	7.7	1.6	1.12	0.37	3962
用武力打或殴打以威胁其他伙伴	85.1	5.8	1.7	1.10	0.36	3963
青少年攻击性行为总体水平				1.18	0.42	3967

总体而言,青少年攻击性行为的平均得分为1.18分,处于"从未"与"有时"之间,更偏向于"从未",可见当前青少年攻击性行为的整体水平偏低。而从具体情况来看,其在不同攻击性行为的表现上仍存在较显著的差异。有超过八成的学生表示从未发起这些攻击性行为,如"为显示'老大'地位,和他人打架"(83.3%)、"为让自己显酷而打架"(84.9%)、"为在比赛中获胜而伤害其他人"(83.8%)、"用武力手段夺取他人的财物"(83.4%)、"威胁或恐吓他人"(83.0%)、"在打架的过程中动用武器"(81.3%)、"威胁他人,以或伤害或得到想要之物"(84.0%)、"主动挑起或参与同学间的打架"(83.3%)、"用武力打或殴打以威胁其他伙伴"(85.1%),且在这些指标上选了"有时"的人数均在一成以内。特别地,还可发现如"为显示'老大'地位,和他人打架"(1.12)、"为让自己显酷而

打架"（1.10）、"为在比赛中获胜而伤害其他人"（1.12）、"用武力手段夺取他人的财物"（1.12）、"威胁他人，以或伤害或得到想要之物"（1.11）、"主动挑起或参与同学间的打架"（1.12）、"用武力打或殴打以威胁其他伙伴"（1.10）等指标的平均得分，都非常接近于"从未"。这就说明有过以上攻击性行为的青少年仅占小部分，绝大多数很少发起或参与过上述攻击性行为。

另外，也有近80%的青少年在"用武力强迫他人做你想让其做的事"（79.9%）、"会结伙对付他人"（79.5%）、"对其他伙伴拳打脚踢"（78.1%）等指标上选择了"从未"。但就上述三种行为，回答有时参与过的均超过一成。进一步分析，可发现有一到两成的青少年表示自己曾有过这些行为，如有14.6%的青少年表示自己曾"对其他伙伴拳打脚踢"，分别有13.1%、13.2%的青少年表示自己曾"用武力强迫他人做你想让其做的事""会结伙对付他人"，有11.4%的青少年表示自己曾"在打架的过程中动用武器"。同时，上述四项指标的平均得分明显高于其他涉及肢体攻击指标的平均得分，并更接近于整体平均得分，但始终处于平均得分1.18分以下。这就说明这几项攻击性行为在该群体的生活中要更常见。

还可发现一到两成的青少年曾做出过（包括"有时"与"经常"）"把同伴排挤出自己的交际圈"（13.4%）、"散播关于伙伴的谣言和八卦"（19.7%）、"假装靠近其他伙伴使自己的朋友伤心"（15.8%）、"拒绝伙伴靠近自己或坐在身旁"（17.9%）、"捂耳朵，拒绝听伙伴说话"（17.9%）等行为，其平均得分均位于1.21分左右，略高于1.18。还可发现有两到三成的青少年曾有过下列行为，如有34.3%的学生指出自己曾"忽视或不再喜欢某些伙伴"，有27.1%的学生曾"拒绝伙伴所提的各种要求"，而这两项攻击性行为指标的平均得分依次为1.41分、1.31分，远高于1.18分，虽仍介于"从未"与"有时"之间，但相较于前五项指标，其表征出的攻击性程度更高。这就说明，当前该群体实施攻击性行为的整体水平偏低，多数青少年较少发起过明显的攻击性行为。然而，其在类别不一的攻击性行为上也存在不同表现，即与较直接的肢体接触的攻击性行为相比，在总体上实施得更多的是较间接的、以破坏他人关系网络为主的攻击性行为。

2. 青少年攻击性行为的内在结构

为更好地认识内部结构，区分不同类别的攻击性行为，本研究围绕行为指标展开了因子分析，提取出了两个特征值大于1的公因子，分别命名为"身体性攻击行为"及"关系性攻击行为"，如表6-6所示。

身体性攻击行为指的是直接以身体动作实施，主要以肢体及武力打压或恐吓的方式伤害他人，意图致使他人出现身体伤痛的攻击性行为，如打、踢、敲别人。关系性攻击行为指的是利用人际关系网络实施的，通过损坏、威胁或控制他人的人际关系、情感接纳、友谊等途径来伤害他人的一种操控关系的暴力行为。该行为以破坏他人的社会关系为目标，在大多数情况下通过言语或非物质手段等方式对他人造成伤害，并不会直接导致身体伤害，具有隐蔽性，难以被识别。

表6-6 青少年攻击性行为的内部结构

行为	载荷量 身体性攻击行为	载荷量 关系性攻击行为	共量
为显示"老大"地位，和他人打架	**0.700**	0.128	0.507
为让自己显酷而打架	**0.768**	0.189	0.626
为在比赛中获胜而伤害其他人	**0.720**	0.267	0.590
用武力强迫他人做你想让其做的事	**0.672**	0.251	0.515
用武力手段夺取他人的财物	**0.694**	0.222	0.531
威胁或恐吓他人	**0.706**	0.308	0.593
会结伙对付他人	**0.664**	0.276	0.517
在打架的过程中动用武器	**0.661**	0.282	0.517
威胁他人，以或伤害或得到想要之物	**0.641**	0.404	0.575
对其他伙伴拳打脚踢	**0.580**	0.395	0.493
主动挑起或参与同学间的打架	**0.699**	0.342	0.605
用武力打或殴打以威胁其他伙伴	**0.706**	0.338	0.613
把同伴排挤出自己的交际圈	0.399	**0.535**	0.445
散播关于伙伴的谣言和八卦	0.366	**0.523**	0.407
忽视或不再喜欢某些伙伴	0.078	**0.716**	0.519
拒绝伙伴所提的各种要求	0.169	**0.643**	0.442
假装靠近其他伙伴使自己的朋友伤心	0.332	**0.609**	0.481

续表

行为	载荷量		共量
	身体性攻击行为	关系性攻击行为	
拒绝伙伴靠近自己或坐在身旁	0.285	**0.685**	0.550
捂耳朵，拒绝听伙伴说话	0.309	**0.630**	0.492
特征值	8.690	1.326	10.016
累计方差贡献率（%）	45.74	6.98	52.72

经检验，该攻击性行为量表呈现了较好的内部一致性。具体的信度分析情况如表6-7所示。

表6-7 青少年攻击性行为的信度分析

变量	因子	Cronbach's α	指标项数
攻击性行为	身体性攻击行为	0.925	12
	关系性攻击行为	0.809	7
	总的攻击性行为	0.928	19

（三）影视媒介接触对青少年攻击性行为的影响

为了进一步厘清各维度的影视媒介接触究竟是如何影响青少年的各类攻击性行为的，本研究以青少年总的攻击性行为、身体性攻击行为和关系性攻击行为作为因变量，以主旋律、暴力性及娱乐性三种维度的影视媒介接触为自变量，再纳入控制变量，进行回归分析，具体结果如表6-8所示。

表6-8 影视媒介接触对青少年攻击性行为的回归分析

变量	模型1（总的攻击性行为）		模型2（身体性攻击行为）		模型3（关系性攻击行为）	
	回归系数	标准差	回归系数	标准差	回归系数	标准差
主旋律影视媒介接触	-0.137*	0.053	0.002	0.011	-0.044***	0.012
暴力性影视媒介接触	0.636***	0.045	0.087***	0.009	0.093***	0.010
娱乐性影视媒介接触	-0.355***	0.055	-0.049***	0.012	-0.054***	0.013
性别（女=0）						

续表

变量	模型1（总的攻击性行为）回归系数	标准差	模型2（身体性攻击行为）回归系数	标准差	模型3（关系性攻击行为）回归系数	标准差
男	0.439*	0.234	0.204***	0.049	−0.106*	0.054
年龄	−0.229**	0.072	−0.062***	0.015	0.002	0.017
学校等级（普通中学=0）						
重点中学	−0.590*	0.268	−0.084	0.056	−0.088	0.062
独生子女（非独生子女=0）						
独生子女	−0.127	0.266	−0.054	0.056	0.030	0.062
学生干部（非学生干部=0）						
班级干部	−0.461*	0.249	−0.114*	0.052	0.001	0.058
校级干部	0.451	0.542	0.010	0.113	0.122	0.126
学习成绩	−0.672**	0.253	−0.166**	0.053	−0.001	0.059
父母关系（离异=0）						
和谐	−1.457**	0.482	−0.271**	0.100	−0.107	0.112
其他	−0.344	0.832	−0.095	0.174	0.047	0.193
父亲职业（无业=0）						
公务员	−1.202	0.757	−0.393*	0.159	0.140	0.176
专业技术人员	−0.564	0.693	−0.284*	0.145	0.198	0.161
管理人员	−1.415*	0.701	−0.410**	0.147	0.072	0.162
个体私营企业主	−0.928	0.646	−0.320*	0.135	0.118	0.150
普通工人	−0.486	0.627	−0.199	0.131	0.125	0.145
农民	0.353	0.671	−0.069	0.140	0.245	0.156
办事员	−0.634	0.753	−0.222	0.157	0.074	0.174
父亲受教育年限	−0.045	0.050	−0.003	0.011	−0.012	0.012
母亲受教育年限	−0.009	0.049	0.006	0.010	−0.011	0.011
家庭社区类型（农村=0）						
低档住宅区	0.557+	0.330	0.147*	0.069	0.012	0.076
中高档住宅区	0.818	0.365	0.241+	0.076	−0.011	0.085
家庭经济条件（贫困=0）						
一般	−0.264	0.342	−0.063	0.071	−0.001	0.079
富裕	−0.197	0.490	−0.026	0.103	−0.029	0.114

续表

变量	模型1 （总的攻击性行为）		模型2 （身体性攻击行为）		模型3 （关系性攻击行为）	
	回归系数	标准差	回归系数	标准差	回归系数	标准差
常数项	77.039***	1.515	1.172***	0.317	0.418***	0.351
Adj. R^2	0.171		0.115		0.063	

注：+ $p<0.1$，* $p<0.05$，** $p<0.01$，*** $p<0.001$。

模型1显示，暴力性影视媒介接触对青少年的攻击性行为存在显著正向影响，即青少年接触暴力性影视媒介的程度每增加1个单位，其表现总的攻击性行为的可能性则增加63.6%（$p<0.001$）。换言之，青少年对暴力性影视媒介接触越多，其表现总的攻击性行为的概率则越大，攻击性水平也越高。同时，这也意味着暴力性影视媒介中的暴力内容为青少年提供了观察与学习的模板，能减弱其对攻击性行为的控制，增强对攻击性行为的容忍度，助推攻击性行为的产生。

模型1也显示，主旋律影视媒介接触对青少年总的攻击性行为存在显著负效应，即青少年对主旋律作品的接触程度每增加1个单位，其表现总的攻击性行为的可能性则减少13.7%（$p<0.05$）。换言之，青少年对主旋律影视媒介的接触程度越高，其表现总的攻击性行为的概率则越小。这也说明，接触主旋律影视媒介，会对崇尚力量的青少年实施或参与暴力行为造成一定的阻碍，进而降低实施攻击性行为的可能性，即对攻击性行为的生成起到一定的抑制作用，原因在于青少年在欣赏展示意识形态、传播主流价值观、讴歌人性类的作品时，不仅能够体验到身心的愉悦，还能于潜移默化中受到思想的引领，不自觉地接受这些作品传达的价值观念，从而削弱暴力因子及攻击性属性，降低攻击性行为的概率。

模型1还显示，娱乐性影视媒介接触对青少年总的攻击性行为存在显著负向影响，即青少年对轻松愉悦类影视作品的接触程度每增加1个单位，其表现总的攻击性行为的可能性则减少35.5%（$p<0.001$）。换言之，青少年对轻松欢快、娱乐搞笑类媒介的接触越多，其表现总的攻击性行为的概率则越小。逻辑机制在于娱乐性影视中轻松活泼的亲社会内容会使其产生较愉快的情绪体验，进而使其更易接受所传达的亲社会信息，消解、净化自身的攻击性情感，降低实施攻击性行为的可能性，减少攻击性行为。

第六章 影视媒介接触对青少年攻击性行为的影响

从模型2可看到，暴力性影视媒介接触对青少年的身体性攻击行为存在显著正向影响，即青少年接触暴力性影视媒介的程度每增加1个单位，其表现身体性攻击行为的可能性则增加8.7%（$p<0.001$）。换言之，青少年接触暴力性影视作品及视频游戏的频次越多，其表现身体性攻击行为的概率则越大。一般而言，充斥着暴力讯息的作品对年轻受众产生的影响是潜移默化的，多数情况下不易为人察觉，但此种影响极为深刻。经常观看的青少年会通过看打架斗殴、暴力凶杀等血腥场面而养成暴力习惯。加之，现今许多暴力场面常常被美化，被刻画成展现气魄、化解争议必需的手段，且暴力行为实施者一般不会在作品中受惩罚，反而被视为英雄。

从模型2也可看到，娱乐性影视媒介接触对青少年的身体性攻击行为存在显著负效应，即青少年接触娱乐性影视媒介的程度每增加1个单位，其表现身体性攻击行为的可能性则减少4.9%（$p<0.001$）。换言之，青少年对娱乐性影视作品接触的频次越高，其表现身体性攻击行为的概率则越小。这在于娱乐性节目不仅承担娱乐功能，还承担引导树立价值观的功能。受青少年青睐的综艺节目在价值观的树立上都有较正确的立场，青少年通过观看亲子真人秀节目可认识到亲子关系的重要性，学会妥善处理问题，掌握正确的沟通方法，而非诉诸武力伤害。又如一些挑战类节目将团结互助、帮助他人、合作沟通的精神与节目游戏环节融为一体，在传递娱乐的同时也加深了对道德品行的正面影响，进而降低了直接伤害他人的可能性。

从模型2还可看到，主旋律类影视媒介接触对青少年身体性攻击行为的影响在统计学上并不显著（$p>0.1$）。

由模型3可看到，主旋律影视媒介接触对青少年的关系性攻击行为存在显著负向影响，即青少年对主旋律影视媒介的接触程度每增加1个单位，其表现关系性攻击行为的可能性则减少4.4%（$p<0.001$）。其逻辑机制在于主旋律类影视作品主要以激发人们的爱国思想与情怀为目的，多强调了集体主义价值观。青少年对该类型作品接触得多，就会逐渐在心理上接受、认可其倡导的价值观并与之趋同，从而更重视与他人之间的合作，以维护和谐的人际关系，由此抑制关系性攻击行为的生成。

由模型3也可看到，暴力性影视媒介接触对青少年的关系性攻击行为存在显著正向影响,即青少年观看暴力性影视作品的程度每增加1个单位,其表现关系性攻击行为的可能性则增加9.3%($p<0.001$)。暴力性影视作品多渲染个人英雄,呈现极端的个人英雄主义倾向。而对该倾向的过度渲染会强化个体的表现动机,使其被牵涉到更复杂的同伴冲突中去(Li et al.,2010),致使其采用攻击性策略来解决冲突。

由模型3还可看到,娱乐性影视媒介接触对青少年的关系性攻击行为存在显著负效应,即青少年对娱乐性影视媒介的接触程度每增加1个单位,其表现关系性攻击行为的可能性则减少5.4%($p<0.001$)。基于各年龄群体对娱乐的需要,娱乐性影视媒介更多的是传递积极向上的励志精神以及团结协作的团体精神。随着物质条件的变化,越来越多的青少年受家长的过分宠爱,极易生成以自我为中心的性情,而应试教育注重学习能力,较少培养其团结协作的能力及集体荣誉感。观看此类综艺节目便可在潜移默化中培养团结意识,使其更重视与他人的关系好坏,对这类影视接触得多,便会降低关系性攻击行为发生的可能性。

此外,部分控制变量对青少年攻击性行为的生成也起着不同程度的作用,包括性别、年龄、学校等级、学生干部、学习成绩、父母关系、父亲职业以及家庭社区类型。

综上可知,主旋律影视媒介接触对青少年总的攻击性行为和关系性攻击行为均存在显著负效应,假设1基本得到支持;暴力性影视媒介接触不管是对青少年总的攻击性行为还是身体性攻击行为和关系性攻击行为均存在显著正效应,假设2得到支持;娱乐性影视媒介接触不管是对青少年总的攻击性行为还是身体性攻击行为和关系性攻击行为均存在显著负效应,假设3得到支持。

五 结论与建议

(一) 结论

在信息爆炸的现代社会,电视、电影、网络视频游戏越发演变为广大青少年与精彩的外部世界进行对话与交流的窗口,也成为该群体在课余之时释放学业压力、寻求放松、表达情感的主要渠道。作为目前最流行的大众传播媒介，影视作品所传递的思想观念与价值取向对人们的思维方式、情感态度、行为习惯均起着不容小觑的作用，而影视媒介对个体所产生的影响在很大程度上取决于该媒介表达的内容（Buckley & Anderson，2006）。鉴于此，本研究基于全国地域范围内共4276名初高中在读生的问卷调查，实证考察了青少年的影视媒介接触和攻击性行为的现状，分析了前者对后者的影响，得出以下三点结论。

首先，青少年的影视媒介接触程度整体偏高，总平均得分为2.15分。从影视媒介的各具体维度看，青少年接触轻松欢快、娱乐搞笑的娱乐性影视作品的人数最多，观赏主旋律影视作品的人数次之，而选择暴力性影视作品的人数是最少的。

其次，青少年表现的攻击性行为整体较少，总的平均得分只有1.18分，处于"从未"与"有时"之间，且偏向于"从未"的水平。对青少年的攻击性行为指标进行因子分析后，本研究提取出了身体性攻击行为与关系性攻击行为两个公因子，且发现青少年表现的关系性攻击行为较身体性攻击行为更多。

最后，主旋律影视媒介接触对青少年的关系性攻击行为和总的攻击性行为存在显著抑制效应，而对身体性攻击行为的影响并不显著；暴力性影视媒介接触不管是对青少年总的攻击性行为还是身体性攻击行为和关系性攻击行为均存在显著正效应；娱乐性影视媒介接触不管是对青少年总的攻击性行为还是身体性攻击行为和关系性攻击行为均存在显著抑制效应。

（二）建议

基于上述研究结论，要构建有益于青少年健康成长的影视媒介环境，最大限度地发挥影视文化的正面影响，抑制和消解青少年的攻击性行为，可从以下方面入手。

其一，就影视媒介自身而言。作为社会舆论的传播者和制造者，媒介主体应具备高度的责任感。对暴力性影视作品而言，媒介主体应主动采取有效措施来规避暴力内容被广大青少年模仿学习。尽管已有部分媒介平台留意到了媒介内容对青少年产生的负面影响，如一些视频游戏平台或应用软件已配备了青少年模式，但这并不能从根本上消除暴力讯息，即便是在众多优秀高质的主旋律作品中也很难杜绝暴力场面的出现。换言之，媒介主体需对其所传播的内容展开全面的核查与把关，尤其对那些可能或已发生暴力冲突的剧情，要着重于呈现合理有效化解矛盾的办法，进而引导青少年意识到运用暴力手段不可行。对娱乐性影视作品而言，媒介主体可考虑建立更为科学的娱乐节目反馈机制，提升社会价值与影响效力在整个评价体系中的权重，合力摒弃唯收视率论过度注重经济效益的制作模式。例如，可将权威专家对娱乐类节目所蕴含与传输的社会价值之评价纳入评价体系中，可周期性地评定各类频道中的优质娱乐节目，进而在一定程度上提升这些节目所具有的社会影响力与美誉度，使其收获到更多广告商的支持。由此，进一步生成良性循环，更好地在潜移默化中教育并引导青少年群体朝积极的方向发展，防止过度娱乐化的现象形成。对主旋律影视作品而言，媒介主体要积极和正确引导舆论，全力推广和传播那些优质的主旋律影视作品，将关注点集中于其所蕴含的社会价值与意义上，而非收视率与平台热搜榜。换言之，对那些极具社会影响力与教育意义的优秀影视作品，影视媒介要主动宣传和推广，以促使青少年群体对该类作品形成正确的认识，并产生强烈的兴趣，从而为此类作品发挥良好的思想政治教育作用营造良好的环境。

其二，就青少年受众而言。青少年要自觉加强学习，重视对多样知识的积累，生成较为开阔的文化视野，使文化素养与鉴赏水平得到提升，科学选择影视作品加以观看。譬如，在鉴赏主旋律影视作品时，可提前对影视剧或影片中所出现的人物历史故事或背景进行了解，丰富历史知识储备。青少年还要自觉树立和践行社会主义核心价值观，加强思想道德修养，自觉弘扬爱国主义思想，将道德认知、养成与实践紧密结合起来，主动地承担社会责任，热诚关爱他人，勇于奉献，学会正确处理集体与个人利益的关系。同时，还需不断提升自身的审美品位，全面深刻认识到影视媒介所具有的双面性，充分了解观看或玩那些含大量打斗、凶残、血腥等内容的暴力影视或视频游戏可能会对自身产生的负面影响，自觉选择富有思想内涵的主旋律影视片抑或健康积极的优质娱乐性作品加以欣赏，更好地抵制不良信息的侵袭，培养与提高自身的独立鉴赏能力及审美情趣。

其三，就政府部门而言。作为管理主体，政府有责任与义务为青少年创造良好的媒介环境。一方面,要加强对影视媒介的审查与治理。当前影视行业蓬勃发展,但在创作内容上鱼龙混杂,难免部分影片或视频游戏向青少年肆意灌输斗殴、杀戮等极端思想。故而,政府部门可多方调动并运用工商管理、制片审查、新闻出版等资源,加强对影视市场的监督,强化审查与报批的条件与程序。譬如对暴力性影视作品实施严苛的分级审查制度,严格管控出现暴力画面的镜头,从源头上消除可能会对青少年产生侵蚀的机会。同时,加大对主旋律作品创作的鼓励与扶持力度,鼓励各类平台与影视作品制作方积极创作,充分发挥精神力量。可安排电视频道或各大网络视频平台在黄金档优先播出主旋律作品,或在此类电视剧或影片的广告宣传上提供优惠等,以此为优秀作品的传播提供更广阔的空间,使青少年拥有更多机会选择接触这些作品,从而更好地发挥该类作品的影响力。另一方面,还需建立起成熟的反馈与举报机制,协同受众对影视媒介加以监管。可先对影视片或视频游戏中暴力场面呈现的频率及其对青少年受众产生影响的程度加以全面评估。然后,综合多方评估结果,制定针对影视媒介的奖惩机制,对创作出优秀艺术作品、充分发挥正能量、起良好的引领作用的媒介主体给予奖励;对内容过于暴力、创作导向错误的暴力性作品持坚决的否定态度,加大对相关制作部门、发行者、传播者的惩处力度,用强制的举措遏制传媒领域出现的不良苗头,降低影视暴力出现的可能性。

第七章
青少年的亲社会行为及其嵌入性

亲社会行为是一种旨在有益于他人或群体的自愿行为，涉及利他性的帮助、分享和合作等广阔的行为领域（Eisenberg et al., 2006；Padilla-Walker & Carlo, 2014）。它既包括人际的帮助行为，也包括有益于群体的合作行为（Batson & Powell, 2003；Penner et al., 2005）。有研究指出，帮助他人有助于增强生活的价值感，培养积极的心情，促进社会的整合（Penner et al., 2005）；另有研究进一步指出，从事亲社会行为有重要的缓冲作用：可抑制孩提和青少年时期的攻击性行为或反社会行为伴随年龄的增长而发展（Haapasalo et al., 2000；Hastings et al., 2000）。近年来，发生于校园和社区的青少年暴力事件已引起了家长、学校、学者和政策制定者的广泛关注，这意味着，努力塑造青少年的亲社会行为已备受期待和欢迎。

近四十年来，学界已从多个维度和层面对青少年的亲社会行为展开了大量的研究，但已有研究大多是在心理学的学科视角下进行的。例如，分析认知、情感、移情、自恋、观点采择、道德认同、社会比较、道德推脱和道德自我调节等心理因素对亲社会行为的影响。然而，引发和承载心理变化的社会因素对亲社会行为的影响及其机制则远未得到应有的足够重视。在能检索到的少数几项研究中，有研究发现，在美国，相较于欧洲裔美国人，非洲裔美国人和西班牙裔/拉丁美洲裔美国人有史以来就更少从事志愿活动，尽管非洲裔美国人从事志愿活动的比例近年来已有急剧上升（Sector, 2002）。有研究指出，这种族群差异的部分原因可能是社会排斥（Ferree et al., 1998）。然而，当控制了教育、收入和另外的社会经济因素后，这种族群差异大部分消失了（Latting，1990）。卡罗等（Carlo et al.，2010）比较了欧洲裔和墨西哥裔美国青少年的亲社会行为，发现亲社会行为在测量上具有跨族群的等值性。另有研究基于非洲裔美国青少年的调查数据，经由聚类分析勾勒出了青少年亲社会和攻击性行为的四种类型：适应良好的、适应较差的、低度认同的、低水平移情的（适用于女孩）和愤怒管理较差的（适用于男孩）（Belgrave et al.，2011）。鉴于该领域研究的现状，本章拟在描述和分析中国青少年亲社会行为的现状及其结构的基础上，从嵌入性角度解释其变化机制，以弥补该领域研究的不足。

一 亲社会行为的定义、测量及其结构

对亲社会行为的关注可溯源到麦独孤的研究，他认为，亲社会行为是由亲代本能的温柔情感所作用的结果（McDougall，1908）。亲社会行为现在被普遍接受为一种或一簇有利于他人的行为（Penner et al.，2005）。例如，韦尔和杜维恩（Weir & Duveen，1981）指出，亲社会行为是有关助人、分享、捐赠和合作等诸多人际行为的总括性术语，其核心要素是关心他人。另外，泽尔丁等（Zeldin et al.，1984）认为，亲社会行为可操作化为助人、分享、营救和安慰等一系列行为，它们反映了对他人的关心和对社会责任的坚守；亲社会行为需满足三个标准：一是行动有益于他人或群体，二是行动者不是履行明确规定的角色义务，三是行动者的行为不是别人恳求的。亲社会行为的传统定义过于重视行为结果对行为接受者的意义，即行为的利他性特征，而近年来研究者们指出，亲社会行为中既有他人取向的纯利他成分，也有自我取向的利己成分（Batson，1991；Batson & Ahmad，2001），它可被看作从单纯地指向自我利益到单纯地指向他人利益的行为连续体（Krebs & Hesteren，1994）。

关于亲社会行为的测量，菲利普·拉什顿等（Rushton et al.，1981）编制了一个自我报告式利他主义量表，涉及为陌生人、邻居、熟人和同学提供帮助，向慈善机构捐献钱和物，从事志愿工作等方面的20项指标。该量表一经发表，就被广泛应用和借鉴。同年，韦尔和杜维恩（Weir & Duveen，1981）编制和发表了教师用的亲社会行为量表，其涉及助人、分享、安慰、

同情、体谅等多个方面的 20 项指标。后来，卡罗和兰德尔（Carlo & Randall, 2002）改变了以往测量整体性亲社会行为（global prosocial behavior）的做法，转而采取了对特定情境下的亲社会行为进行测量的路径，并编制了包括 23 项指标的自我报告式亲社会行为量表。另外，博克瑟等（Boxer et al., 2004）编制了涉及助人、做好事、分享、借东西、赞美等方面共 15 项指标的亲社会量表。中国学者寇彧等基于"被试取向"，编制了涉及 43 项指标的亲社会行为量表，并对它进行了验证（寇彧、张庆鹏，2006；寇彧、付艳、张庆鹏，2007）。

亲社会行为的定义思路和测量指标的选取决定了其结构关系。早期的亲社会行为测量多为整体性的，未考虑也未呈现内部的结构差异。新近的亲社会行为测量则虑及了其多维性和结构差异，也因此揭示出了其内部的结构与关系。例如，泽尔丁等将亲社会行为分为体能型帮助、体能型服务、分享、言语型帮助和言语型支持五类。卡罗和兰德尔基于对 23 项指标的聚类分析，将亲社会行为划分为利他型（altruism）、要求-回应型（compliant）、情感唤起型（emotional）、显露型（public）、匿名型（anonymous）和危机刺激型（dire）六类，并发现该结构类型具有跨族群的等值性，即可适用于不同族群。博克瑟等沿循攻击性行为的分类思路，将亲社会行为区分为利他型亲社会行为、主动型亲社会行为和反应型亲社会行为三类。寇彧等基于 43 项指标的因子分析，将亲社会行为分为遵规与公益性亲社会行为、特质性亲社会行为、关系性亲社会行为和利他性亲社会行为四类。

学界已从生物进化、心理动机和社会情境等多个维度对亲社会行为进行了解释，其中尽管也有不少研究关注了亲社会行为的社会性致因，但对其重视程度还远远不够，且较为零碎，缺少一个基于统合性概念的系统整合。下面，本章尝试用"嵌入性"这一概念或理论来分析青少年亲社会行为的形成与变化机制。

二 嵌入性与青少年的亲社会行为

"嵌入性"这一重要概念被认为是波兰尼首创的，它表达了这样一种理念：经济并非像经济理论中所说的那样是自给自足的，而是从属于政治、宗教和社会关系的。波兰尼基于对民族志资料的考察和分析指出,"原则上,人类的经济是浸没(submerged)在他的社会关系中的。他的行为动机并不在于维护占有物质财富的个人利益,而在于维护他的社会地位,他的社会权利,他的社会资产。只有当物质财富能服务于这些目的时,他才会珍视它",生产过程和分配过程的"每一步都链合于一类特定的社会利益,是这些社会利益最终保证了必要的行动步骤被采取"(波兰尼,2007:39~40),而后,他更是明确地指出,"交易行为通常是嵌入在包含着信任和信赖的长期关系之中的"(波兰尼,2007:53)。他在另一篇论文中指出,"人类经济是有制度的过程",它是"嵌入和卷入经济或非经济的制度之中的"(Polanyi,1992)。格兰诺维特在批评有关人类行为的"过度社会化"和"低度社会化"观点的基础上发展了嵌入性的思想,他指出,"行动者既不是像独立的原子一样运行在社会脉络之外,也不会奴隶般地依附于他/她所属的社会类别赋予他/她的角色。他们具有目的性的行动企图实际上是嵌入真实的、正在运作的社会关系系统之中的","具体的关系以及关系结构能产生信任,防止欺诈"(Granovetter,1985)。格兰诺维特的嵌入性理论为社会科学分析人的行动提供了一个视角,其"嵌入"的具体内容是人际关系网络,而非波兰尼意义上的制度;其强调的是基于具体社会关系而产生信任,以及关系和信任对行为的监控和约束。

由嵌入性理论可推论出这样一个命题:作为行为之特定面向的道德行为也是嵌入社会关系之中的。与之呼应,道德哲学中也有类似论述。例如,鲍曼指出,道德行为只有在共同体存在、在"与他人相处"的背景下,即在一种社会交往的背景下,才可以想象,而不能把它的出现归因于训诫与强制的超个体机构(鲍曼,2002:233~234)。他还指出,责任源于由社会交往促成的社会接近,责任的消解以及接踵而来的道德冲动的淡化,必然包括以身体或精神的隔绝替代社会接近;也就是说,与社会接近相对的社会距离意味着道德联系的缺失:随着社会距离的拉大,对他人的责任就开始萎缩,对象的道德层面就显得模糊不清(鲍曼,2002:240~245)。以此类推,青少年的亲社会行为(表征道德行为之正向层面)也是嵌入其具体的社会关系之中的,这在零散的经验研究中已有类似的发现或表述(Berger & Rodkin,2012)。青少年在年龄定义上与初高中学生大体重叠,活动范围主要限于家庭和学校。因此，本研究也主要从这两个层面考察青少年的社会关系，即家庭层面的亲子关系和学校层面的同伴关系，并分析它们对亲社会行为的影响。

（一）亲子关系与青少年的亲社会行为

亲子关系是父母教养方式直接塑造的结果，教养方式也因而成为考察亲子关系的切入点。根据教养方式的两个主要维度——回应（responsiveness）和要求（demandingness），教养方式可区分为权威型、独裁型、放任型和忽视型四种类型（Baumrind，1991）。"回应"指的是关爱和注意孩子的发展需要（Simons & Conger，2007）；"要求"则是指控制孩子的行为，执行明确的标准和规则，以达到监控和约束之目的（Domenech-Rodriguez et al.，2009）。权威型父母的回应性和要求都高；独裁型父母的回应性低，但要求高；放任型父母的回应性高，但要求低；忽视型父母的回应性和要求都低。道德社会化理论家指出，高回应性且高要求（权威型）的教养方式有利于培养青少年关注他人需要的倾向，与其良好的自我管理能力、道德价值观、同情心和道德推理有关（Grusec & Sherman，2011），可能是因为这种教养方式为其良好的自我管理和亲社会行为提供了范例，提高了他们针对他人需要的回应率；高要求但低回应（独裁型）的父母则培养了青少年多关注自我而非他人的需要，塑造了其情感和行为的失控，从而降低了其亲社会性，并引发一些否定性后果（Grusec et al.，2014）。尽管大多数经验发现支持了独裁型教养方式与青少年亲社会行为之间的负向关系和权威型教养方式与后者间的正向关系（Carlo et al.，2007；Gummoe et al.，1999），但也有与之不一致的研究发现。基于美国拉丁美洲裔青少年的研究，有些研究者发现权威型教养方式与青少年亲社会行为之间存在负向关系，另有研究者则发现两者之间不存在显著关系（Domenech-Rodriguez et al.，2009）。卡罗等（Carlo et al.，2017）一项基于美国墨西哥裔青少年的研究发现，跟要求温和的父母相比，权威型父母更可能有表现较多亲社会行为的青少年孩子。已有研究发现的混合性为进一步探讨亲子关系嵌入与青少年亲社会行为之间的关系提供了空间。

（二）同伴关系与青少年的亲社会行为

随着孩子开始步入青少年时期，他们与同伴进行面对面互动和互联网沟通的频次开始增加，而花在与家庭成员相处上的时间则开始减少。友谊变得更亲密，同伴在决策中变得更重要（Berndt，1992；Larson et al.，1996）。在青少年的社会化过程中，同伴群体已成为一种强有力的环境因素。有研究更明确地强调，青少年有一种与同伴建立社会关系的倾向，并基于相似性选择过程而表现出相似的行为；他们还有一种因同伴的影响而改变自己行为的倾向（Logis et al.，2013）。跟有攻击性的同伴交往，会提高他们自身的攻击性水平（Dishion & Tipsord，2011）；和亲社会的同伴交友，则会增加其亲社会的行为表现（Barry & Wentzel，2006；Berger & Rodkin，2012）。也有研究者指出，青少年为了有效地获得和维持在同伴群体中的中心地位，他们会策略性地使用亲社会行为和攻击性行为（Hawley，2003）。还有研究者进一步指出，双重策略使用者通过彰显亲社会性的面向，以减少其攻击性行为的负面影响，从而达到其工具性目标。这样，这些青少年好像既受到自我实现的内在目标的驱动，又受到权力和受欢迎之类的外在目标的驱动（Wargo & Litwack，2011）。有研究者发现，同伴地位表现在社会选择和受欢迎两个方面，青少年在同伴群体中追求不同的同伴地位会表现出不同的社会行为：追求社会选择与更多的亲社会行为联系在一起，而追求受欢迎则与更多的关系性攻击行为联系在一起（Li & Wright，2014）。另有研究者发现，当控制了社会行为的一种形式对另一种形式的影响后，青少年更可能采纳其同伴的攻击性，而不是其在解决问题中帮助或合作的倾向（Molano et al.，2013）。也就是说，攻击性行为可能被行动者视为一种更值得采纳的行为模式。卡罗等的研究也表明，同伴关系质量轻微提高，青少年亲社会行为的表现则有所下降，直到高中快毕业时才会有轻微的反弹，但这种关系只适合于女生（Carlo et al.，2007）。然而，也有研究发现，同伴关系能影响青少年的亲社会行为，它既可通过激励之类的直接方式，也可通过期望或接近之类的间接方式，使青少年表现出亲社会行为（Barry & Wentzel，2006）。另有研究者指出，在同伴群体中，害怕来自同伴的社会非难迫使青少年更多地展示出亲社会行为

(Wentzel et al.，2007)。上述研究已从同伴间的社会学习和群体压力两个维度考察了同伴关系对青少年亲社会行为的影响，其影响的关键机制是同伴关系中潜含的监控与约束，但研究结论彼此间存在明显的矛盾和冲突，这使基于新的数据进一步检视同伴关系嵌入对青少年亲社会行为的影响变得更为必要了。

综上所述，根据嵌入性理论，青少年主要嵌入亲子关系和同伴关系两个层面的社会关系之中，他们表现出来的亲社会行为是这种关系嵌入的结果：是其所嵌入的具体社会关系所形成的约束和监控之网致使他们不敢或不愿冒声誉损失甚或被排挤或驱逐出关系共同体的风险而从事不道德的行为，并因此而表现出更多的亲社会行为，以获得相应的共同体成员资格、赢得其他行动者的信任和认可。然而，该领域的相关经验研究发现是混合的，即支持性发现与否定性证据并存，这为本研究基于新的经验数据进一步考察和检验嵌入性与青少年亲社会行为之间的关系提供了机会。下面，本章将利用一个有关青少年的跨省调查数据，首先考察青少年亲社会行为的表现状况及其内在结构，然后分析嵌入性对青少年亲社会行为的影响。

三 研究方法

(一) 数据来源

本研究的调查对象是初高中在校学生，该群体在年龄上与伯克所界定的青少年基本一致，即11~18岁（伯克，2014）；调查时间是2016年1~4月；抽样方法是混合抽样，即方便抽样与整群抽样相结合：用方便抽样抽取省（区、市）、县（市、区）和学校，用整群抽样在学校内部抽取班级。具体抽样过程分为四个阶段。第一阶段是抽取省（区、市）。兼顾地区分布和方便原则，我们抽取了西部地区的新疆、甘肃和广西，中部地区的湖北和湖南，东部地区的广东、山东、浙江、福建和上海共10个省（区、市）。第二阶段是抽取县（市、区）。从每个被抽取的省（区、市）分别抽取1~3个县（市、区），共抽取到了22个县（市、区）。第三阶段是抽取学校。从每个被抽取的县（市、区）分别抽取1~2所中学，共抽取到35所中学。第四阶段是抽取中学生。从被抽取学校的每个年级各抽取

1个班级,被抽取班级的每个学生均为调查对象。调查方法是自填式问卷调查法,具体由被抽取班级的班主任组织完成,最后收回有效问卷共4965份。样本分布的具体情况如表7-1所示。

表7-1 样本分布情况统计

单位:人,%

变量		频数	占比	变量		频数	占比
性别	男	2322	46.8	年级	高三	872	17.6
	女	2643	53.2		合计	(4965)	(100)
	合计	(4965)	(100)	学习成绩	最差的20%	449	9.0
政治面貌	群众	2197	44.2		中等偏下的20%	901	18.1
	共青团员(含预备党员)	2768	55.8		中间的20%	1222	24.6
					中等偏上的20%	1507	30.4
	合计	(4965)	(100)		最好的20%	886	17.8
独生子女	非独生子女	2720	54.8		合计	(4965)	(100)
	独生子女	2245	45.2	父母关系	离异	297	6.0
	合计	(4965)	(100)		和谐	4519	91.0
学生干部	非学生干部	3195	64.4		其他	149	3.0
	班级干部	1548	31.2		合计	(4965)	(100)
	校级干部	222	4.5	家庭经济条件	一般	3659	73.7
	合计	(4965)	(100)		富裕	594	12.0
年级	初一	742	14.9		贫困	712	14.3
	初二	784	15.8		合计	(4965)	(100)
	初三	724	14.6	所在地区	东部地区	1517	30.6
	高一	1065	21.5		中西部地区	3448	69.4
	高二	778	15.7		合计	(4965)	(100)

表7-1显示,在样本中,女生占53.2%,高出男生6.4个百分点;共青团员(含预备党员)占55.8%,高出群众11.5个百分点;独生子女占45.2%,低于非独生子女9.6个百分点;学生干部占35.7%,低于非学生干部28.7个百分点;高中生占54.7%,高出初中生9.4个百分点;认同学习成绩为中等以上者占48.2%,高出认同学习成绩为中等以下者21.0个百分点;父母离异及关系不和谐者占9.0%;家庭经济条件富裕者和贫

困者分别只占12.0%和14.3%；中西部地区学生占69.4%。

由于财力所限，本研究采取的抽样方法不是随机的，致使样本不可避免地存在一定偏误，尽管我们尽可能地采取了一些措施（例如，地区和城市的选取考虑了其地理空间分布的均衡性，学校的选取注意了其层次和等级，等等），以减少这种抽样偏误。因此，本研究的发现和结论只是探索性的，而非决定性的。

(二) 变量测量

1. 因变量

青少年的亲社会行为是本研究的因变量。我们在拉什顿等的自我报告式利他主义量表、韦尔等的亲社会行为量表和寇彧等的亲社会行为量表的基础上设计了一套测量亲社会行为的指标，经检验筛选，最后得到"给慈善机构捐钱"等25项指标。调查对象被要求从"从不"、"一次"、"多于一次"、"经常"和"总是"五个答案选项中选择一项来表征其在上个学期从事相应行为的频次，选择上述五个答案，分别计1分、2分、3分、4分和5分。得分越高，表示调查对象表现某维度亲社会行为的次数越多。在本研究中，对青少年亲社会行为的处理采用了两种做法：一是将调查对象在亲社会行为25项指标上的得分累加为一个总的指数值；二是对亲社会行为的25项指标做因子分析，提取因子。

2. 自变量

嵌入性是本研究的自变量，从亲子关系和同伴关系两个维度对其进行测量。

亲子关系可从父母教养方式角度进行考察，具体以改编自蒋奖、鲁峥嵘、蒋苾菁和许燕（2010）修订的简氏父母教养方式问卷来测量，改编后的量表包括16项指标，调查对象被要求从"完全不一致"、"不太一致"、"说不清"、"比较一致"和"完全一致"五个答案选项中选出一项来表征其父母采取某种教养方式的程度。经因子分析后，分别测量父亲和母亲教养方式的16项指标被分别提取出了3个因子，即拒绝型教养方式（例如，"经常以一种使我很难堪的方式对待我"，共4项指标）、情感温暖型教养方式（例如，"当我遇到不顺心的事时，尽量安慰我"，共4项指标）和过度保护型教养方式（例如，"不允许做一些其他孩子可以做的事情，他/她害怕我出事"，共 4 项指标）。

同伴关系在本研究中指的是有同伴一起玩耍或相互帮助的程度，我们用卡西迪和阿什（Cassidy & Asher，1992）设计和修正的同伴关系量表来测量。该量表包括"在学校交到新朋友对你来说容易吗？"、"你在学校有伙伴可以一起玩耍吗？"和"当需要帮助时，你在学校是否有可以求助的伙伴？"等 15 项指标，调查对象被要求从"是"、"否"和"说不清"三个答案选项中选出一项来表征其在某维度上嵌入同伴关系的程度。他们选择"是"、"说不清"和"否"，分别计 3 分、2 分和 1 分。在统计处理中，调查对象在同伴关系 15 项指标上的得分被累加为一个指数值，为连续变量。

3. 控制变量

本研究涉及的控制变量有移情、道德推脱、性别、年级、政治面貌、学生干部、学习成绩、独生子女、父母关系、家庭经济条件和所在地区等。

在数据处理中，移情用布赖恩特（Bryant，1982）的移情指数来测量。道德推脱用班杜拉等（Bandura et al.，1996）的道德推脱量表测量。性别为虚拟变量，设女 = 0，男 = 1。政治面貌为虚拟变量，设群众 = 0，共青团员（含预备党员）= 1。学生干部分为非学生干部、班级干部和校级干部三类，被处理为两组虚拟变量：非学生干部 = 0，班级干部 = 1；非学生干部 = 0，校级干部 = 1。学习成绩分为最差的 20%、中等偏下的 20%、中间的 20%、中等偏上的 20% 和最好的 20% 五类，被处理为四组虚拟变量：最差的 20% = 0，中等偏下的 20% = 1；最差的 20% = 0，中间的 20% = 1；最差的 20% = 0，中等偏上的 20% = 1；最差的 20% = 0，最好的 20% = 1。独生子女为虚拟变量，设非独生子女 = 0，独生子女 = 1。父母关系分为离异、和谐和其他三类，被处理为两组虚拟变量：离异 = 0，和谐 = 1；离异 = 0，其他 = 1。家庭经济条件分为一般、富裕和贫困三类，被处理为两组虚拟变量：一般 = 0，富裕 = 1；一般 = 0，贫困 = 1。所在地区为虚拟变量，设东部地区 = 0，中西部地区 = 1。

(三) 统计模型

在本研究中，不管是累加而成的总的亲社会行为，还是经因子分析提取出的各亲社会行为因子，它们都属于连续变量。因此，我们可建立多元线性回归模型来检验嵌入性对青少年亲社会行为的影响。模型的数学表达式如下：

$$prosocial\ behavior = \beta_1\ parenting + \beta_2\ peer + \sum BZ \tag{7-1}$$

在式（7-1）中，$prosocial\ behavior$ 指的是青少年的亲社会行为，$parenting$ 指的是亲子关系（父母教养方式），$peer$ 指的是同伴关系，β_1 指的是亲子关系（父母教养方式）对青少年亲社会行为的效应，β_2 指的是同伴关系对青少年亲社会行为的效应，Z 指的是控制变量向量，B 指的是控制变量向量对青少年亲社会行为的效应。

四 结果分析

（一）青少年亲社会行为的表现状况

表7-2列出了青少年在亲社会行为各指标上的具体表现及得分情况。表7-2显示，青少年亲社会行为总的平均得分为3.12分，处于在过去一个学期表现亲社会行为"多于一次"和"经常"之间的水平，但更偏近于"多于一次"的水平。

由表7-2可看到，青少年在"为朋友保守秘密"和"按照交通信号灯指示过马路"这2项指标上的得分均高于4分（相当于百分制得分的80分以上），处于表现该类亲社会行为为"经常"以上的水平。具体来看，在过去一个学期，"经常"和"总是"表现上述两类行为的青少年分别为77.7%和75.5%。

青少年在"与同学分享自己的学习用品（书、笔等）""和他人分享自己的零食或多余的食物""主动帮其他同学捡起掉落的东西（如书本）""安慰一个正在哭或难过的伙伴""班上有同学表现不错时，会鼓掌或微笑""为班上同学的获奖感到高兴""回报帮助过自己的人""捡到东西

（钱包、书本等）后还给失主"等8项指标上的平均得分也比较高，得分都在3.5~4.0分（相当于百分制得分的70~80分），处于表现这些亲社会行为为"多于一次"和"经常"之间的水平，且偏近于"经常"。具体来看，在过去一个学期，"经常"和"总是"表现上述行为的青少年分别为60.3%、66.4%、72.9%、58.6%、62.3%、50.9%、70.5%和58.6%，即有一半以上的青少年表现出了上述亲社会行为。

青少年在"邀请旁观者一起参与游戏""抓住机会称赞能力稍差点的同学""对做错事的人表示同情""花时间陪伴那些感觉孤单的伙伴""向出纳/收银员指出，他们少收了自己的钱"等5项指标上的得分都在3.0~3.4（相当于百分制得分的60~68分），处于表现这些亲社会行为为"多于一次"和"经常"之间的水平，但偏向于"多于一次"。具体来看，在过去一个学期，"多于一次"、"经常"和"总是"表现上述行为的青少年分别为79.2%、76.8%、75.7%、77.9%和77.9%，即至少有3/4的青少年表现出了上述亲社会行为。

表7-2 青少年亲社会行为的现状

指标	从不（%）	一次（%）	多于一次（%）	经常（%）	总是（%）	均值	观察值
给慈善机构捐钱	20.1	17.8	45.8	11.7	4.6	2.63	4965
捐钱给有需要的陌生人（乞讨者）	16.0	13.1	46.5	18.3	6.1	2.85	4965
捐东西或衣服给慈善机构	44.0	15.7	26.8	8.9	4.6	2.14	4965
在慈善机构（如养老机构）做志愿工作	52.4	18.1	20.2	5.9	3.4	1.90	4965
帮助残疾人或老人过马路	42.3	16.3	25.1	10.0	6.3	2.22	4965
帮陌生人拿东西（如书、包裹等）	41.3	14.3	28.5	10.6	5.3	2.24	4965
借东西（如工具）给一个我不认识的邻居	38.3	14.5	29.1	12.5	5.6	2.33	4965
帮一个我不熟悉的同学一块完成家庭作业	57.3	11.9	20.4	6.8	3.6	1.87	4965
志愿为邻居照看宠物或小孩	48.2	14.0	21.6	10.9	5.3	2.11	4965
与同学分享自己的学习用品（书、笔等）	4.0	6.6	29.1	38.9	21.4	3.67	4965
邀请旁观者一起参与游戏	12.4	8.4	35.2	28.6	15.4	3.26	4965
帮助受伤的人	8.8	10.8	40.1	25.8	14.5	2.26	4965
和他人分享自己的零食或多余的食物	3.0	5.7	24.9	39.4	27.0	3.82	4965

续表

指标	从不(%)	一次(%)	多于一次(%)	经常(%)	总是(%)	均值	观察值
主动帮其他同学捡起掉落的东西（如书本）	2.6	4.5	20.0	40.0	32.9	3.96	4965
抓住机会称赞能力稍差点的同学	11.6	11.6	40.0	23.4	13.4	3.15	4965
对做错事的人表示同情	13.1	11.2	38.3	24.5	12.9	3.13	4965
安慰一个正在哭或难过的伙伴	5.8	7.7	27.9	35.1	23.5	3.63	4965
班上有同学表现不错时，会鼓掌或微笑	5.1	6.5	26.1	37.3	25.0	3.71	4965
为班上同学的获奖感到高兴	6.1	8.4	34.6	29.4	21.5	3.52	4965
花时间陪伴那些感觉孤单的伙伴	10.5	11.6	38.4	24.4	15.1	3.22	4965
按照交通信号灯指示过马路	3.1	4.5	16.9	26.9	48.6	4.13	4965
为朋友保守秘密	2.2	4.0	16.1	28.8	48.9	4.18	4965
回报帮助过自己的人	2.8	5.3	21.4	31.5	39.0	3.98	4965
捡到东西（钱包、书本等）后还给失主	6.3	8.5	26.6	23.8	34.8	3.72	4965
向出纳/收银员指出，他们少收了自己的钱	13.0	9.1	33.0	19.7	25.2	3.35	4965
青少年亲社会行为总的平均得分						3.12	4965

注：表中第2～6列为占比。

青少年在"给慈善机构捐钱""捐钱给有需要的陌生人（乞讨者）""捐东西或衣服给慈善机构""帮助残疾人或老人过马路""帮陌生人拿东西（如书、包裹等）""借东西（如工具）给一个我不认识的邻居""志愿为邻居照看宠物或小孩""帮助受伤的人"等8项指标上的得分都较低，在2.0～3.0分（相当于百分制得分的40～60分），处于表现这些亲社会行为为"一次"和"多于一次"之间的水平。

青少年在"在慈善机构（如养老机构）做志愿工作"和"帮一个我不熟悉的同学一块完成家庭作业"这两项指标上的得分最低，得分不到2.0分，即处于表现这两类亲社会行为为"从不"和"一次"之间的水平，但已接近"一次"。

综合上述各具体指标，可将其大致归为两类：一类是指向同伴和熟人的亲社会行为，另一类是指向陌生人和机构的亲社会行为。表7-2显示，青少年在第一类亲社会行为上的得分明显要高一些，得分基本在3.0分以上（"帮助受伤的人"除外）。也就是说，相较于陌生的他人和机构，青少年更愿意向自己的同伴和熟人表示善意和提供帮助。在指向同伴和熟人的亲社会行为中，青少年在那些需付出相对较多的努力和时间的亲社会行为上的得分相对要低一点，如"帮助受伤的人"和"花时间陪伴那些感觉孤单的伙伴"等亲社会行为需他们付出相对较多的体能和时间，而"抓住机会称赞能力稍差点的同学""对做错事的人表示同情""邀请旁观者一起参与游戏""向出纳/收银员指出，他们少收了自己的钱"等亲社会行为则可能致使其遭受"自我"和利益受损的风险。指向同伴和熟人的亲社会行为通常是双向互惠的，而指向陌生的他人和机构的亲社会行为则往往是单向利他的。因此，相较于指向同伴和熟人的亲社会行为，指向陌生的他人和机构的亲社会行为的代价更大，青少年表现该类亲社会行为的频次也更少，得分均低于3.0分。由此我们可以得出一个初步的判断：表现一种亲社会行为所需支付的成本和代价越高，青少年表现该种亲社会行为的频次则越低。也就是说，理性选择可能是青少年表现亲社会行为的一个重要机制。

（二）青少年亲社会行为的内在结构

为了进一步考察青少年亲社会行为各具体指标之间的关系，我们对其进行了因子分析，提取出了5个公因子，具体结果如表7-3所示。

表7-3显示，因子1能解释总变异量的13.35%，有6个载荷量接近或大于0.6的指标，即序号15、16、17、18、19、20所对应的指标，其内容涉及行动者关心同伴的处境、善于赞许同伴取得的成绩与进步，以助他人有健康的心情，我们将该因子命名为"关爱赞许型亲社会行为"。

因子2能解释总变异量的12.38%，有5个载荷量大于0.5的指标，即序号21、22、23、24、25所对应的指标，其内容涉及诚实地遵守共同体之共享规则，与其他人互惠互利，实现利益共享共赢，我们将该因子命名为"诚实互惠型亲社会行为"。

因子3能解释总变异量的11.62%，有5个载荷量大于0.5的指标，即序号1、2、3、4、5所对应的指标，其内容涉及向有需要的他人或机构捐赠钱财和提供帮助或服务，我们将该因子命名为"慈善济弱型亲社会行为"。

因子4能解释总变异量的10.70%，有4个载荷量大于0.6的指标，即序号6、7、8、9所对应的指标，其内容涉及为不认识的陌生人提供帮助，我们将该因子命名为"生人援助型亲社会行为"。

因子5能解释总变异量的10.22%，有5个载荷量接近或大于0.5的指标，即序号10、11、12、13、14所对应的指标，其内容涉及分享体能、物品、快乐和悲伤，从而有益于他人及良好关系之构建，我们将该因子命名为"关系分享型亲社会行为"。

上述五个因子可共解释总变异量的58.27%。

表7-3 青少年亲社会行为各指标的因子分析结果

指标	因子1（关爱赞许型亲社会行为）	因子2（诚实互惠型亲社会行为）	因子3（慈善济弱型亲社会行为）	因子4（生人援助型亲社会行为）	因子5（关系分享型亲社会行为）
1. 给慈善机构捐钱	0.0541	0.1353	**0.7634**	0.0884	0.1438
2. 捐钱给有需要的陌生人（乞讨者）	0.0353	0.2226	**0.6529**	0.1921	0.1885
3. 捐东西或衣服给慈善机构	0.1402	0.0024	**0.7988**	0.1936	0.0381
4. 在慈善机构（如养老机构）做志愿工作	0.1537	-0.0770	**0.7210**	0.2174	0.0375
5. 帮助残疾人或老人过马路	0.2673	0.0173	**0.5003**	0.4751	-0.0989
6. 帮陌生人拿东西（如书、包裹等）	0.0636	0.0416	0.1449	**0.7362**	0.1674
7. 借东西（如工具）给一个我不认识的邻居	0.0624	0.0621	0.1786	**0.7649**	0.1685
8. 帮一个不熟悉的同学一块完成家庭作业	0.1144	-0.0380	0.1870	**0.6999**	0.0389
9. 志愿为邻居照看宠物或小孩	0.1910	0.0336	0.2912	**0.6232**	-0.0192
10. 与同学分享自己的学习用品（书、笔等）	0.1638	0.2463	0.0864	0.1200	**0.7290**
11. 邀请旁观者一起参与游戏	0.2642	0.0539	0.1795	0.2520	**0.6390**
12. 帮助受伤的人	0.4153	0.1705	0.2774	0.2440	**0.4544**
13. 和他人分享自己的零食或多余的食物	0.2938	0.3258	0.0919	0.0310	**0.6596**
14. 主动帮其他同学捡起掉落的东西（如书本）	0.4012	0.3557	-0.0257	0.0282	**0.5185**

续表

指标	因子1 （关爱赞许型亲社会行为）	因子2 （诚实互惠型亲社会行为）	因子3 （慈善济弱型亲社会行为）	因子4 （生人援助型亲社会行为）	因子5 （关系分享型亲社会行为）
15. 抓住机会称赞能力稍差点的同学	**0.6958**	0.1281	0.1463	0.1756	0.1935
16. 对做错事的人表示同情	**0.6612**	0.0789	0.0772	0.1718	0.2017
17. 安慰一个正在哭或难过的伙伴	**0.5932**	0.3278	0.1141	0.0780	0.2779
18. 班上有同学表现不错时，会鼓掌或微笑	**0.6021**	0.3290	0.0620	-0.0170	0.3319
19. 为班上同学的获奖感到高兴	**0.6141**	0.3173	0.1408	0.0651	0.1853
20. 花时间陪伴那些感觉孤单的伙伴	**0.6501**	0.2099	0.2305	0.1546	0.1360
21. 按照交通信号灯指示过马路	0.1500	**0.6752**	-0.0168	-0.0920	0.3010
22. 为朋友保守秘密	0.1243	**0.7391**	-0.0194	-0.0189	0.2673
23. 回报帮助过自己的人	0.2310	**0.6871**	0.0356	0.0148	0.2973
24. 捡到东西（钱包、书本等）后还给失主	0.1913	**0.7299**	0.1556	0.1089	0.0175
25. 向出纳/收银员指出，他们少收了自己的钱	0.2844	**0.5446**	0.2121	0.2440	-0.0922
特征值	7.96	3.19	1.31	1.10	1.00
方差贡献率（％）	13.35	12.38	11.62	10.70	10.22
累计方差贡献率（％）	58.27				

此外，我们对青少年总的亲社会行为及其上述五个因子分别做了信度分析，所得 Cronbach's α 系数分别为 0.907、0.835、0.777、0.803、0.757 和 0.809。各系数均远大于 0.6，表明其测量的可信度比较高。

（三）嵌入性对青少年亲社会行为的影响

1. 嵌入性对青少年总的亲社会行为的影响

为了检验嵌入性对青少年总的亲社会行为的影响，我们以总的亲社会行为（由 25 个指标累加而成的亲社会行为指数值）为因变量，以同伴关系、亲子关系（父母教养方式）为自变量，控制性别、年级、政治面貌、学生干部、学习成绩、独生子女、父母关系、家庭经济条件、所在地区、移情和道德推脱等变量，建立多元线性回归模型，所得结果如表 7-4 所示。

表 7-4 青少年亲社会行为的影响因素分析模型

变量	模型 1 回归系数	模型 1 标准误	模型 2 回归系数	模型 2 标准误	模型 3 回归系数	模型 3 标准误
控制变量						
男（女=0）	1.203**	0.439	1.219**	0.431	1.237**	0.432
年级	-0.066	0.152	-0.027	0.149	-0.021	0.149
共青团员（含预备党员）（群众=0）	1.255*	0.515	1.292*	0.505	1.195*	0.505
学生干部（非学生干部=0）						
班级干部	2.338***	0.477	1.842***	0.469	1.866***	4.469
校级干部	3.853***	1.039	3.449**	1.019	3.370**	1.022
学习成绩（最差的20%=0）						
中等偏下的20%	0.982	0.849	0.357	0.843	0.423	0.834
中间的20%	2.955***	0.817	2.192**	0.802	2.386**	0.803
中等偏上的20%	2.451**	0.801	1.788*	0.786	1.877*	0.787
最好的20%	4.098***	0.876	3.226***	0.861	3.271***	0.862
独生子女（非独生子女=0）	-0.081	0.437	-0.241	0.429	-0.333	0.429
父母关系（离异=0）						
和谐	1.202	0.884	0.807	0.868	1.123	0.868
其他	-1.999	1.468	-1.573	1.439	-1.631	1.441
家庭经济条件（一般=0）						
富裕	2.134**	0.661	1.517*	0.649	1.712**	0.650
贫困	1.525*	0.623	1.674**	0.611	1.699**	0.612
中西部地区（东部地区=0）	0.479	0.459	0.068	0.451	0.203	0.451
移情	0.770***	0.031	0.699***	0.031	0.691***	0.031
道德推脱	0.062*	0.025	0.093***	0.024	0.087***	0.025
自变量						
同伴关系			0.336***	0.039	0.337***	0.039
父母教养方式						
父亲拒绝型教养方式			0.212	0.209		

续表

变量	模型1 回归系数	模型1 标准误	模型2 回归系数	模型2 标准误	模型3 回归系数	模型3 标准误
父亲情感温暖型教养方式			1.919***	0.210		
父亲过度保护型教养方式			0.995***	0.205		
母亲拒绝型教养方式					0.354†	0.210
母亲温暖情感型教养方式					1.720***	0.212
母亲过度保护型教养方式					1.085***	0.206
常数项	22.082***	2.707	34.215***	2.878	34.531***	2.883
样本量	4902		4902		4902	
Adj. R^2	0.140		0.174		0.1726	

注：† $p<0.1$，* $p<0.05$，** $p<0.01$，*** $p<0.001$。

模型1只纳入了控制变量，它显示性别、政治面貌、学生干部、学习成绩、家庭经济条件、移情和道德推脱等变量均对青少年亲社会行为存在显著影响。例如，男生较女生表现出更多的亲社会行为，前者表现出来的亲社会行为是后者的1.2倍（$p<0.01$）；共青团员（含预备党员）青少年较群众青少年表现出更多的亲社会行为，前者表现出来的亲社会行为是后者的1.26倍（$p<0.05$）；干部学生较非干部学生表现出更多的亲社会行为，担任班级干部和校级干部的学生表现出来的亲社会行为分别是非干部学生的2.34倍（$p<0.001$）和3.85倍（$p<0.001$）；学习成绩为中等及以上者较学习成绩为最差等级者表现出更多的亲社会行为，前者表现出来的亲社会行为分别是后者的2.96倍（$p<0.001$）、2.45倍（$p<0.01$）和4.10倍（$p<0.001$）；家庭经济条件富裕和贫困者较一般者表现出更多的亲社会行为，前者表现出来的亲社会行为分别是后者的2.13倍（$p<0.01$）和1.53倍（$p<0.05$）；青少年的移情水平每增加1个单位，其表现出来的亲社会行为则可增加77%（$p<0.001$）；青少年的道德推脱水平每增加1个单位，其表现出来的亲社会行为可增加6.2%（$p<0.05$）。

模型2在模型1的基础上纳入了同伴关系和父亲教养方式，它显示，在控制相关变量后，同伴关系和父亲教养方式中的情感温暖型和过度保护型教养方式均对青少年的亲社会行为存在显著正效应：同伴接纳程度越高、父亲采用情感温暖型和过度保护型这两种教养方式越多，青少年表现出来的亲社会行为也越多;前者分别每增加 1 个单位,后者则可分别增加 33.6% ($p<0.001$)、1.92 倍($p<0.001$)和 99.5%($p<0.001$)。嵌入性变量可让模型的解释力净增加 3.4%。

模型 3 在模型 1 的基础上纳入了同伴关系和母亲教养方式,它显示,在控制相关变量后,同伴关系和三种母亲教养方式都对青少年的亲社会行为存在显著正效应:同伴接纳程度越高,母亲采用拒绝型、情感温暖型和过度保护型等教养方式越多,青少年表现出来的亲社会行为也越多;前者分别每增加 1 个单位,后者则可分别增加 33.7%($p<0.001$)、35.4%($p<0.1$)、1.72 倍($p<0.001$)和 1.09 倍($p<0.001$)。嵌入性变量可让模型的解释力净增加 3.26%。综合模型 2 和模型 3 可以看到,青少年嵌入同伴关系和亲子关系越深,其表现亲社会行为的可能性也越大。

另外,综合模型 2 和模型 3 也发现,同伴关系对青少年亲社会行为的影响是比较稳健的,不因为教养方式的变化而变化。综合三个模型可看到,性别、政治面貌、学生干部、学习成绩、家庭经济条件、移情和道德推脱等控制变量对青少年亲社会行为的影响也是比较稳健的。

2. 嵌入性对青少年各具体亲社会行为的影响

表 7-5 列出了分别以关爱赞许型、诚实互惠型、慈善济弱型、生人援助型和关系分享型等各具体维度的亲社会行为为因变量,以同伴关系、亲子关系(父母教养方式)为自变量,控制性别、年级、政治面貌、学生干部、学习成绩、独生子女、父母关系、家庭经济条件、所在地区、移情和道德推脱等变量,建立多元线性回归模型,所得结果如表 7-5 所示。

模型 1 显示,在控制相关变量后,同伴关系和父亲教养方式中的情感温暖型和过度保护型教养方式均对青少年的关爱赞许型亲社会行为存在显著正效应:同伴接纳程度越高,父亲采用情感温暖型教养方式和过度保护型教养方式越多,青少年表现出来的关爱赞许型亲社会行为也越多;前者分别每增加 1 个单位,后者则可分别增加 1.4%($p<0.001$)、7.2%($p<0.001$)和 5.4%($p<0.001$)。模型 2 显示,在控制相关变量后,同伴关系和三种母亲教养方式也都对青少年的关爱赞许型亲社会行为存在显著正效应:同伴接纳程度越高,母亲采用拒绝型、情感温暖型和过度保护型等教养方式越多,青少年表现出来的关爱赞许型亲社会行为也越多;前者分

第七章 青少年的亲社会行为及其嵌入性

表 7-5 青少年各具体亲社会行为的影响因素分析模型

变量	关爱赞许型亲社会行为 模型 1	模型 2	诚实互惠型亲社会行为 模型 3	模型 4	慈善济弱型亲社会行为 模型 5	模型 6	生人援助型亲社会行为 模型 7	模型 8	关系分享型亲社会行为 模型 9	模型 10
男（女=0）	0.023	0.026	-0.071*	-0.084**	0.096**	0.098**	0.065*	0.082**	0.064*	0.058*
年级	0.022*	0.022*	-0.010	-0.011	-0.066***	-0.067***	0.023*	0.023*	0.027**	0.029**
共青团员（含预备党员）（群众=0）	0.032	0.028	0.087*	0.086*	-0.032	-0.035	0.003	-0.005	0.099**	0.102**
学生干部（非学生干部=0）										
班级干部	0.105**	0.107**	-0.007	-0.004	0.113***	0.114***	-0.086**	-0.088**	0.129***	0.128***
校级干部	0.109	0.102	-0.125†	-0.117†	0.360***	0.348***	0.106	0.105	0.029	0.029
学习成绩（最差的20%=0）										
中等偏下的20%	0.079	0.083	-0.013	-0.012	0.144*	0.151**	-0.074	-0.071	-0.118*	-0.125*
中间的20%	0.083	0.094†	0.051	0.052	0.186***	0.199***	0.033	0.041	-0.066	-0.073
中等偏上的20%	0.149**	0.156**	0.028	0.025	0.073	0.084	0.047	0.053	-0.082	-0.092†
最好的20%	0.215***	0.220***	0.080	0.076	0.035	0.045	0.126***	0.126***	-0.043	-0.050
独生子女（非独生子女=0）	0.011	0.008	0.005	-0.001	0.023	0.022	-0.146***	-0.150***	0.062*	0.062*
父母关系（离异=0）										
和谐	0.037	0.050	0.019	0.029	0.053	0.062	0.031	0.037	-0.032	-0.025
其他	-0.110	-0.117	0.010	0.015	-0.102	-0.113	-0.009	-0.012	0.005	0.015
控制变量										
家庭经济条件（一般=0）										

· 223 ·

续表

变量	关爱赞许型亲社会行为 模型1	关爱赞许型亲社会行为 模型2	诚实互惠型亲社会行为 模型3	诚实互惠型亲社会行为 模型4	慈善济弱型亲社会行为 模型5	慈善济弱型亲社会行为 模型6	生人援助型亲社会行为 模型7	生人援助型亲社会行为 模型8	关系分享型亲社会行为 模型9	关系分享型亲社会行为 模型10
富裕	0.001	0.014	−0.005	−0.006	0.227***	0.237***	−0.046	−0.039	0.043	0.041
贫困	0.072†	0.075†	0.076†	0.075†	0.019	0.023	0.118**	0.124**	−0.061	−0.069†
中西部地区（东部地区=0）	0.008	0.014	−0.170***	−0.164***	0.177***	0.184***	0.029	0.039	−0.035	−0.047
移情	0.035***	0.035***	0.016***	0.016***	0.007**	0.007**	0.014***	0.014***	0.025***	0.024***
道德推脱	0.001	0.0004	−0.010**	−0.010**	0.003†	0.003†	0.011**	0.011**	0.009***	0.009***
自变量										
同伴关系	0.014***	0.015***	0.012***	0.012***	0.0002	0.002	0.002	0.002	0.023***	0.022***
父母教养方式										
父亲拒绝型教养方式	0.022		−0.088***		0.038**		0.101**		−0.048**	
父亲温暖情感型教养方式	0.072***		0.080***		0.064***		0.042*		0.006	
父亲过度保护型教养方式	0.054***		0.024***		0.044***		0.051***		−0.044**	
母亲拒绝型教养方式		0.034*		−0.092***		0.028†		0.095***		−0.017
母亲温暖情感型教养方式		0.049**		0.094***		0.021		0.031*		0.049**
母亲过度保护型教养方式		0.050***		0.037**		0.057***		0.0006		0.004
常数项	−2.136***	−2.127***	−0.184	−0.175	−0.756***	−0.756***	−1.522***	−1.527***	−1.499***	−1.462***
样本量	4902	4902	4902	4902	4902	4902	4902	4902	4902	4902
Adj. R^2	0.099	0.096	0.071	0.075	0.056	0.053	0.046	0.041	0.079	0.077

注：† $p<0.1$，* $p<0.05$，** $p<0.01$，*** $p<0.001$。

别每增加1个单位,后者则可分别增加1.5%($p < 0.001$)、3.4%($p < 0.05$)、4.9%($p < 0.01$)和5.0%($p < 0.001$)。另外,模型1和模型2也显示,作为控制变量的年级、学生干部、学习成绩、家庭经济条件和移情等也对青少年的关爱赞许型亲社会行为存在显著影响,且具有较高的稳健性。例如,学生所读年级越高,其表现出来的关爱赞许型亲社会行为也越多;担任班级干部的学生较非干部学生表现出更多的关爱赞许型亲社会行为;学习成绩在中等以上的学生较最差等级者表现出更多的关爱赞许型亲社会行为;家庭经济条件贫困者较一般者表现出更多的关爱赞许型亲社会行为;学生的移情水平越高,其表现出来的关爱赞许型亲社会行为也越多。

模型3显示,在控制相关变量后,同伴关系和父亲教养方式中的拒绝型、情感温暖型和过度保护型教养方式均对青少年的诚实互惠型亲社会行为存在显著影响:同伴接纳程度越高,父亲采用情感温暖型和过度保护型教养方式越多,青少年表现出来的诚实互惠型亲社会行为也越多;前者分别每增加1个单位,后者则可分别增加1.2%($p < 0.001$)、8.0%($p < 0.001$)和2.4%($p < 0.001$)。父亲采用拒绝型教养方式越多,青少年表现出来的诚实互惠型亲社会行为则越少;前者每增加1个单位,后者则可能减少8.8%($p < 0.001$)。模型4显示,在控制相关变量后,同伴关系和母亲教养方式中的拒绝型、情感温暖型和过度保护型教养方式均对青少年的诚实互惠型亲社会行为存在显著影响:同伴接纳程度越高,母亲采用情感温暖型和过度保护型教养方式越多,青少年表现出来的诚实互惠型亲社会行为也越多;前者分别每增加1个单位,后者则可分别增加1.2%($p < 0.001$)、9.4%($p < 0.001$)和3.7%($p < 0.001$)。母亲采用拒绝型教养方式越多,青少年表现出来的诚实互惠型亲社会行为则越少;前者每增加1个单位,后者则可能减少9.2%($p < 0.001$)。另外,模型3和模型4也均显示,作为控制变量的性别、政治面貌、学生干部、家庭经济条件、所在地区、移情和道德推脱等都对青少年的诚实互惠型亲社会行为存在显著影响。例如,女生较男生表现出更多的诚实互惠型亲社会行为;共青团员(含预备党员)学生较群众学生表现出更多的诚实互惠型亲社会行为;担任校级干部的学生较非干部学生表现出更少的诚实互惠型亲社会行为;家庭经济条

件贫困的学生较一般者表现出更多的诚实互惠型亲社会行为；中西部地区学生较东部地区学生表现出更少的诚实互惠型亲社会行为；学生的移情水平越高，其表现出来的诚实互惠型亲社会行为越多；学生的道德推脱水平越高，其表现出来的诚实互惠型亲社会行为则越少。

模型5显示，在控制相关变量后，同伴关系对青少年慈善济弱型亲社会行为的影响不显著，但三种父亲教养方式则对青少年的慈善济弱型亲社会行为都存在显著正效应：父亲采用拒绝型、情感温暖型和过度保护型等教养方式越多，青少年表现出来的慈善济弱型亲社会行为也越多；前者分别每增加1个单位，后者则可分别增加3.8%（$p<0.01$）、6.4%（$p<0.001$）和4.4%（$p<0.01$）。模型6显示，在控制相关变量后，同伴关系对青少年慈善济弱型亲社会行为的影响仍然不显著，母亲教养方式中也只有拒绝型和过度保护型教养方式对青少年的慈善济弱型亲社会行为存在显著正效应：母亲采用拒绝型和过度保护型教养方式越多，青少年表现出来的慈善济弱型亲社会行为也越多；前者分别每增加1个单位，后者则可分别增加2.8%（$p<0.1$）和5.7%（$p<0.001$）。另外，模型5和模型6也均显示，作为控制变量的性别、年级、学生干部、学习成绩、家庭经济条件、所在地区、移情和道德推脱等也对青少年的慈善济弱型亲社会行为存在显著影响。例如，男生较女生表现出更多的慈善济弱型亲社会行为；学生所读年级越高，其表现出来的慈善济弱型亲社会行为则越少；干部学生较非干部学生表现出更多的慈善济弱型亲社会行为；学习成绩为中下和中等的学生较最差等级者表现出更多的慈善济弱型亲社会行为；家庭经济条件富裕者较一般者表现出更多的慈善济弱型亲社会行为；中西部地区学生较东部地区学生表现出更多的慈善济弱型亲社会行为；学生的移情水平和道德推脱水平越高，其表现出来的慈善济弱型亲社会行为也越多。

模型7显示，在控制相关变量后，同伴关系对青少年生人援助型亲社会行为的影响不显著，但三种父亲教养方式都对青少年的生人援助型亲社会行为存在显著正效应：父亲采用拒绝型、情感温暖型和过度保护型等教养方式越多，青少年表现出来的生人援助型亲社会行为也越多；前者分别每增加1个单位，后者则可分别增加10.1%（$p<0.001$）、4.2%（$p<0.01$）和5.1%（$p<0.001$）。模型8显示，同伴关系对青少年生人援助型

亲社会行为的影响仍然不显著，而母亲教养方式中的拒绝型和情感温暖型教养方式对青少年的生人援助型亲社会行为则存在显著正效应：母亲采用拒绝型和情感温暖型教养方式越多，青少年表现出来的生人援助型亲社会行为也越多；前者分别每增加1个单位，后者则可分别增加9.5%（$p<0.001$）和3.1%（$p<0.05$）。另外，模型7和模型8也均显示，作为控制变量的性别、年级、学生干部、学习成绩、独生子女、家庭经济条件、移情和道德推脱等对青少年生人援助型亲社会行为也存在显著影响。例如，男生较女生表现出更多的生人援助型亲社会行为；担任班级干部的学生较非干部学生表现出更少的生人援助型亲社会行为；学习成绩最好的学生较最差的学生表现出更多的生人援助型亲社会行为；独生子女学生较非独生子女学生表现出更少的生人援助型亲社会行为；家庭经济条件贫困者较一般者表现出更多的生人援助型亲社会行为；年级、移情水平和道德推脱水平越高，其表现出来的生人援助型亲社会行为也越多。

模型9显示，在控制相关变量后，同伴关系、父亲教养方式中的拒绝型和过度保护型教养方式对青少年的关系分享型亲社会行为存在显著影响。同伴关系对青少年的关系分享型亲社会行为存在显著正效应：同伴接纳程度越高，青少年表现出来的关系分享型亲社会行为越多；前者每增加1个单位，后者则增加2.3%（$p<0.001$）。父亲教养方式中的拒绝型和过度保护型教养方式对青少年的关系分享型亲社会行为则存在显著负效应：父亲采用拒绝型和过度保护型教养方式越多，青少年表现出来的关系分享型亲社会行为则越少；前者分别每增加1个单位，后者则分别减少4.8%（$p<0.01$）和4.4%（$p<0.01$）。模型10显示，在控制相关变量后，同伴关系和母亲情感温暖型教养方式对青少年的关系分享型亲社会行为存在显著正效应：同伴接纳程度越高，母亲采用情感温暖型教养方式越多，青少年表现出来的关系分享型亲社会行为越多；前者分别每增加1个单位，后者则分别可增加2.2%（$p<0.001$）和4.9%（$p<0.01$）。另外，模型9和模型10也均显示，作为控制变量的性别、年级、政治面貌、学生干部、学习成绩、独生子女、家庭经济条件、移情和道德推脱等也均对青少年的关系分享型亲社会行为存在显著影响。例如，男生较女生表现出更多的关系分享型亲社会行为；共青团员（含预备党员）学生较群众学生表现出更

多的关系分享型亲社会行为；担任班级干部的学生较非干部学生表现出更多的关系分享型亲社会行为；学习成绩为中等偏下和中等偏上的学生较最差者表现出更少的关系分享型亲社会行为；独生子女学生较非独生子女学生表现出更多的关系分享型亲社会行为；家庭经济条件贫困者较一般者表现出更少的关系分享型亲社会行为；年级、移情水平和道德推脱水平越高，其表现出来的关系分享型亲社会行为也越多。

综合上述回归分析结果，可将嵌入性与青少年亲社会行为之间的关系简化为表7-6。

表7-6 嵌入性与青少年亲社会行为之间的关系

| 变量 | 青少年总的亲社会行为 | 青少年各具体维度的亲社会行为 |||||
		关爱赞许型	诚实互惠型	慈善济弱型	生人援助型	关系分享型
同伴关系	+	+	+			+
父亲拒绝型教养方式			-	+	+	-
父亲情感温暖型教养方式	+	+	+	+	+	
父亲过度保护型教养方式	+	+	+	+	+	-
母亲拒绝型教养方式	+	+		+	+	
母亲情感温暖型教养方式	+	+	+		+	+
母亲过度保护型教养方式	+	+	+	+		

注：+表示正向关系，且显著；-表示负向关系，且显著。

五 结论与讨论

基于全国10个省（区、市）4965名初高中生的问卷调查，本章实证考察了青少年亲社会行为的表现状况、结构关系及其嵌入性。结果表明，青少年的亲社会行为表现处于略高于"多于一次"的水平，即他们在过去一个学期不止一次表现过亲社会行为；青少年的亲社会行为并不是单维一体的，其内部呈现了明显的结构关系，具体可区分为关爱赞许型、诚实互惠型、慈善济弱型、生人援助型和关系分享型五类更具体的亲社会行为。

进一步分析后发现，青少年的亲社会行为是嵌入其所处的同伴关系和亲子关系中的，但各具体维度的亲社会行为嵌入这些关系的结构存在一定差异。具体来说,同伴接纳程度越高,青少年表现出来的总的亲社会行为及关爱赞许型、诚实互惠型和关系分享型等具体维度的亲社会行为也越多。父亲采用拒绝型教养方式越多,青少年表现出来的慈善济弱型和生人援助型亲社会行为越多,而表现出来的诚实互惠型和关系分享型亲社会行为则越少;父亲采用情感温暖型教养方式越多,青少年表现出来的总的亲社会行为及关爱赞许型、诚实互惠型、慈善济弱型和生人援助型等亲社会行为也越多;父亲采用过度保护型教养方式越多,青少年表现出来的总的亲社会行为及关爱赞许型、诚实互惠型、慈善济弱型和生人援助型等亲社会行为也越多,而表现出来的关系分享型亲社会行为则越少;母亲采用拒绝型教养方式越多,青少年表现出来的总的亲社会行为及关爱赞许型、慈善济弱型和生人援助型等亲社会行为也越多,而表现出来的诚实互惠型亲社会行为则越少;母亲采用情感温暖型教养方式越多,青少年表现出来的总的亲社会行为及关爱赞许型、诚实互惠型、生人援助型和关系分享型等亲社会行为也越多;母亲采用过度保护型教养方式越多,青少年表现出来的总的亲社会行为及关爱赞许型、诚实互惠型和慈善济弱型等亲社会行为也越多。

针对上述研究发现,我们认为以下几个方面值得进一步强调。首先,本研究的发现部分支持了波兰尼和格兰诺维特有关嵌入性的理论预设,同时也提出了一些限定或修正嵌入性理论的证据。例如,青少年总的亲社会行为嵌入同伴关系和亲子关系之中,但各具体维度的亲社会行为的嵌入性则存在一定差异:有的嵌入这几类关系中,有的则嵌入另几类关系中。换言之,行动者的行为,不管是经济行为还是道德行为,都不同程度地嵌入具体的社会关系之中,但因行为性质的不同,其嵌入的深浅和结构复杂性是存在差异的,或关系嵌入对它们的影响也是不完全一样的。关系嵌入只是决定行动者行为选择的诸多因素中的一个,理性选择、制度文化及其他因素也影响着行动者的行为,且其可能基于相互叠加与彼此消解的多层机制共同影响着行动者的行为。

其次,本研究的发现应和或统合了学界该领域已有的相互不一致的结论。之前的文献梳理已经表明,同伴关系、亲子关系与青少年亲社会行为之间的关系均存在一些相互冲突的研究证据。例如,有关权威型父母(接近于本研究的"过度保护型"和"拒绝型")与青少年亲社会行为之间的关系,学界既有两者间存在正向关系的证据,也有两者间存在负向关系的证据,还有两者间不存在关系的证据,而本研究的结果则呈现了三种关系可能同时存在的证据。这些貌似矛盾的研究发现可能是由亲社会行为内部的结构差异所导致的:以往不同的研究各有自己关于亲社会行为的测量指标,亦即其可能分别测量的是亲社会行为的不同结构维度,那基于此所考察的权威型亲子关系对青少年亲社会行为的影响也自然会不同,正如本研究所发现的青少年各具体亲社会行为的亲子关系嵌入性存在一定差异一样。这也暗示我们,青少年亲社会行为研究领域的学术积累和对话需基于一套为学界认可的亲社会行为指标体系,否则出现相互对立和矛盾的研究发现是必然,并因此误导和混淆学界的科学探求和实务部门的教育引导实践。

再次,从上文的描述统计数据可看到,青少年在慈善济弱型和生人援助型两类亲社会行为指标上的得分都相对较低,尤其是"帮助残疾人或老人过马路"这类曾经被社会热议的指标得分低至倒数第 5 位,且同伴关系对这两类亲社会行为的影响均不显著。其原因可能在于以下方面:一是这两类亲社会行为的对象均为陌生的"他者",对他们表示善意和施以援手通常需付出较大的代价,包括金钱和时间的付出,还可能冒上当受骗的风险;二是媒体爆料和热议的"助人者反遭诬陷"之类的事件及其暴露的"道德底线沦丧"侵蚀了公众对陌生的"弱者"或"需要帮助的人"的信任,也致使青少年"不敢",而不是"不愿意"帮助陌生的需要帮助的人,不敢对"过马路的残疾人或老人"施以力所能及的援手;三是不少公共场所(如车站、码头等)的广播中不时有"防范陌生人"的警示性宣传及家庭教育中常常充斥着的"不可轻信陌生人"之类的说教都在一点一点地侵蚀青少年对陌生他者的信任,提高他们对后者的警惕和防范,从而也致使他们不敢轻易向陌生他者施以善意的帮助。简言之,可能正是理性选择和信任文化等因素在这两类亲社会行为的形成和变化中起到了更为关键的作用,而在相应的统计模型中又未被纳入,从而致使同伴关系的效应不显著,两个模型的解释力也都不太高。

最后,道德推脱一般被认为是引发攻击性行为的重要机制,也不利于亲社会行为的产生，但本研究发现它对中国青少年的亲社会行为存在显著正效应。在青少年亲社会行为的各具体维度中，道德推脱只对青少年的诚实互惠型亲社会行为存在显著负效应，而对其他四类亲社会行为的影响均是正向的。关于道德推脱抑制青少年的诚实互惠型亲社会行为这一发现，我们不难理解。因为道德推脱是关于道德责任的认知和判断，是为自己违背道德的行为寻找合法化理由，以免除道德责任和道德内疚，而诚实互惠型亲社会行为则正好涉及的是对有利于人类共同体存在和进步的共享规则的遵守，两者在逻辑上是相悖的，因此也可逻辑地预期：道德推脱可能抑制诚实互惠型亲社会行为的发生。但道德推脱对青少年的慈善济弱型、生人援助型和关系分享型亲社会行为均存在正向助推效应，仍需进一步的理论探讨和实证检验。

另有几个有趣的发现值得提及。一是贫困可孕育善良和美德，而不是引发自私、堕落和恶毒。上文的数据分析结果为此提供了有力支持：家庭经济条件贫困者较一般者表现出更多的总的亲社会行为及关爱赞许型、诚实互惠型和生人援助型亲社会行为。二是独生子女更愿意跟同伴分享体能、物品、快乐和悲伤，以构建良好的关系、获得长久的友谊；但他们也可能因为过于受到父母的保护，而对不熟悉的他人保持警惕和防范；正如数据分析表明的那样，独生子女表现出更多的关系分享型亲社会行为，但表现出的生人援助型亲社会行为更少。三是东部地区可能因为相对较成熟的市场及相应的组织和制度培育了青少年更强的规则意识和诚信行为，也可能因此而使他们更崇尚自强自主和自我保护，从而致使青少年表现出更多的诚实互惠型亲社会行为和相对较少的慈善济弱型亲社会行为。四是正如无数心理学家所指出的：移情作为一种对他人之情绪状态的忧虑或理解，在道德发展中发挥着核心作用，尤其是一种促进亲社会行为动机和阻止对他人攻击的重要因素。上文的数据分析再一次为这一具有共识性的观点提供了强有力的支持：移情无论是对青少年总的亲社会行为还是对各具体维度的亲社会行为均存在显著正效应。

参考文献

埃略特·阿伦森、提摩太·D. 威尔逊、罗宾·M. 埃克特，2012，《社会心理学》（插图第7版），侯玉波等译，世界图书出版公司。

安国启、邓希泉，2012，《新世纪中国青年发展报告（2000—2010）》，光明日报出版社。

包晓光，2013，《领导干部道德形成机制研究》，《中国轻工教育》第1期。

曹菲、孙皓辰，2016，《家庭＋学校＋制度 遏制校园欺凌》，《南方日报》6月15日，第A13版。

常宇秋、岑国桢，2000，《霍夫曼的道德移情及其功能述略》，《上海师范大学学报》第9期。

陈陈，2002，《家庭教养方式研究进程透视》，《南京师大学报》（社会科学版）第6期。

程德俊、王蓓蓓，2011，《高绩效工作系统、人际信任和组织公民行为的关系——分配公平的调节作用》，《管理学报》第5期。

大卫·休谟，2005，《人性论》，关文运译，商务出版社。

道恩·亚科布奇，2011，《中介作用分析》，载威廉·D. 贝里等《因果关系模型》，吴晓刚主编，格致出版社、上海人民出版社。

丁芳，2000，《儿童的道德判断、移情与亲社会行为的关系研究》，《山东师大学报》（社会科学版）第5期。

丁如一、周晖、张豹、陈晓，2016，《自恋与青少年亲社会行为之间的关系》，《心理学报》第8期。

董梦晨、吴嵩、朱一杰、郭亚飞、金盛华，2015，《宗教信仰对亲社会行为的影响》，《心理科学进展》第6期。

樊浩，2012，《中国伦理道德报告》，中国社会科学出版社。

樊泽恒、司秀民，2006，《环境润育、制度他律、主体自律——研究生学术诚信与学术道德养成机制及对策分析》，《学位与研究生教育》第12期。

弗朗西斯·福山，2002，《大分裂：人类本性与社会秩序的重构》，刘榜离等译，中国社会科学出版社。

洪丽，2005，《高中生利他行为与移情、道德判断关系研究》，硕士学位论文，福建师范大学。

黄华，2012，《社会认知取向的道德认同研究》，《心理学探新》第6期。

姬慧，2002，《移情在道德行为中的作用机制及其道德价值研究》，硕士学位论文，南京师范大学。

姬慧、乔建中，2004，《关于移情发展与道德发展关系的思考》，《教育探索》第6期。

靳宇倡、李俊一，2014，《暴力游戏对青少年攻击性认知影响的文化差异：基于元分析的视角》，《心理科学进展》第8期。

蒋奖、鲁峥嵘、蒋苾菁、许燕，2010，《简式父母教养方式问卷中文版的初步修订》，《心理发展与教育》第1期。

卡尔·波兰尼，2007，《大转型：我们时代的政治与经济起源》，冯钢、刘阳译，浙江人民出版社。

寇彧、付艳、张庆鹏，2007，《青少年认同的亲社会行为：一项焦点群体访谈研究》，《社会学研究》第3期。

寇彧、唐玲玲，2004，《心境对亲社会行为的影响》，《北京师范大学学报》（社会科学版）第5期。

寇彧、张庆鹏，2006，《青少年亲社会行为的概念表征研究》，《社会学研究》第5期。

劳拉·E.伯克，2014，《伯克毕生发展心理学：从0岁到青少年》（第4版），陈会昌等译，中国人民大学出版社。

乐国安、李文姣，2010，《弱势引发亲社会行为——来自贫困大学生的实证调查》，《南开学报》（哲学社会科学版）第6期。

雷浩、魏锦、刘衍玲等，2013，《亲社会性视频游戏对内隐攻击性认知抑制效应的实验》，《心理发展与教育》第1期。

李彩娜、邹泓，2006，《青少年孤独感的特点及其与人格、家庭功能的关系》，《心理学研究》第1期。

李朝运，2015，《移情在个体道德形成中的作用》，《企业学报》第9期。

李丹、周志宏、朱丹，2007，《电脑游戏与青少年问题行为、家庭各因素的关系研究》，《心理科学》第2期。

李谷、周晖、丁如一，2013，《道德自我调节对亲社会行为和违规行为的影响》，《心理学报》第6期。

李建德、罗来武，2004，《道德行为的经济分析——新兴马克思主义经济学的道德理论》，《经济研究》第3期。

林志扬、肖前、周正强，2014，《道德倾向与慈善捐赠行为关系实证研究——基于道德认同的调节作用》，《外国经济与管理》第6期。

龙国莲，2013，《道德行为形成机制的多维探讨》，《长沙民政职业技术学院学报》第2期。

芦学璋、郭永玉、李静，2014，《社会阶层与亲社会行为：回报预期的调节作用》，《心理科学》第5期。

卢永兰，2013，《大学生道德推脱、移情和亲社会行为的特点及其关系研究》，硕士学位论文，福建师范大学。

马丁·L.霍夫曼，2003，《移情与道德发展：关爱和公正的内涵》，杨韶刚、万明译，黑龙江人民出版社。

马向真，2006，《自我一致性与青少年道德人格的发展》，《东南大学学报》（哲学社会科学版）第6期。

马小又、廖韦韦，2015，《试论移情在青少年德育中的功能及培养》，《吉林省教育学院学报》第6期。

毛良斌，2014，《受众卷入对娱乐教育节目说服效果影响的实证研究——以电视真人秀节目〈爸爸去哪儿〉为例》，《新闻界》第4期。

茅于轼，2013，《中国人的道德前景》，暨南大学出版社。

米歇尔·鲍曼，2003，《道德的市场》，肖君、黄承业译，中国社会科学出版社。

南希·艾森伯格、特雷西·L.斯平拉德、爱德里安娜·萨多夫斯基，2011，《儿童表现出来的与移情有关的反应》，载梅拉妮·基伦、朱迪思·斯梅塔娜主编《道德发展手册》,杨韶刚、刘春琼等译,教育科学出版社。

欧爱玲,2013,《饮水思源:一个中国乡村的道德话语》,钟晋兰、曹嘉涵译,社会科学文献出版社。

潘红霞,2013,《大学生道德认同与志愿服务动机的关系研究》,《浙江传媒学院学报》第5期。

齐格蒙·鲍曼,2002,《现代性与大屠杀》,杨渝东、史建华译,译林出版社。

齐贵云,2015,《移情的功能理论对高校德育的启示》,《重庆交通大学学报》(社会科学版) 第3期。

邱小艳、唐烈琼,2006,《暴力图片对大学生攻击性认知的启动效应》,《湖南科技学院学报》第3期。

Rest,J. R.,2004,《道德发展:研究与理论之进展》,吕维理等译,台北:心理出版社股份有限公司。

世界银行,2013,《世界发展报告合订本(2006~2007):发展与下一代》,胡光宇等译,清华大学出版社。

石哲,2015,《浅谈移情在小学德育工作中的作用》,《思想政治与法律研究》第3期。

史加辉,2012,《影视媒介传播与媒介素养教育的大众化》,《电影文学》第20期。

孙妍妍,2016,《新媒体环境下传统电视广告如何突围》,《中国广播电视学刊》第5期。

谭德礼,2011,《公民社会视域中的道德伦理养成机制》,《河南师范大学学报》(哲学社会科学版) 第3期。

涂尔干,2000,《社会分工论》,渠敬东译,三联书店。

涂尔干,2001,《职业伦理与公民道德》,渠敬东译,商务印书馆。

万增奎,2009,《道德同一性及其建构》,《外国教育研究》第12期。

万增奎、杨韶刚,2009,《青少年道德认同问卷修订》,《社会心理科学》第5期。

汪和建,2005,《再访涂尔干——现代经济中道德的社会建构》,《社会学研究》第 1 期。

王栋、陈作松，2016，《运动员运动道德推脱与运动亲反社会行为的关系》，《心理学报》第 3 期。

王俭勤，2013，《情绪对错误记忆的影响述评》，《社会心理科学》第 9 期。

王俊雯，2014，《大学生移情能力与道德行为水平的相关研究》，硕士学位论文，南昌大学。

王树青、陈会昌、石猛，2008，《青少年自我同一性状态的发展与父母教养方式权威性、同一性风格的关系》，《心理发展与教育》第 2 期。

王兴超、杨继平，2013，《道德推脱与大学生亲社会行为：道德认同的调节效应》，《心理科学》第 4 期。

魏建，2001，《理性选择理论的"反常现象"》，《经济科学》第 6 期。

文静、翁丽丽、王检，2016，《德法并举 多措施遏制校园暴力犯罪——湖南省永州市冷水滩区人民法院关于校园暴力犯罪案件的调研报告》，《人民法院报》6 月 2 日，第 8 版。

吴明证、沈斌、孙晓玲，2016，《组织承诺和亲组织的非伦理行为关系：道德认同的调节作用》，《心理科学》第 2 期。

习近平，2017，《决胜全面建成小康社会 夺取新时代中国特色社会主义伟大胜利——在中国共产党第十九次全国人民代表大会上的报告》，人民出版社。

肖凤秋、郑志伟、陈英和，2014，《共情对亲社会行为的影响及神经基础》，《心理发展与教育》第 2 期。

徐晨晨，2014，《论当代青少年道德移情能力的培养》，《邢台职业技术学院学报》第 2 期。

徐晟，2014，《社会赞许性的争议、应用展望》，《南开学报》（哲学社会科学版）第 3 期。

亚当·斯密，2013，《道德情操论》，蒋自强、钦北愚、朱钟棣、沈凯璋译，商务印书馆。

杨继平、王兴超、陆丽君、张力维，2010，《道德推脱与大学生学术欺骗行为的关系研究》，《心理发展与教育》第 4 期。

杨继平、王兴超、高玲，2015，《道德推脱对大学生网络偏差行为的影响：

道德认同的调节作用》，《心理发展与教育》第 3 期。

杨继平、王兴超，2012，《道德推脱对青少年攻击行为的影响：有调节的中介效应》，《心理学报》第 8 期。

杨继平、王兴超，2013，《青少年道德推脱与攻击行为：道德判断调节作用的性别差异》，《心理发展与教育》第 4 期。

杨晶、余俊宣、寇彧、傅鑫媛，2015，《干预初中生的同伴关系以促进其亲社会行为》，《心理发展与教育》第 2 期。

叶茂林，2001，《材料性质与内隐攻击性启动效应的实验研究》，《心理科学》第 4 期。

曾凡林、戴巧云、汤盛钦、张文渊，2004，《观看电视暴力对青少年攻击行为的影响》，《中国临床心理学杂志》第 1 期。

曾晓强，2011，《国外道德认同研究进展》，《心理研究》第 4 期。

曾晓强，2012，《大学生道德认同、亲社会行为及影响因素研究》，《重庆工商大学学报》第 8 期。

张庆鹏、寇彧，2008，《青少年亲社会行为原型概念结构的验证》，《社会学研究》第 4 期。

张庆鹏、寇彧，2011，《青少年亲社会行为测评维度的建立与验证》，《社会学研究》第 4 期。

张镇、郭博达，2016，《社会网络视角下的同伴关系与心理健康》，《心理科学进展》第 4 期。

郑培秀，2008，《移情在道德行为中的作用机制及其德育价值研究》，硕士学位论文，山东师范大学。

郑晓莹、彭泗清、彭璐珞，2015，《"达"则兼济天下？社会比较对亲社会行为的影响及心理机制》，《心理学报》第 2 期。

周雪光，2003，《组织社会学十讲》，社会科学文献出版社。

朱丹、李丹，2006，《初中学生道德推理、移情反应、亲社会行为及其相互关系的比较研究》，《心理科学》第 5 期。

邹霞、袁智忠，2010，《视觉文化价值取向的社会效应探析——影视创作媚俗化对青少年道德的负面影响透视》，《探索》第 4 期。

Aceves, M. J. & Cookston, J. T. 2007. " Violent Victimization, Aggression, and Parent-Adolescent Relations: Quality Parenting as a Buffer for Violently Victimized Youth." *Journal of Youth & Adolescence*, 36 (3).

Adachi, P. J. C. & Willoughby, T. 2011. "The Effect of Video Game Competition and Violence on Aggressive Behavior: Which Characteristic Has the Greatest Influence?" *Psychology of Violence*, 1: 259.

Anderson, C. A. & Bushman, B. J. 2001. "Effects of Violent Video Games on Aggressive Behavior, Aggressive Cognition, Aggressive Affect, Physiological Arousal, and Prosocial Behavior: A Meta-analytic Review of the Scientific Literature." *Psychological Science*, 5: 353.

Anderson, C. A. & Bushman, B. J. 2002. "Human Aggression." *Annual Review of Psychology*, 53: 27.

Anderson, C. A., Berkowitz, L., Donnerstein, E. et al. 2003. "The Influence of Media Violence on Youth." *Psychological Science in the Public Interest*, 3: 81.

Anderson, C. A. & Bushman, B. J. 2006. "Human Aggression." *Annual Review of Psychology*, 1: 27–51.

Anderson, C. A. & Carnagey, N. L. 2009. "Causal Effects of Violent Sports Video Games on Aggression: Is It Competitiveness or Violent Content?" *Journal of Experimental Social Psychology*, 4: 731.

Anderson, C. A. & Morrow, M. 1995. "Competitive Aggression Without Interaction: Effects of Competitive Versus Cooperative Instructions on Aggressive Behavior in Video Games." *Personality and Social Psychology Bulletin*, 10: 1020.

Anderson, C. A., Carnagey, N. L., & Eubanks, J. 2003. "Exposure to Violent Media: The Effects of Songs with Violent Lyrics on Aggressive Thoughts and Feelings." *Journal of Personality and Social Psychology*, 5: 960.

Anderson, C. A., Shibuya, A., Ihori, N. et al. 2010. "Violent Video Game Effects on Aggression, Empathy, and Prosocial Behavior in Eastern and Western Countries: A Meta-Analytic Review." *Psychological Bulletin*, 2: 151.

参考文献

Aquino, K. F. & Reed, A. 2002. "The Self-importance of Moral Identity." *Journal of Personality and Social Psychology*, 6: 1423 – 1440.

Aquino, K., Reed, A., & Levy, E. 2007. "Moral Identity and Judgments of Charitable Behaviors." *Journal of Marketing*, 71: 178 – 193.

Aquino, K., Freeman, D., Reed, A., Lim, V. K., & Felps, W. 2009. "Testing a Social-Cognitive Model of Moral Behavior: The Interactive Influence of Situations and Moral Identity Centrality." *Journal of Personality and Social Psychology*, 97: 123 – 141.

Arsenio, F. A. et al. 2012. "Adolescents' Perceptions of Institutional Fairness: Relations with Moral Reasoning, Emotions, and Behavior." *New Directions for Youth Development*, 136: 96 – 109.

Azim, F., Shariff, A. F., & Norenzayan, A. 2007. "God Is Watching You: Priming God Concepts Increases Prosocial Behavior in an Anonymous Economic Game." *Psychological Science*, 18 (9): 803 – 809.

Bandura, A. 1973. *Aggression: A Social Learning Analysis*. New York: Holt.

Bandura, A. 1978. "Social Learning Theory of Aggression." *Journal of Communication*, 3: 12.

Bandura, A. 1986. *Social Foundations of Thought and Action: A Social Cognitive Theory*. Englewood Cliffs, NJ: Prentice-Hall.

Bandura, A. 1990. "Selective Activation and Disengagement of Moral Control." *Journal of Social Issues*, 46 (1): 27 – 46.

Bandura, A. 1991, "Social Cognitive Theory of Moral Thought and Action." In W. M. Kurtines & Gewirtz, G. L. (eds.), *Handbook of Moral Behavior and Development: Theory, Research and Applications* (Vol. 1). Hillsdale, NJ: Erlbaum, pp. 71 – 129.

Bandura, A., Barbaranelli, C., Caprara, G. V., & Pastorelli, C. 1996. "Mechanisms of Moral Disengagement in the Exercise of Moral Agency." *Journal of Personality and Social Psychology*, 71 (2): 364 – 374.

Bandura, A. 1999. "Moral Disengagement in the Perpetration of Inhumanities." *Personality and Social Psychology Review*, 3 (1): 193 – 209.

Bandura, A. 2002, "Selective Moral Disengagement in the Exercise of Moral Agency." *Journal of Moral Education*, 31 (6): 101 – 109.

Bankard, J. 2015. "Training Emotion Cultivates Morality: How Loving-Kindness Meditation Hones Compassion and Increases Prosocial Behavior." *Journal of Religion and Health*, 54: 2324 – 2343.

Barongan, C. & Hall, G. C. N. 1995. "The Influence of Misogynous Rap Music on Sexual Aggression Against Women." *Psychology of Women Quarterly*, 2: 195.

Baron, R. M. & Kenny, D. A. 1986. "The Moderator-Mediator Variable Distinction in Social Psychological Research: Conceptual, Strategic, and Statistical Considerations." *Journal of Personality and Social Psychology*, 51 (6).

Baron, R. A. et al. 2015. "Personal Motives, Moral Disengagement, and Unethical Decisions by Entrepreneurs: Cognitive Mechanisms on the 'Slippery Slope." *Journal of Business Ethics*, 128 (2): 107 – 118.

Barriga, A. Q., Morrison, E. M., Liau, A. K., & Gibbs, J. C. 2001. "Moral Cognition: Explaining the Gender Difference in Antisocial Behavior." *Merrill-Palmer Quarterly*, 47: 532 – 562.

Barroso, C. S. et al. 2008. "Youth Exposure to Community Violence: Association with Aggression Victimization, and Risk Behaviors." *Journal of Aggression*, 2: 141 – 155.

Barroso, C. S., Peters, R. J., Kelder, S., Conroy, J., Murray, N., & Orpinas, P. 2008. "Youth Exposure to Community Violence: Association with Aggression, Victimization, and Risk Behaviors." *Journal of Aggression, Maltreatment & Trauma*, 17 (2).

Barry, C. M. & Wentzel, K. R. 2006. "Friend Influence on Prosocial Behavior: The Role of Motivational Factors and Friendship Characteristics." *Developmental Psychology*, 42.

Barsky, A. 2011. "Investigating the Effects of Moral Disengagement and Participation on Unethical Work Behavior." *Journal of Business Ethics*, 104 (7): 59 – 75.

参考文献

Batson, C. D. 1983. "Sociobiology and the Role of Religion in Promoting Prosocial Behavior." *Journal of Personality and Social Psychology*, 45: 1380 – 1385.

Batson, C. D. 1991. *The Altruism Question: Toward a Social-psychological Answer*. Hillsdale, NJ: Lawrence Erlbaum.

Batson, C. D. & Ahmad, N. 2001. "Empathy-induced Altruism in a Prisoner's Dilemma Ⅱ: What If the Target of Empathy Has Defected?" *European Journal of Social Psychology*, 31.

Batson, C. D. & Powell, A. A. 2003. "Altruism and Prosocial Behavior." In T. Millon & M. J. Lerner (eds.), *Handbook of Psychology: Personality and Social Psychology*. New York, NY: Wiley.

Baumeister, R. F., Smart, L., & Boden, J. 1996. "Relation of Threatened Egotism to Violence and Aggression: The Dark Side of High Self-esteem." *Psychological Review*, 103 (2): 5 – 33.

Baumrind, D. 1991. "The Influence of Parenting Style on Adolescent Competence and Substance Use." *Journal of Early Adolescence*, 70.

Becker, P. E. & Dhingra, P. H. 2001. "Religious Involvement and Volunteering: Implications for Civil Society." *Sociology of Religion*, 62.

Belgrave, F. Z., Nguyen, A. B., Johnson, J. L., & Hood, K. 2011. "Who Is Likely to Help and Hurt? Profiles of African American Adolescents with Prosocial and Aggressive Behavior." *Journal of Youth and Adolescence*, 40.

Benhorin, S. & McMahon., S. D. 2008. "Exposure to Violence and Aggression: Protective Roles of Social Support among Urban African American Youth." *Journal of Community Psychology*, 36 (6).

Berger, C. & Rodkin, P. 2012. "Group Influences on Individual Aggression and Prosociality: Early Adolescents Who Change Peer Affiliations." *Social Development*, 21 (2): 396 – 413.

Berkowitz, L. 1988. "Frustrations, Appraisals, and Aversively Stimulated Aggression." *Aggressive Behavior*, 14: 3 – 11.

Berndt, T. J. 1992. "Friendship and Friends' Influence in Adolescence." *Current Directions in Psychological Science*, 1.

Blasi, A. 1993. *The Development of Identity: Some Implications for Moral Functioning*. Massachusetts: MIT Press.

Bluemke, M., Friedrich, M., & Zumbach, J. 2010. "The Influence of Violent and Nonviolent Computer Games on Implicit Measures of Aggressiveness." *Aggressive Behavior*, 1: 1.

Bonner, J. M., Greenbaum, R. L., & Mayer, D. M. 2014. "My Boss Is Morally Disengaged: The Role of Ethical Leadership in Explaining the Interactive Effect of Supervisor and Employee Moral Disengagement on Employee Behaviors." *Journal of Business Ethics*, 102 (9): 1 – 12.

Boxer, P., Morris, A. S., Terranova, A. M., Kithakye, M., Savoy, S. C., & McFaul, A. F. 2008. "Coping with Exposure to Violence: Relations to Emotional Symptoms and Aggression in Three Urban Samples." *Journal of Child & Family Studies*, 17: 2.

Boxer, P., Tisak, M. S., & Goldstein, S. E. 2004. "Is It Bad to Be Good? An Exploration of Aggressive and Prosocial Behavior Subtypes in Adolescence." *Journal of Youth and Adolescence*, 33 (2): 91 – 100.

Bronfenbrenner, U. 1979. *The Ecology of Human Development: Experiments by Nature and Design*. Cambridge, MA: Harvard University Press.

Bryant, B. K. 1982. "An Index of Empathy for Children and Adolescents." *Child Development*, 53 (2).

Bucher, A. A. 1998. "The Influence of Models in Forming Moral Identity." *Moral Education and Character Development*, 7: 619 – 627.

Buckley, K. E. & Anderson, C. A. 2006. "A Theoretical Model of the Effects and Consequences of Playing Video Games." In P. Vorderer & J. Bryant, (eds.), *Playing Video Games: Motives Responses and Consequences*, 6: 363.

Buckner, J. C., Beardslee, W. R., & Bassuk, E. L. 2004. "Exposure to Violence and Low Income Children's Mental Health: Direct, Mediated, and Moderated Relations." *American Journal of Orthopsychiatry*, 74 (5).

Buka, S. L., Stichik, T. L., Birdthistle, I., & Earls, F. J. 2001. "Youth Exposure to Violence: Prevalence, Risks and Consequences." *American*

Journal of Orthopsychiatry, 71 (2).

Bushman, B. J. & Geen, R. G. 1990. "Role of Cognitive-emotional Mediators and Individual Differences in the Effects of Media Violence on Aggression." *Journal of Personality and Social Psychology*, 1: 156.

Buss, A. & Perry, M. 1992. "The Aggression Questionnaire." *Journal of Personality and Social Psychology*, 3: 452 – 459.

Cadenhead, A. C. & Richman, C. L. 1996. "The Effects of Interpersonal Trust and Group Status on Prosocial and Aggressive Behaviors." *Social Behavior and Personality*, 24 (2): 169 – 184.

Caprara, G. V. et al. 2014. "The Contribution of Moral Disengagement in Mediating Individual Tendencies Towards Aggression and Violence." *Developmental Psychology*, 50 (6): 71 – 85.

Caravita, S. C. S. & Cillessen, A. H. N. 2012. "Agentic or Communal? Developmental Differences in the Associations among Interpersonal Goals, Popularity, and Bullying." *Social Development*, 2 (1): 376 – 395.

Caravita, S. C. S. et al. 2014. "Peer Influences on Moral Disengagement in Late Childhood and Early Adolescence." *Journal of Youth and Adolescence*, 43 (2): 193 – 207.

Cardwell, S. M. et al. 2015. "Variability in Moral Disengagement and Its Relation to Offending in a Sample of Serious Youthful Offenders." *Criminal Justice and Behavior*, 42 (8): 819 – 839.

Carol, G. 1982. *In a Different Voice*. Cambridge, MA: Harvard University Press.

Carlo, G. & Randall, B. A. 2002. "The Development of a Measure of Proscial Behavior for Late Adolescents." *Journal of Youth and Adolescence*, 31 (1): 31 – 44.

Carlo, G., Hausman, A., Christiansen, S., & Randall, B. A. 2003. "Sociocognitive and Behavioral Correlates of a Measure of Prosocial Tendencies for Adolescents." *Journal of Early Adolescence*, 23: 107 – 134.

Carlo, G., Crockett, L. J., Randall, B. A., & Roesch, S. C. 2007. "A Latent Growth Curve Analysis of Prosocial Behavior Among Rural Adolescents." *Journal of Research on Adolescence*, 17 (2): 301 – 324.

Carlo, G., McGinley, M., Hayes, R., Batenhorst, C., & Wilkinson, J. 2007. "Parenting Styles or Practices? Parenting, Sympathy, and Prosocial Behaviors among Adolescents." *Journal of Genetic Psychology*, 168.

Carlo, G., Knight, G. P., McGinley, M., Zamboanga, B. L., & Jarvis, L. H. 2010. "The Multidimensionality of Prosocial Behaviors and Evidence of Measurement Equivalence in Mexican American and European American Early Adolescents." *Journal of Research on Adolescence*, 20 (2): 334 – 358.

Carlo, G., Crockett, L. J., Wilkinson, J. L., & Beal, S. J. 2011a. "The Longitudinal Relationships Between Rural Adolescents' Prosocial Behaviors and Young Adult Substance Use." *Journal of Youth and Adolescence*, 40: 1192 – 1202.

Carlo, G., Padilla-Walker, L. M., & Day, R. D. 2011b. "A Test of the Economic Strain Model on Adolescents' Prosocial Behaviors." *Journal of Research on Adolescence*, 21 (4): 842 – 848.

Carlo, G., Crockett, L. J., Wolff, J. M., & Beal, S. J. 2012. "The Role of Emotional Reactivity, Self-regulation, and Puberty in Adolescents' Prosocial Behaviors." *Social Development*, 21 (4): 667 – 685.

Carlo, G., White, R. M. B., Street, C., Knight, G. P., & Zeiders, K. H. 2017. "Longitudinal Relations among Parenting Styles, Prosocial Behaviors, and Academic Outcomes in U. S. Mexican Adolescents." *Child Development*, 68.

Carver, C., Ganellen, R., Froming, W. et al. 1983. "Modeling: An Analysis in Terms of Category Accessibility." *Journal of Experimental Social Psychology*, 5: 403.

Cassidy, J. & Asher, S. R. 1992. "Loneliness and Peer Relations in Young Children." *Child Development*, 6: 350 – 365.

Christian, J. S. & Ellis, A. P. 2014. "The Crucial Role of Turnover Intentions in Transforming Moral Disengagement into Deviant Behavior at Work."

Journal of Business Ethics, 119 (2): 193 – 208.

Cicchetti, D. & Lynch, M. 1993. "Toward an Ecological-transactional Model of Community Violence and Child Maltreatment: Conse-quences for Children's Development." *Psychiatry*, 1: 96 – 118.

Clark, C. M., Dahlen, E. R., & Nicholson, B. C. 2015. "The Role of Parenting in Relational Aggression and Prosocial Behavior among Emerging Adults." *Journal of Aggression, Maltreatment & Trauma*, 24 (2): 185 – 202.

Clary. E. G. & Snyder, M. 1991. "A Functional Analysis of Altruism and Prosocial Behavior: The Case of Volunteerism." *Review of Personality and Social Psychology*, 12.

Claybourn, M. 2011. "Relationships Between Moral Disengagement, Work Characteristics and Workplace Harassment." *Journal of Business Ethics*, 100 (5): 283 – 301.

Coker, K. L. et al. 2014. "The Effect of Social Problem Solving Skills in the Relationship Between Traumatic Stress and Moral Disengagement among Inner-City African American High School Students." *Journal of Child and Adolescence Trauma*, 7 (5): 87 – 95.

Colby, A. & Damon, W. 1992. *Some Do Care: Contemporary Lives of Moral Commitment*. New York: Free Press.

Colby, A. 2002. "Moral Understanding, Motivation, and Identity." *Human Development*, 45: 130 – 135.

Coyne, S. M. & Padilla-Walker, L. M. 2015. "Sex, Violence, & Rockn' Roll: Longitudinal Effects of Music on Aggression, Sex, and Prosocial Behavior During Adolescence." *Journal of Adolescence*, 41: 96.

Crick, N. R. 1996. "The Role of Overt Aggression, Relational Aggression, and Prosocial Behavior in the Prediction of Children's Future Social Adjustment." *Child Development*, 67 (2).

Cuadrado, E., Tabernero, C., & Steinel, W. 2015. "Motivational Determinants of Prosocial Behavior: What Do Included, Hopeful Excluded, and Hopeless

Excluded Individuals Need to Behave Prosocially?" *Motive and Emotion*, 39: 344 – 358.

Damon, W. & Gregory, A. 1999. "The Youth Charter: Towards the Formation of Adolescent Moral Identity." *Journal of Moral Education*, 26: 117 – 130.

Dawson, T. L. 2002. "New Tool, New Insights: Kohlberg's Moral Judgement Stages Revisited." *International Journal of Behavioral Development*, 26: 154 – 166.

De Castro, B. O., Brendgen, M., van Boxtel, H., Vitaro, F., & Schaepers, L. 2007. "Accept Me or Else: Disputed Overestimation of Social Competence Predicts Increases in Proactive Aggression." *Journal of Abnormal Child Psychology*, 35 (1): 165 – 178.

Detert, J. R., Treviño, L. K., & Sweitzer, V. L. 2008. "Moral Disengagement in Ethical Decision Making: A Study of Antecedents and Outcomes." *Journal of Applied Psychology*, 93 (2): 374 – 391.

Dill, K. E. & Dill, J. 1998. "Video Game Violence: A Review of the Empirical Literature." *Aggression & Violent Behavior*, 4: 407.

Dishion, T. J. & Tipsord, J. M. 2011. "Peer Contagion in Child and Adolescent Social and Emotional Development." *Annual Review of Psychology*, 62.

Dodge, D. 1980. "Social Cognition and Children's Aggressive Behavior." *Child Development*, 51: 162 – 170.

Dodge, K. A. 1991. "The Structure and Function of Reactive and Proactive Aggression." In Pepler, D. & Rubin, K. H. (eds.), *The Development and Treatment of Childhood Aggression*, pp. 201 – 218. Hillsdale, NJ: Lawrence Erlbaum Associated, Inc.

Domenech-Rodriguez, M., Donovick, M., & Crowley, S. 2009. "Parenting Styles in a Cultural Context: Observations of 'Protective Parenting' in First-Generation Latinos." *Family Process*, 48.

Duncan, D. F. 1996. "Growing up Under the Gun: Children and Adolescents Coping with Violent Neighborhoods." *The Journal of Primary Prevention*,

16（1）：343 – 356.

Eastin, M. S. & Griffiths, R. P. 2006. "Beyond the Shooter Game: Examining Presence and Hostile Outcomes among Male Game Players." *Communication Research*, 6: 448.

Ebesutani, C., Kim, E., & Young, J. 2014. "The Role of Violence Exposure and Negative Affect in Understanding Child and Adolescent Aggression." *Child Psychiatry & Human Development*, 45（1）：736 – 745.

Einolf, C. J. 2013. "Daily Spiritual Experiences and Prosocial Behavior." *Social Indicators Research*, 110: 71 – 87.

Eisenberg, N., Fabes, R. A., Bustamante, D., Mathy, R. M., Miller, P., & Lindholm, E. 1988. "Differentiation of Vicariously-Induced Emotional Reactions in Children." *Developmental Psychology*, 24: 237 – 246.

Eisenberg, N., Zhou, Q., & Koller, S. 2001. "Brazilian Adolescents' Prosocial Moral Judgment and Behavior: Relations to Sympathy, Perspective Taking, Gender-Role Orientation, and Demographic Characteristics." *Child Development*, 72（2）：518 – 534.

Eisenberg, N., Fabes, R. A., & Spinrad, T. L. 2006. "Prosocial Development." In W. Damon (eds.), *Handbook of Child Psychology: Social, Emotional and Personality Development*. New York, NY: Wiley.

Ellis, W. E. & Zarbatany, L. 2007. "Peer Group Status as a Moderator of Group Influence on Children's Deviant, Aggressive, and Prosocial Behavior." *Child Development*, 78（4）：1240 – 1254.

Erikson, E. H. 1963. *Childhood and Society* (2nd ed). New York: Norton.

Evans, C. B. & Smokowski, P. R. 2015. "Prosocial Bystander Behavior in Bullying Dynamics: Assessing the Impact of Social Capital." *Journal of Youth and Adolescence*, 89（7）.

Fagan, J. & Tyler, T. R. 2005. "Legal Socialization of Children and Adolescents." *Social Justice Research*, 18（2）：217 – 241.

Farrell, A. D. & Bruce, S. E. 1997. "Impact of Exposure to Community Violence on Violent Behavior and Emotional Distress among Urban Adolescents." *Journal of Clinical Child Psychology, 26 (2).

Farrell, A. D., Mehari, K. R., Kramer-Kuhn, A., & Goncy, E. A. 2014. "The Impact of Victimization and Witnessing Violence on Physical Aggression Among High-Risk Adolescents." Child Development, 85 (4).

Ferree, G., Barry, J., & Manno, B. 1998. The National Survey of Philanthropy and Civic Renewal. Washington, DC: Natl. Comm. Philan.

Feshbach, S. 1955. "The Drive-reducing Function of Fantasy Behavior." The Journal of Abnormal and Social Psychology, 1: 3.

Feshbach, S. 1964. "The Function of Aggression and the Regulation of Aggressive Drive." Psychological Review, 71: 257 – 272.

Feshbach, N. D. 1975. "The Relationship of Child-Rearing Factors to Children's Aggression, Empathy, and Related Positive and Negative Behaviors." In J. De Wit & W. W. Hartup (eds.), Determinants and Origins of Aggressive Behavior (pp. 426 – 436). The Hague, Netherlands: Mouton.

Fetchenhauer, D. & Huang, Xu. 2004. "Justice Sensitivity and Distributive Decisions in Experimental Games." Personality & Individual Differences, 5: 1015 – 1029.

Fida, R. et al. 2015. "An Integrative Approach to Understanding Counterproductive Work Behavior: The Roles of Stressors, Negative Emotions, and Moral Disengagement." Journal of Business Ethics, 130 (5): 131 – 144.

Fischer, P. & Greitemeyer, T. 2006. "Music and Aggression: The Impact of Sexual-Aggressive Song Lyrics on Aggression-Related Thoughts, Emotions, and Behavior Toward the Same and the Opposite Sex." Personality and Social Psychology Bulletin, 9: 1165.

Fontaine, R. G. et al. 2014. "The Mediating Role of Moral Disengagement in the Developmental Course from Peer Rejection in Adolescence to Crime in Early Adulthood." Psychology, Crime & Law, 20 (4): 1 – 19.

Franzoi, S. L. & Davis, M. H. 1991. "Stability and Change in Adolescent Self-Consciousness and Empathy." Journal of Research in Personality, 25: 70 – 87.

参考文献

Fraser, M. et al. 2001. "The Effectiveness of an Early Intervention Program for Aggressive Behavior: The Carolina Children's Initiative." *Aggressive Behavior*, 1: 4 – 5.

Frederic, D. 2002. *Associations Between Human and Animal Relationship Quality, Dispositional Empathy and Prosocial Behavior*. Fairfield University of Florida.

Freud, S. 1961. *The Future of an Illusion*. New York: Norton.

Freud, A. 1969. "Adolescence as a Developmental Disturbance." In G. Caplan & S. Lebovici (eds.), *Adolescence* (pp. 5 – 10). New York: Basic Books.

Garandeau, C. F. & Cillessen, A. H. N. 2006. "From Indirect Aggression to Invisible Aggression: A Conceptual View on Bullying and Peer Group Manipulation." *Aggression and Violent Behavior*, 11 (3): 612 – 625.

Gentile, D. A., Anderson, C. A., Yukawa, S. et al. 2009. "The Effects of Prosocial Video Games on Prosocial Behaviors: International Evidence from Correlational, Longitudinal, and Experimental Studies." *Personality & Social Psychology Bulletin*, 6: 752.

Gentile, D. A. 2011. "The Multiple Dimensions of Video Game Effects." *Child Development Perspectives*, 2: 75.

Gini, G. et al. 2015. "The Role of Individual and Collective Moral Disengagement in Peer Aggression and Bystanding: A Multilevel Analysis." *Journal of Abnormal Child Psychology*, 43 (4): 441 – 452.

Gollwitzer, M. et al. 2005. "Asymmetrical Effects of Justice Sensitivity Perspectives on Prosocial and Antisocial Behavior." *Social Justice Research*, 2: 183 – 201.

Gomez, R. & Gomez, A. 2002. "Perceived Maternal Control and Support as Predictors of Hostile-biased Attribution of Intent and Response Selection in Aggressive Boys." *Aggressive Behavior*, 26 (3): 155 – 168.

Gottfredson, M. R. & Hirschi, T. 1990. *A General Theory of Crime*. Stanford, CA: Stanford University Press.

Granovetter, M. 1985. "Economic Action and Social Structure: The Problem of Embeddedness." *American Journal of Sociology*, 91.

Grant, A. M. et al. 2009. "The Performer's Reactions to Procedural Injustice: When Prosocial Identity Reduces Prosocial Behavior." *Journal of Applied Social Psychology*, 2: 319 – 349.

Grasmick, H. G. et al. 1991. "Shame and Embarrassment as Deterrents to Noncompliance with the Law: The Case of an Antilittering Campaign." *Environment & Behavior*, 23 (4): 233 – 251.

Greitemeyer, T. & Osswald, S. 2009. "Pro-social Video Games Reduce Aggressive Cognitions." *Journal of Experimental Social Psychology*, 4: 896.

Greitemeyer, T. 2009. "Effects of Songs with Prosocial Lyrics on Prosocial Behavior: Further Evidence and a Mediating Mechanism." *Personality and Social Psychology Bulletin*, 11: 1500.

Greitemeyer, T. 2011. "Exposure to Music with Prosocial Lyrics Reduces Aggression: First Evidence and Test of the Underlying Mechanism." *Journal of Experimental Social Psychology*, 1: 28.

Greitemeyer, T., Agthe, M., Turner, R. et al. 2012a. "Acting Prosocially Reduces Retaliation: Effects of Prosocial Video Games on Aggressive Behavior." *European Journal of Social Psychology*, 2: 235.

Greitemeyer, T., Traut-Mattausch, E., & Osswald, S. 2012b. "How to Ameliorate Negative Effects of Violent Video Games on Cooperation: Play It Cooperatively in a Team." *Computers in Human Behavior*, 28: 1465.

Greitemeyer, T. & Mugge, D. O. 2014. "Video Games Do Affect Social Outcomes: A Meta-Analytic Review of the Effects of Violent and Prosocial Video Game Play." *Personality & Social Psychology Bulletin*, 5: 578.

Greitemeyer, T. & Schwab, A. 2014. "Employing Music Exposure to Reduce Prejudice and Discrimination." *Aggressive Behavior*, 6: 542.

Griese, E. R. & Buhs, E. S. 2014. "Prosocial Behavior as a Protective Factor for Children's Peer Victimization." *Journal of Youth and Adolescence*, 43: 1052 – 1065.

Griffiths, M. D. & Hunt, N. 1995. "Computer Game Playing in Adolescence: Prevalence and Demographic Indicators." *Journal of Community & Applied*

Social Psychology, 13: 189.

Grossman, P. J. & Parrett, M. B. 2011. "Religion and Prosocial Behavior: A Field Test." *Applied Economics Letters*, 18: 523 - 526.

Grusec, J. E. & Sherman, A. 2011. "Prosocial Behavior." In M. K. Underwood & L. H. Rosen (eds.), *Social Development: Relationships in Infancy, Childhood, and Adolescence.* New York, NY: Guilford.

Grusec, J. E., Chaparro, M. P., Johnston, M., & Sherman, A. 2014. "The Development of Moral Behavior from a Socialization Perspective." In M. Killen & J. G. Smetana (eds.), *Handbook of Moral Development* (2nd ed.). New York, NY: Psychology Press.

Guerra, N. G., Huesmann, L. R., & Spindler, A. 2003. "Community Violence Exposure, Social Cognition, and Aggression among Urban Elementary School Children." *Child Development*, 74 (5): 1561 - 1576.

Gummoe, M. L., Hetherington, E. M., & Reiss, D. 1999. "Parental Religiosity, Parenting Style, and Adolescent Social Responsibility." *Journal of Early Adolescence*, 19.

Haapasalo, J., Tremblay, R. E., Boulerice, B., & Vitaro, F. 2000. "Relative Advantage of Person-and Variable-Based Approaches for Predicting Problem Behaviors from Kindergarten Assessments." *Journal of Quantitative Criminology*, 16.

Hall, G. S. 1904. *Adolescence.* New York: Appleton.

Hannelore, W. M., David, M., & Redditt, C. A. 1991. "Adolescents and Destructive Themes in Rock Music: A Follow-Up." *OMEGA—Journal of Death and Dying*, 3: 199.

Han, Ru, Shu Li, & Jian-Nong Shi. 2009. "The Territorial Prior-Residence Effect and Children's Behavior in Social Dilemmas." *Environment and Behavior*, 41 (5).

Hardaway, C. R., McLoyd, V. C., & Wood, D. 2012. "Exposure to Violence and Socioemotional Ajustment in Low-Income Youth: An Examination of Protective Factors." *American Journal of Community Psychology*, 49 (3).

Hardy, S. A. Carlo, G. 2005. "Identity as a Source of Moral Motivation." *Human Development*, 48.

Hardy, S. A. 2006. "Identity, Reasoning, and Emotion: An Empirical Comparison of Three Sources of Moral Motivation." *Motiv Emot*, 30.

Hardy, S. A., Carlo, G., & Roesch, S. C. 2010. "Links Between Adolescents' Expected Parental Reactions and Prosocial Behavioral Tendencies: The Mediating Role of Prosocial Values." *Journal of Youth Adolescence*, 39: 84 – 95

Hardy, S. A., Walker, L. J., Olsen, J. A., Woodbury, R. D., & Hickman, J. R. 2014. "Moral Identity as Moral Ideal Self: Links to Adolescent Outcomes." *Developmental Psychology*, 50: 45 – 57.

Hardy, S. A., Bean, D. S., & Olsen, J. A. 2015. "Moral Identity and Adolescent Prosocial and Antisocial Behaviors: Interaction with Moral Disengagement and Self-regulation." *Youth Adolescence*, 44.

Haroz, E. E., Murray, L. K., Bolton, P., & Betancourt, T. 2013. "Adolescent Resilience in Northern Uganda: The Role of Social Support and Prosocial Behavior in Reducing Mental Health Problems." *Journal of Research on Adolescence*, 23 (1): 138 – 148.

Hart, D., Atkins, R., & Ford, D. 1998. "Urban America as a Context for the Development of Moral Identity in Adolescence." *Journal of Social Issues*, 3: 513 – 530.

Hart, D. 2005. "Adding Identity to the Moral Domain." *Human Development*, 4: 257 – 261.

Hart, D. 2005. "The Development of Moral Identity." In Carlo, G. & Edwards, C. P. (eds), *Nebraska Symposium on Motivation, Vol. 51: Moral Motivation through the Lifespan: Theory, Research, and Application.* Lincoln, NE: University of Nebraska Press.

Hastings, P. D., Zahn-Waxler, C., Robinson, J., Usher, B., & Bridges, D. 2000. "The Development of Concern for Others in Children with Behavior Problems." *Developmental Psychology*, 36.

Hawley, P. H. 2003. "Prosocial and Coercive Configurations of Resource Control in Early Adolescence: A Case for the Well-Adapted Machiavellian." *Merrill-Palmer Quarterly*, 49.

Herrenkohl, T. I., Hill, K. G., Chung, I., Guo, J., Abbot, R. D., & Hawkins, J. D. 2003. "Protective Factors Against Serious Violent Behavior in Adolescence: A Prospective Study of Aggressive Children." *Social Work Research*, 27 (3): 179 – 191.

Hoffman, M. L. 1982. "Development of Prosocial Motivation: Empathy and Guilt." In N. Eisenberg (ed.), *The Development of Prosocial Behavior* (pp. 281 – 313). New York: Academic Press.

Hoffman, M. L. 2000. "The Contribution of Empathy to Justice and Mortal Judgment." In Esenberg, N. & Strayer, J., *Empathy and Its Development*. New York: Cambridge University Press.

Hogan, R. 1969. "Development of an Empathy Scale." *Journal of Consulting Psychology*, 33: 307 – 316.

Huesmann, L. R. 1998. "The Role of Social Information Processing and Cognitive Schema in the Acquisition and Maintenance of Habitual Aggressive Behavior." In Geen, R. G. & Donnerstein, E. (eds.), *Human Aggression: Theories, Research, and Implications for Social Policy* (pp. 73 – 109). New York: Academic Press.

Huesmann, L. R. 2010. "Nailing the Coffin Shut on Doubts that Violent Video Games Stimulate Aggression: Comment on Anderson et al (2010)." *Psychological Bulletin*, 2: 179.

Hyde, L. W. et al. 2010. "Developmental Precursors of Moral Disengagement and the Role of Moral Disengagement in the Development of Antisocial Behavior." *Journal of Abnormal Child Psychology*, 38 (1): 197 – 209.

Jolliffe, D. & Farrington, D. P. 2006. "Development and Validation of the Basic Empathy Scale." *Journal of Adolescence*, 29: 589 – 611.

Kawabata, Y., Tseng, W. L., Murray-Close, D., & Crick, N. R. 2012. "Developmental Trajectories of Chinese Children's Relational and Physical

Aggression: Associations with Social-Psychological Adjustment Problems." *Journal of Abnormal Child Psychology*, 20 (2).

Khaleque, A. & Rohner, R. P. 2002. "Perceived Parental Acceptance-rejection and Psychological Adjustment: A Meta-analysis of Cross-cultural and Intracultural Studies." *Journal of Marriage and Family*, 64 (4): 54 – 64.

Kirkpatrick, L. A. 1999. "Toward an Evolutionary Psychology of Religion and Personality." *Journal of Personality*, 67: 921 – 952.

Kish-Gephart, J. et al. 2014. "Situational Moral Disengagement: Can the Effects of Self-Interest Be Mitigated?" *Journal of Business Ethics*, 125 (5): 267 – 285.

Kohlberg, L. 1969. "Stage and Sequence: The Cognitive-Developmental Approach to Socialization." In D. A. Goslin (ed.), *Handbook of Socialization Theory and Research* (pp. 347 – 480). Chicago: Rand McNally.

Krahe, B. & Bieneck, S. 2012. "The Effect of Music-induced Mood on Aggressive Affect, Cognition, and Behavior." *Journal of Applied Social Psychology*, 2: 271.

Krebs, D. & Hesteren, F. V. 1994. "The Development of Altruism: Toward an Integrative Model." *Development Review*, 14.

Krevans, J. & Gibbs, J. C. 1996. "Parents' Use of Inductive Discipline: Relations to Children's Empathy and Prosocial Behavior." *Child Development*, 67: 3263 – 3277.

Kumru, A., Carlo, G., Mestre, M. V., & Samper, P. 2012. "Prosocial Moral Reasoning and Prosocial Behavior among Turkish and Spanish Adolescents." *Social Behavior and Personality*, 40 (2): 205 – 214.

Lance, A. & Stephen, W. 1997. "Contact Employees: Relationships among Workplace Fairness, Job Satisfaction and Prosocial Service Behaviors." *Journal of Retailing*, 1: 36 – 61.

Lapsley, D. K. 2008. "Moral Self-identity as the Aim of Education." In *Handbook of Moral and Character Education*. Mahwah, NJ: Lawrence.

Larson, R. W., Richards, M. H., Moneta, G., Holmbeck, G., & Duckett, E. 1996. "Changes in Adolescents' Daily Interactions with Their Families from Ages 10 to 18: Disengagement and Transformation." *Developmental Psychology*, 32.

Latting, J. 1990. "Motivational Differences in Between Black and White Volunteers." *Nonprofit and Voluntary Sector Quarterly*, 19.

Lawrence, E. J., Shaw, P., Baker, D. et al. 2004. "Measuring Empathy: Reliability and Validity of the Empathy Quotient." *Psychological Medicine*, 34: 911–919.

Leibetseder, M. & Laireiter, A. 2007. "Structural Analysis of the E-Scale." *Personality and Individual Differences*, 42: 547–561.

Lenzi, M., Vieno, A., Perkins, D. D., Pastore, M., Santinello, M., & Mazzardis, S. 2012. "Perceived Neighborhood Social Resources as Determinants of Prosocial Behavior in Early Adolescence." *American Journal of Community Psychology*, 50: 37–49.

Lim, C. & MacGregor, C. A. 2012. "Religion and Volunteering in Context: Disentangling the Contextual Effects of Religion on Voluntary Behavior." *American Sociological Review*, 77.

Li, Yan, Mo Wang, Cixin Wang et al. 2010. "Individualism, Collectivism, and Chinese Adolescents' Aggression: Intracultural Variations." *Aggressive Behavior*, 3: 187.

Li, Y. & Wright, M. F. 2014. "Adolescents' Social Status Goals: Relationships to Social Status Insecurity, Aggression, and Prosocial Behavior." *Journal of Youth Adolescence*, 43: 146–160.

Li, Y. & Wright, M. F. 2014. "Adolescents' Social Status Goals: Relationships to Social Status Insecurity, Aggression, and Prosocial Behavior." *Journal of Youth and Adolescence*, 43.

Logis, H., Rodkin, P. C., Gest, S. D., & Ahn, H. J. 2013. "Popularity as an Organizing Factor of Preadolescent Friendship Networks: Beyond Prosocial and Aggressive Behavior." *Journal of Research on Adolescence*, 23.

Loi, R. et al. 2015. "Abuse in the Name of Injustice: Mechanisms of Moral Disengagement." *Asian Journal of Business Ethics*, 4 (3): 57 – 72.

Lubanska, D. & Fraczek, A. 2001. "Mediation of Parental Socializing Practices in the Relation Between Early Aggressive TV Viewing and Aggressive Behavior in Adulthood." *Aggressive Behavior*, 1: 65.

Macksoud, M. & Aber, J. 1996. "The War Experiences and Psychosocial Development of Children in Lebanon." *Child Development*, 6 (6).

Magnusson, D. 1999. "Holistic Interactionism: A Perspective for Research on Personality Development." In L. A. Pervin & O. P. John (eds.), *Handbook of Personality: Theory and Research* (2nd ed.), pp. 219 – 247. New York: Guilford.

Ma, H. K. & Leung, M. C. 1991. "Altruistic Orientation in Children: Construction and Validation of the Child Altruism Inventory." *International Journal of Psychology*, 26 (6): 745 – 759.

Martin, C. L. 1987. "A Ratio Measure of Sex Stereotyping." *Journal of Personality and Social Psychology*, 52: 489 – 499.

Matsuba, M. K. & Walker, L. J. 2005. "Young Adult Moral Exemplars: The Making of Self through Stories." *Journal of Research on Adolescence*, 3: 275 – 297.

Mazefsky, C. A. & Farrell, A. D. 2005. "The Role of Witnessing Violence, Peer Provocation, Family Support, and Parenting Practices in the Aggressive Behavior of Rural Adolescents." *Journal of Child and Family Studies*, 14 (1): 71 – 85.

McAlister, A. L. et al. 2006. "Mechanism of Moral Disengagement in Support of Military Force: The Impact of Sept. 11." *Journal of Social and Clinical Psychology*, 25 (2): 141 – 165.

McDougall, W. 1908. *Social Psychology*. London: Metheun.

McFadden, S. H. 1999. "Religion, Personality, and Aging: A Life Span Perspective." *Journal of Personality*, 67: 1081 – 1104.

McPhail, Thomas, L. 2009. "Major Theories Following Modernization." In Thomas L. Mcphail (ed.), *Development Communication: Reframing the*

Role of the Media. Wiley-Blackwell, p. 20.

McMahon S. D., Felix, E. D., Halpert, J. A., & Petropoulos, L. A. N. 2009. "Community Violence Exposure and Aggression among Urban Adolescents: Testing a Cognitive Mediator Model." *Journal of Community Psychology*, 37 (7): 895-951.

McMahon, S. D., Todd, N. R., Martinez, A., Coker, C., Sheu, C. F., Washburn, J., & Shah, S. 2013. "Aggressive and Prosocial Behavior: Community Violence, Cognitive, and Behavioral Predictors among Urban African American Youth." *American Journal of Community Psychology*, 51 (1): 407-421.

McMurray, A. 2001. "Post-Separation Violence: The Male Perspective." *Aggressive Behavior*, 1: 79-80.

Mead, M. 1928. *Coming of Age in Samona.* Ann Arbor, MI: Morrow.

Mehrabian, A. & Epstein, N. 1972. "A Measure of Emotional Empathy." *Journal of Personality*, 40 (4).

Mejia, R., Kliewer, W., & Williams, L. 2006. "Domestic Violence Exposure in Colombian Adolescents: Pathways to Violent and Prosocial Behavior." *Journal of Traumatic Stress*, 19 (2).

Miller, P. & Eisenberg, N. 1988. "The Relation of Empathy to Aggression and Externalizing/Antisocial Behavior." *Psychological Bulletin*, 103: 324-344.

Molano, A., Jones, S. M., Brown, J. L., & Aber, J. L. 2013. "Selection and Socialization of Aggressive and Prosocial Behavior: The Moderating Role of Social-cognitive Processes." *Journal of Research on Adolescence*, 23: 424-436.

Mon, W. & Hart, D. 1992. *Self-Understanding and Its Role in Social and Moral Development.* New Jersey: Lawrence Erlbaum Associates.

Moore, C. 2008. "Moral Disengagement in Processes of Organizational Corruption." *Journal of Business Ethics*, 80: 129-139.

Moore, C., Detert, J. R., Trevino, L. K. et al. 2012. "Why Employees Do

Bad Things: Moral Disengagement and Unethical Organizational Behavior." *Personnel Psychology*, 65: 1 – 48.

Moyer-Guse, E. 2008. "Toward a Theory of Entertainment Persuasion: Explaining the Persuasive Effects of Entertainment-Education Messages." *Communication Theory*, 3: 407.

Murray, K. W., Dwyer, K. M., Rubin, K. H., Knighton-Wisor, S., & Booth-LaForce, C. 2014. "Parent-child Relationships, Parental Psychological Control, and Aggression: Maternal and Paternal Relationships." *Journal of Youth & Adolescence*, 43 (3): 1361 – 1373.

Musick, M. A., Wilson, J., & W. B. Bynum, Jr. 2000. "Race and Formal Volunteering: The Differential Effects of Class and Religion." *Social Force*, 78.

Naumann, S. & Bennett, N. 2002. "The Effects of Procedural Justice Climate on Work Group Performance." *Small Group Research*, 33: 361 – 377.

Ng-Mak, D. S. et al. 2002. "Normalization of Violence among Inner-city Youth: A Formulation of Research." *American Journal of Orthopsychiatry*, 72 (5): 92 – 101.

O'Brien, K. & Mosco, J. 2012. "Positive Parent-child Relationships." In Roffey, S. (ed.), *Positive Relationships: Evidence based Practice Across the World* (Ch. 5), pp. 91 – 107. Berlin: Springer.

Osofsky, M. J., Bandura, A., & Zimbardo, P. G. 2005. "The Role of Moral Disengagement in the Execution Process." *Law and Human Behavior*, 29 (4): 371 – 393.

Overstreet, S. 2000. "Exposure to Community Violence: Defining the Problem and Understanding the Consequences." *Journal of Child & Family Studies*, 9 (1): 7 – 25.

Paciello, M., Fida, R., Tramontano, C. et al. 2008. "Stability and Change of Moral Disengagement and Its Impact on Aggression and Violence in Late Adolescence." *Child Development*, 79 (5): 1288 – 1309.

Padilla-Walker, L. M. & Carlo, G. 2014. "The Study of Prosocial Behavior:

Past, Present, and Future." In L. M. Padilla-Walker & G. Carlo (eds.), *Prosocial Development: A Multidimensional Approach*. New York, NY: Oxford University Press.

Padilla-Walker, L. M. & Christensen, K. J. 2010. "Empathy and Self-Regulation as Mediators Between Parenting and Adolescents' Prosocial Behavior Toward Strangers, Friends, and Family." *Journal of Research on Adolescence*, 21 (3): 545 – 551.

Park, J. Z. & Smith, C. 2000. "To Whom Much Has Been Given: Religious Capital and Community Voluntarism among Churchgoing Protestants." *Journal for the Scientific Study of Religion*, 22.

Pastore, N. 1952. "The Role of Arbitrariness in the Frustration-aggression Hypothesis." *Journal of Abnormal and Social Psychology*, 47: 728 – 731.

Patrick, R. B. & Gibbs, J. C. 2016. "Maternal Acceptance: Its Contribution to Children's Favorable Perceptions of Discipline and Moral Identity." *The Journal of Genetic Psychology*, 3: 73 – 84.

Patterson, G. R., Forgatch, M. S., Yoerger, K. L., & Stoolmiller, M. 1998. "Variables that Initiate and Maintain an Early-onset Trajectory for Juvenile Offending." *Development and Psychopathology*, 10 (2): 531 – 547.

Pellegrini, A. D. 2002. "Perceptions and Functions of Play and Real Fighting in Early Adolescence." *Child Development*, 74: 1522 – 1533.

Pelton, J. et al. 2004. "The Moral Disengagement Scale: Extension with an American Minority Sample." *Journal of Psychopathology and Behavioral Assessment*, 26 (1): 31 – 39.

Penner. L. A., Dovidio, J. F., Piliavin, J. A., & Schroeder, D. A. 2005. "Prosocial Behavior: Multilevel Perspectives." *Annual Review of Psychology*, 56: 365 – 392.

Polanyi, K. 1992. "The Economy as Instituted Process." In M. Granovetter, R. Swedberge (eds.), *The Sociology of Economic Life*. Westview Press.

Quinn, C. A. & Bussey, K. 2015. "Moral Disengagement, Anticipated Social

Outcomes and Adolescents' Alcohol Use: Parallel Latent Growth Curve Analysis." *Journal of Youth and Adolescence*, 44 (4): 1854 – 1870.

Raine, A., Dodge, K., Loeber, R. et al. 2006. "The Reactive-proactive Aggression Questionnaire: Differential Correlates of Reactive and Proactive Aggression in Adolescent Boys." *Aggressive Behavior*, 32 (1): 159 – 171.

Reed, A. 2004. "Activating the Self-Importance of Consumer Selves: Exploring Identity Salience Effects on Judgments." *Journal of Consumer Research*, 2: 286 – 295.

Reed, A., Aquino, K. F., & Levy, E. 2007. "Moral Identity and Judgements of Charitable Behaviors." *Journal of Marketing*, 1: 178 – 193.

Roberts, W. & Strayer, J. 1996. "Empathy, Emotional Expressiveness, and Prosocial Behavior." *Child Development*, 67: 449 – 470.

Rodkin, P. C., Ryan, A., Jamison, R., & Wilson, T. 2013. "Social Goals, Social Behavior, and Social Status in Middle Childhood." *Developmental Psychology*, 49 (6): 1139 – 1150.

Romano, E., Tremblay, R. E., Boulerice, B., & Swisher, R. 2005. "Multilevel Correlates of Childhood Physical Aggression and Prosocial Behavior." *Journal of Abnormal Child Psychology*, 33 (5): 565 – 578.

Rothschild, Z. K. & Keefer, L. A. 2017. "A Cleansing Fire Moral Outrage Alleviates Guilt and Buffers Threats to one's Moral Identity." *Motivation and Emotion*, 2: 209 – 229.

Rousseau, J. J. 1955. *Emile*. New York: Dutton.

Rupp, D. & Paddock, E. 2013. "From Justice Events to Justice Climate: A Multilevel Temporal Model of Information Aggregation and Judgment." *Research on Managing Groups and Teams*, 13: 245.

Rushton, J. P., Chris John, R. D., & Fekken, G. C. 1981. "The Altruistic Personality and the Self-report Altruism Scale." *Personality and Individual Difference*, 2: 293 – 302.

Santor, D. A. et al. 2000. "Measuring Peer Pressure, Popularity, and Conformity in Adolescent Boys and Girls: Predicting School Performance, Sexual

Attitudes, and Substance Abuse." *Journal of Youth and Adolescence*, 29 (2): 163 – 182.

Sarogluo, V., Pichon, I., Trompette, L., Verschueren, M., & Dernelle, R. 2005. "Prosocial Behavior and Religion: New Evidence Based on Projective Measures and Peer Ratings." *Journal for the Scientific Study of Religion*, 44 (3): 323 – 348.

Sarogluo, V. 2006. "Religion's Role in Prosocial Behavior: Myth or Reality?" *Psychology of Religion Newsletter*, 31.

Scarpa, A. & Fikretoglu, D. 2000. "Community Violence Exposure in a Young Adult Sample II: Psychophysiology and Aggressive Behavior." *Journal of Community Psychology*, 28 (4): 417 – 425.

Schlegel, A. & Barry, H. 1991. *Adolescence: An Anthropological Inquiry*. New York: Free Press.

Schmierbach, M. 2010. "Killing Spree: Exploring the Connection Between Competitive Game Play and Aggressive Cognition." *Communication Research*, 8: 256.

Schwab-Stone, M., Chen, C., Greenberger, E., Silver, D., Lichtman, J., & Voyce, C. 1999. "No Safe Haven II: The Effects of Violence Exposure on Urban Youth." *Journal of the American Academy of Child and Adolescent Psychiatry*, 38 (5): 359 – 367.

Schwartz, D. & Proctor, L. J. 2000. "Community Violence Exposure and Children's Social Adjustment in the School Peer Group: The Mediating Roles of Emotional Regulation and Social Cognition." *Journal of Consulting and Clinical Psychology*, 68 (4).

Sector, I. 2002. *Giving and Volunteering in the United States*. Washington, DC: Independent Sector.

Seidman, E., Aber, J. L., & French, S. E. 2004. "Assessing the Transitions to Middle and High School." *Journal of Adolescent Research*, 19: 3 – 30.

Selfhout, M., Delsing, M., Bogt, T. T. et al. 2008. "Heavy Metal and Hip-hop Style Preferences and Externalizing Problem Behavior: A Two-wave Longitudinal Study." *Youth & Society*, 4: 435.

Sestir, M. A. & Bartholow, B. D. 2010. "Violent and Nonviolent Video Games Produce Opposing Effects on Aggressive and Prosocial Outcomes." *Journal of Experimental Social Psychology*, 6: 934.

Shariff, A. F. & Norenzayan, A. 2008. "The Origin and Evolution of Religious Prosociality." *Science*, 322: 58 – 62.

Sijtsema, J. J. et al. 2009. "Empirical Test of Bullies' Status Goals: Assessing Direct Goals, Aggression, and Prestige." *Aggressive Behavior*, 35 (4): 57 – 67.

Simons, T. & Roberson, Q. 2003. "Why Managers Should Care about Fairness: The Effect of Aggregate Justice Perceptions on Organizational Outcomes." *Journal of Applied Psychology*, 88: 440.

Simons, L. G. & Conger, R. D. 2007. "Linking Mother-Father Differences in Parenting to a Typology of Family Parenting Styles and Adolescent Outcome." *Journal of Family Issues*, 28.

Singer, M. I., Miller, D. B., Guo, S., Flannery, D. J., Frierson, T., & Slovak, K. 1999. "Contributors to Violent Behavior among Elementary and Middle School Children." *Pediatrics*, 104 (3).

Singhal, A., Rogers, A., & M. Everett. 2002. "Theoretical Agenda for Entertainment Education." *Communication Theory*, 2: 117.

Slaby, R. G. & Guerra, N. G. 1988. "Cognitive Mediators of Aggression in Adolescent Offenders: Assessment." *Developmental Psychology*, 24 (3): 580 – 588.

Spillane-Grieco, E. 2000. "From Parent Verbal Abuse to Teenage Physical Aggression?" *Child and Adolescence Social Work Journal*, 17 (6): 411 – 430.

Stark, R. & Bainbridge, W. S. 1996. *Religion, Deviance, and Social Control*. New York: Routledge.

Stoltz, S. et al. 2013. "Simultaneously Testing Parenting and Social Cognitions in Children At-Risk for Aggressive Behavior Problems: Sex Differences and

Ethnic Similarities." *Journal of Child and Family Studies*, 22 (3): 922 – 931.

Sullivan, T. N., Helms, S. W. Kliewer, W. et al. 2010. "Associations Between Sadness and Anger Regulation Coping, Emotional Expression, and Physical and Relational Aggression among Urban Adolescents." *Social Development*, 1: 30.

Susman, E. J. & Rogol, A. 2004. "Puberty and Psychological Development." In R. M. Lerner & L. Steinberg (eds.), *Handbook of Adolescent Psychology* (2nd ed.), pp. 15 – 44. Hoboken, NJ: Wiley.

Thornton, A. & Rupp, D. 2015. "The Joint Effects of Justice Climate, Group Moral Identity, and Corporate Social Responsibility on the Prosocial and Deviant Behaviors of Groups." *Journal of Business Ethics*, 1: 27.

Took, K. J. & Weiss, D. S. 1994. "The Relationship Between Heavy Metal and Rap Music and Adolescent Turmoil: Real or Artifact?" *Adolescence*, 115: 613.

Topalli, V. et al. 2014. "A Causal Model of Neutralization Acceptance and Delinquency: Making the Case for an Individual Difference Model." *Criminal Justice and Behavior*, 41 (3): 553 – 573.

Tsai, J. J. et al. 2014. "Locus of Control, Moral Disengagement in Sport, and Rule Transgression of Athletes." *Social Behavior and Personality*, 42 (1): 59 – 68.

Valkenburg, P. M. & Peter, J. 2013. "The Differential Susceptibility to Media Effects Model." *Journal of Communication*, 2: 221.

Van der Merwe, A. & Dawes, A. 2000. "Prosocial and Antisocial Tendencies in Children Exposed to Community Violence." *Southern African Journal of Child and Adolescent Mental Health*, 12 (4).

Van Doorn, E. A., Van Kleef, G. A., & Van der Pligt, J. 2015. "How Emotional Expressions Shape Prosocial Behavior: Interpersonal Effects of Anger and Disappointment on Compliance with Requests." *Motive and Emotion*, 39: 128 – 141.

van Lier, P. , Vitaro, F. , & Eisner, M. 2007. "Preventing Aggressive and Violent Behavior: Using Prevention Programs to Study the Role of Peer Dynamics in Maladjustment Problems." *European Journal on Criminal Policy & Research*, 13 (4): 277 – 296.

Vitaro, F. , Barker, E. D. , Boivin, M. , Brendgen, M. , & Tremblay, R. E. 2006. "Do Early Difficult Temperament and Harsh Parenting Differentially Predict Reactive and Proactive Aggression?" *Journal of Abnormal Child Psychology*, 34 (1): 685 – 695.

Vollhardt, J. R. 2009. "Altruism Born of Suffering and Prosocial Behavior Following Adverse Life Events: A Review and Conceptualization." *Social Justice Research*, 22 (5).

Walder, A. G. 1986. *Communist Neo-traditionalism: Work and Authority in Chinese Industry*. Berkeley: University of California.

Walker, L. J. & Taylor, J. H. 1991. "Stage Transitions in Moral Reasoning: A Longitudinal Study of Developmental Processes." *Developmental Psychology*, 27: 330 – 337.

Wargo, J. A. & Litwack, S. 2011. "Prosocial Skill, Social Competence and Popularity." In A. H. N. Cillessen, D. Schwartz, & L. Mayeux (eds.), *Popularity in the Peer System*. New York: Guilford Press.

Weir, K. & Duveen, G. 1981. "Further Development and Validation of the Prosocial Behavior Questionnaire for Use by Teachers." *Journal of Child Psychology and Psychiatry*, 22 (4): 357 – 374.

Weisfield, G. E. 1997. "Puberty Rites as Clues to the Nature of Human Adolescence." *Cross-Cultural Research*, 31: 27 – 54.

Wentzel, K. R. , Filisetti, L. , & Looney, L. 2007. "Adolescent Prosocial Behavior: The Role of Self-Processes and Contextual Cues." *Child Development*, 78.

White, J. et al. 2009. "Moral Disengagement in the Corporate World." *Accountability in Research*, 16 (3): 41 – 74.

White, K. S. , Bruce, S. E. , Farrell, A. D. , & Kliewer, W. 1998. "Impact of Exposure to Community Violence on Anxiety: A Longitudinal Study of Family Social Support as a Protective Factor for Urban Children." *Journal of Child & Family Studies*, 7 (2).

Williams, K. R. & Hawkins, R. 1986. "Perceptual Research on General Deterrence: A Critical Review." *Law & Society Review*, 20 (3): 545–572.

Wilson, J. 2000. "Volunteering." *Annual Review of Sociology*, 26.

Xu, Y. Y., Farver, J. A. M., & Zhang, Z. X. 2009. "Temperament, Harsh and Indulgent Parenting, and Chinese Children's Proactive and Reactive Aggression." *Child Development*, 80 (1): 244–258.

Yoo, H., Feng, X., & Day, R. D. 2013. "Adolescents' Empathy and Prosocial Behavior in the Family Context: A Longitudinal Study." *Journal of Youth Adolescence*, 42: 1858–1872.

Zeldin, R. S., Savin-Williams, R. C., & Small, S. A. 1984. "Dimension of Prosocial Behavior in Adolescent Males." *The Journal of Social Psychology*, 123: 159–168.

Zhang, X., Liu, C., Wang, L., & Piao, Q. 2010. "Effects of Violent and Non-violent Computer Video Games on Explicit and Implicit Aggression." *Journal of Software*, 9: 1014.

问卷编号（A0）_____

附录　青少年道德状况调查问卷

亲爱的同学，你好！

　　我们现在做的是教育部人文社会科学研究项目"青少年的道德状况及其形成与发展机制的实证研究——一项基于跨学科的分析"（批准号：11YJC840031）的问卷调查，其目的在于通过这项调查，细致、全面、真实地了解当前我国青少年（中学生）有关道德的心理和行为，探讨是哪些因素影响了其变化及其背后的逻辑，以便为党和政府制定有关道德教育和引导的政策提供实证依据。

　　这次调查采取无记名（不要写姓名）的方式进行，你对所有问题的回答都没有正确与错误之分，可无须顾忌地按照自己的实际情况和真实想法进行回答（先认真阅读和理解题目，然后直接选出答案，不要反复思考）。对于部分问题，你只需在符合自己情况或想法的答案前的序号上打√；对于表格题，大题目下的所有小题项共用一套答案，请你在相应小题项后与符合你实际情况或想法的答案相对应的序号上打√；对于个别问题，则请你在下划线"_____"上填写符合真实情况的信息。

　　我们的调查数据只作为科学研究之用，我们承诺严格遵守《统计法》，对调查资料绝对保密。调查资料的真实性是社会研究的生命线，我们殷切地希望你能将自己的真实情况和想法毫无保留地与我们共享。

　　非常感谢你的贡献与支持！

青少年道德研究课题组
2016 年 2 月

A. 背景信息

A1. 你就读学校的名称：_____

A2. 你现在所受教育的层次是

  1. 初中 2. 普通高中 3. 职业高中

  4. 其他（请注明：_____）

A3. 你所受教育的年级是

  1. 高三 2. 高二 3. 高一 4. 初三 5. 初二 6. 初一

A4. 你就读的学校（在所在县或市）属于

  1. 重点学校 2. 普通学校

A5. 你的性别是   1. 男 2. 女

A6. 你是否为独生子女？ 1. 是 2. 否

A7. 你的出生年月：_____年____月。

A8. 你的政治面貌是

  1. 中共党员（含预备党员） 2. 共青团员 3. 普通群众

  4. 其他（请注明：_____）

A9. 你所属的民族是

  1. 汉族   2. 少数民族（请注明：_____）

A10. 你现在是否担任学生干部？

  1. 担任校级及以上学生干部 2. 担任班干部

  3. 不担任学生干部

A11. 上个学期，你的学习成绩在班上的排名是

  1. 最好的20% 2. 中等偏上的20% 3. 中间的20%

  4. 中等偏下的20% 5. 最差的20%

A12. 你上中学后获得过下列奖励吗？

  1. 学生干部类奖 a. 没获得过 b. 获得过（最高级别的奖励：_____）

  2. 学习竞赛类奖 a. 没获得过 b. 获得过（最高级别的奖励：_____）

3. 体育竞赛类奖　a. 没获得过　b. 获得过（最高级别的奖励：_____）

4. 文艺表演类奖　a. 没获得过　b. 获得过（最高级别的奖励：_____）

5. 其他（请注明：_____）

A13. 你父母的婚姻关系是

1. 离婚　　　2. 和谐　　　3. 其他（请注明：_____）

A14. 你现在跟谁生活在一起？

1. 父亲　　　2. 母亲　　　3. 父母

4. 爷爷奶奶（或外公外婆）　　5. 其他（请注明：_____）

A15. 你<u>父亲</u>的职业是

1. 政府公务员　　2. 大学教师　　3. 中小学教师

4. 企业管理人员　5. 企业技术人员　6. 私营企业主

7. 个体工商户　　8. 普通工人　　9. 农民

10. 无业　　　　11. 其他（请注明：_____）

A16. 你<u>母亲</u>的职业是

1. 政府公务员　　2. 大学教师　　3. 中小学教师

4. 企业管理人员　5. 企业技术人员　6. 私营企业主

7. 个体工商户　　8. 普通工人　　9. 农民

10. 无业　　　　11. 其他（请注明：_____）

A17. 你<u>父亲</u>的文化程度是

1. 小学及以下　2. 初中　　3. 高中　　4. 技校

5. 中专　　　　6. 大专　　7. 本科　　8. 硕士研究生

9. 博士研究生

A18. 你<u>母亲</u>的文化程度是

1. 小学及以下　2. 初中　　3. 高中　　4. 技校

5. 中专　　　　6. 大专　　7. 本科　　8. 硕士研究生

9. 博士研究生

A19. 上个学期，你家里平均一个月给你的零花钱是_____元（如没有就填0）。

A20. 你的家庭住址是：_____ 省 _____ 市（地级）_____ 县（区、县级市）。

A21. 你家所在的社区属于

    1. 高档城市住宅区　　2. 中高档城市住宅区　　3. 中档城市住宅区

    4. 中低档城市住宅区　5. 低档城市住宅区　　　6. 城乡结合部

    7. 农村

A22. 你家里的经济状况

    1. 非常富裕　　2. 比较富裕　　3. 一般　　4. 比较贫困

    5. 非常贫困

B. 道德心理

B1. 下列词语是用来描述一个人的一些特征的：

    关心体贴的　　有同情心的　　公正的　　友好的　　慷慨的

    乐于助人的　　勤劳的　　　　诚实的　　宽容的

有这些特征的人可能是你，也有可能是别人。现在，将你脑海里具有这些特征的人具体化，想象他们是如何思考、感知和行动的。当你对这些人的形象有一个清晰印象时，请回答下列问题。

你同意下列说法吗（请联系上述内容做出回答）？

说法	1 完全不同意	2 不太同意	3 说不清	4 比较同意	5 完全同意
1. 成为具备这些特征的人，会让我感觉良好	1	2	3	4	5
2. 成为具备这些特征的人，是我做人的一个重要部分	1	2	3	4	5
3. 我平时的着装表明我具备这些特征	1	2	3	4	5
4. 具备这些特征，让我感到羞愧	1	2	3	4	5
5. 我平时所做的事，可以清楚地表明我具有这些特征	1	2	3	4	5
6. 我平时所读的书和杂志的类型，可表明我具有这些特征	1	2	3	4	5

续表

说法	1 完全不同意	2 不太同意	3 说不清	4 比较同意	5 完全同意
7. 是否具备这些特征，对我来说并不重要	1	2	3	4	5
8. 我周围其他人都知道我具备这些特征	1	2	3	4	5
9. 我积极参与各种活动，以让他人知道我具有这些特征	1	2	3	4	5
10. 我非常渴望拥有这些特征	1	2	3	4	5

B2. 在生活中，你有过下列情形或想法吗?

情形或想法	1 从没有	2 有时有	3 经常有	4 总是有
1. 看到一个女孩找不到任何伙伴一起玩耍，我会感到难过	1	2	3	4
2. 人们在公共场合亲吻和拥抱是愚蠢的	1	2	3	4
3. 男孩因为开心而哭泣是愚蠢的	1	2	3	4
4. 看别人拆开礼物，我也很开心，即使我自己没有得到礼物	1	2	3	4
5. 看到一个男孩哭泣，我也想哭	1	2	3	4
6. 当看到一个女孩受伤时，我会感到难过	1	2	3	4
7. 即使我不知道别人为什么笑，我也会跟着笑	1	2	3	4
8. 看电视时，我有时会哭（受某些情节所感染）	1	2	3	4
9. 女孩因为开心而哭泣是愚蠢的	1	2	3	4
10. 我很难理解有的人为什么会难过	1	2	3	4
11. 当看到一个动物受伤时，我会感到难过	1	2	3	4
12. 看到一个男孩找不到任何伙伴一起玩耍，我会感到难过	1	2	3	4
13. 有些歌曲会使我难过得想哭	1	2	3	4
14. 当看到一个男孩受伤时，我会感到难过	1	2	3	4
15. 大人有时也会哭，即使他们没有什么事好伤心的	1	2	3	4
16. 把猫和狗看作像人一样有感情的动物来对待，是愚蠢的	1	2	3	4

续表

情形或想法	1 从没有	2 有时有	3 经常有	4 总是有
17. 当我看见一个同学总是假装需要老师的帮助时，我会生气	1	2	3	4
18. 一个小孩没有朋友，可能是他不想要（任何朋友）	1	2	3	4
19. 看到一个女孩在哭，我也想哭	1	2	3	4
20. 有的人看一部令人伤感的电影或读一本令人伤感的书时会哭，我觉得这是很好笑的（滑稽的）	1	2	3	4
21. 即使我看到有人看着我并且很想来一块时，我也会吃掉所有的零食（或其他好吃的）	1	2	3	4
22. 当我看到一个同学因为不遵守学校规章制度而被老师责罚时，我不会感到难过	1	2	3	4

B3. 你同意下列说法吗？

说法	1 完全不同意	2 不太同意	3 说不清	4 比较同意	5 完全同意
1. 总的来说，我们的社会是公平的	1	2	3	4	5
2. 总的来说，我国的政治制度在像它应该运转的那样运转	1	2	3	4	5
3. 我们的社会需要来一场根本性的变革	1	2	3	4	5
4. 我国是世界上最适合生存的国家	1	2	3	4	5
5. 我国的大多数政策运转良好	1	2	3	4	5
6. 在追求财富和幸福这一点上，每个人都是公平的	1	2	3	4	5
7. 我们的社会变得一年比一年糟糕	1	2	3	4	5
8. 在我们这个社会，每个人都得到了他们应该得到的东西	1	2	3	4	5
9. 我们老师在学生评优方面的做法是公平的	1	2	3	4	5
10. 我们老师在任命学生干部方面的做法是公平的	1	2	3	4	5
11 我们老师在给学生锻炼机会方面的做法是公平的	1	2	3	4	5

B4. 你同意下列说法吗？

说法	1 不同意	2 有点同意	3 同意
1. 为了保护自己的朋友而打架是正确的	1	2	3
2. 拍拍或推搡别人，只是开玩笑的方式	1	2	3
3. 当考虑到别人在打人时，我觉得损坏财物没什么大不了	1	2	3
4. 集体中的成员不应该因为集体所造成的麻烦，而受到责备	1	2	3
5. 如果小孩生活在一个不良环境中，那他们不应该因为攻击性行为而受到责罚	1	2	3
6. 撒点小谎没有关系，因为它也不会给别人造成什么伤害	1	2	3
7. 有些人只值得像对待动物一样被对待	1	2	3
8. 如果小孩在学校打架或行为不端，这是他们老师的过错	1	2	3
9. 打那些说你家人坏话的人，是对的	1	2	3
10. 打那些令人讨厌的同学只是给他们"一个教训"	1	2	3
11. 与那些偷很多钱的人相比，偷一点点钱不算什么	1	2	3
12. 如果其他小孩带头违反制度，那个只是提议（但并未参与）的小孩不应该受到责罚	1	2	3
13. 如果孩子没有接受过关于遵守纪律方面的教育，那他们不应该因为不端行为而受到责罚	1	2	3
14. 小孩不用在意被取笑，因为那表示别人对他们感兴趣	1	2	3
15. 对那些懦弱的人不（友）好，也是可以的	1	2	3
16. 如果人们粗心大意、乱放东西，使东西被偷了，这是他们自己的错	1	2	3
17. 因为集体荣誉受到威胁而打架，是可以的	1	2	3
18. 没经过主人的允许而拿走他们的东西，可视为"借用"	1	2	3
19. 可以言语上侮辱一下同学，因为打他/她就更为恶劣了	1	2	3
20. 如果一个集体一起决定做坏事，那么只责罚这个集体中的某个孩子是不公平的	1	2	3
21. 当小孩所有的朋友都讲脏话时，他们不应该因为讲了脏话而受到责罚	1	2	3
22. 取笑他人并没有真正伤害到他们	1	2	3
23. 那些令人讨厌的人不值得像对待人一样对待	1	2	3
24. 小孩遭受虐待通常是他们罪有应得	1	2	3

续表

说法	1 不同意	2 有点同意	3 同意
25. 为了让朋友摆脱困境，撒谎也是可以的	1	2	3
26. 偶尔放纵一下（如喝醉酒、抽烟等），也不是一件坏事	1	2	3
27. 跟违法行为相比，不付钱就从商店里拿东西不算严重	1	2	3
28. 因为集体造成的伤害，而责罚这个集体中的一个孩子，是不公平的	1	2	3
29. 如果一个孩子是迫于他朋友的压力而做坏事，那这个孩子不应该被责罚	1	2	3
30. 孩子之间的相互侮辱，不会伤害到任何人	1	2	3
31. 有些人因为缺乏知觉，即使被伤害了，他们也感觉不到，对这样的人就应该粗暴对待	1	2	3
32. 如果父母给孩子太大的压力，那这个孩子做了坏事也不算错	1	2	3

C. 道德行为

C1. 上个学期，你下列行为发生的频次是：

行为	1 从不	2 一次	3 多于一次	4 经常	5 总是
1. 给陌生人指路	1	2	3	4	5
2. 给慈善机构捐钱	1	2	3	4	5
3. 捐钱给有需要的陌生人（或乞讨人员）	1	2	3	4	5
4. 捐东西或衣服给慈善机构	1	2	3	4	5
5. 在慈善机构（或养老机构、孤儿院、社区等）做志愿工作（或义工）	1	2	3	4	5
6. 无偿献血	1	2	3	4	5
7. 帮陌生人拿东西（如书、包裹等）	1	2	3	4	5
8. 借东西（如工具）给一个我并不认识的邻居	1	2	3	4	5
9. 帮一个我并不熟悉的同学一块完成家庭作业	1	2	3	4	5
10. 志愿为邻居照看宠物或小孩	1	2	3	4	5
11. 帮助残疾人或老人过马路	1	2	3	4	5
12. 在公交车或火车上给陌生人让座	1	2	3	4	5

续表

行为	1 从不	2 一次	3 多于一次	4 经常	5 总是
13. 调和同学之间的争吵	1	2	3	4	5
14. 与同学分享自己的学习用品（书、笔等）	1	2	3	4	5
15. 邀请旁观者一起参与游戏	1	2	3	4	5
16. 帮助受伤的人	1	2	3	4	5
17. 伤害（或妨碍）他人后，主动道歉	1	2	3	4	5
18. 和他人分享自己的零食或多余的食物	1	2	3	4	5
19. 体谅老师的感受	1	2	3	4	5
20. 当被要求时，马上停止说话	1	2	3	4	5
21. 主动帮其他同学捡起掉落的东西（如书本等）	1	2	3	4	5
22. 抓住机会称赞能力稍差点的同学	1	2	3	4	5
23. 对做错事的人表示同情	1	2	3	4	5
24. 安慰一个正在哭或难过的伙伴	1	2	3	4	5
25. 为生病的同学提供帮助	1	2	3	4	5
26. 班上有同学表现不错时，会鼓掌或微笑	1	2	3	4	5
27. 志愿清扫被其他人弄脏的地方	1	2	3	4	5
28. 主动为老师提供帮助（如拿书、擦黑板等）	1	2	3	4	5
29. 为班上同学的获奖感到高兴	1	2	3	4	5
30. 帮助他人避免陷入麻烦	1	2	3	4	5
31. 花时间陪伴那些感觉孤单的朋友或伙伴	1	2	3	4	5
32. 提醒同学上课不要讲话	1	2	3	4	5
33. 跟玩得好的朋友互相倾吐心事	1	2	3	4	5
34. 按照交通信号灯指示过马路	1	2	3	4	5
35. 为朋友保守秘密	1	2	3	4	5
36. 回报帮助过自己的人	1	2	3	4	5
37. 允许他人插队站在我前面（在超市、食堂）	1	2	3	4	5
38. 捡到东西（钱包、书本等）后还给失主	1	2	3	4	5
39. 与同学一起讨论解决一道难题	1	2	3	4	5
40. 向工作人员（在银行或超市）指出，他们少收了自己应付的钱	1	2	3	4	5

C2. 下列陈述描述的情形与你生活中的行为相符合的程度：

陈述	1 完全不符合	2 不太符合	3 说不清	4 比较符合	5 完全符合
1. 当有人看着我时，我会尽力帮助别人	1	2	3	4	5
2. 能安慰那些痛苦的人，对我来说是一件很愉快的事	1	2	3	4	5
3. 当周围有其他人时，我更愿意帮助那些需要帮助的人	1	2	3	4	5
4. 我认为，帮助他人最大的收获之一是，它让我在他人看来是个好人	1	2	3	4	5
5. 在他人面前，我会尽力帮助别人	1	2	3	4	5
6. 我倾向于帮助那些真正有困难的或需要帮助的人	1	2	3	4	5
7. 我毫不犹豫地帮助那些向我寻求帮助的人	1	2	3	4	5
8. 我喜欢匿名捐款	1	2	3	4	5
9. 我倾向于帮助受伤严重的人	1	2	3	4	5
10. 我特别喜欢帮助那些在情感上有烦恼的人	1	2	3	4	5
11. 在公众和媒体的聚焦下，我更愿意帮助他人	1	2	3	4	5
12. 对我来说，帮助那些处于困境的人是很容易的	1	2	3	4	5
13. 多数时候，我帮助别人，是在这些人也不知道是谁帮助了他们的情况下进行的	1	2	3	4	5
14. 因为我为慈善工作付出了不少时间和精力，所以我应该得到更多的认可	1	2	3	4	5
15. 当情境非常感人时，我更愿意帮助他人	1	2	3	4	5
16. 当别人向我寻求帮助时，我从未犹豫过	1	2	3	4	5
17. 我认为，匿名帮助他人是助人的最高境界	1	2	3	4	5
18. 做慈善工作最大的好处之一，是在履历上留下好的记录	1	2	3	4	5

续表

陈述	1 完全不符合	2 不太符合	3 说不清	4 比较符合	5 完全符合
19. 感人的情境使我愿意帮助那些需要帮助的人	1	2	3	4	5
20. 我经常匿名捐赠，因为这样让我觉得很舒服	1	2	3	4	5
21. 我觉得，如果我帮助他人，他们将来应该也会帮助我	1	2	3	4	5

C3. 上个学期，你有过下列行为吗？

行为	1 从不	2 有时	3 经常
1. 当有人打扰你时，你会对他们大喊大叫	1	2	3
2. 为了显示自己的"老大"地位，和他人打架	1	2	3
3. 被他人挑衅时，会有愤怒的反应	1	2	3
4. 拿其他学生的东西	1	2	3
5. 受挫时会生气	1	2	3
6. 为了好玩，破坏公共财物	1	2	3
7. 乱发脾气	1	2	3
8. 生气时，损坏东西	1	2	3
9. 为了显酷而参与打群架	1	2	3
10. 为了赢得比赛而伤害他人	1	2	3
11. 当事情没有按自己的意愿发展时，会生气或发狂	1	2	3
12. 使用武力迫使他人做你想让他做的事	1	2	3
13. 输掉了一场比赛，会生气或发狂	1	2	3
14. 受到他人威胁时，会生气	1	2	3
15. 用武力从他人手里获得财物	1	2	3
16. 打人或对他人吼叫后，心情舒服多了	1	2	3
17. 威胁或恐吓他人	1	2	3
18. 为了取乐，打下流（或猥亵）电话	1	2	3
19. 为了保护自己而打人	1	2	3
20. 结伙对付他人	1	2	3
21. 在打架中使用武器	1	2	3

续表

行为	1 从不	2 有时	3 经常
22. 被他人取笑时，会生气或发狂或打他们	1	2	3
23. 对他人吼叫，以让他们为你做事	1	2	3
24. 把同伴排挤出自己的交际圈	1	2	3
25. 散播有关同伴的谣言和八卦	1	2	3
26. 阻止一些孩子玩耍，或要求他们喜欢另一些同伴	1	2	3
27. 威胁同伴（如不再做朋友），以伤害他们或得到自己想要的东西	1	2	3
28. 忽视或不再喜欢某些同伴	1	2	3
29. 拒绝同伴提出的任何要求	1	2	3
30. 假装接近其他同伴，使自己的朋友难过	1	2	3
31. 让同伴不要接近自己或坐在自己的身边	1	2	3
32. 捂住耳朵，拒绝听同伴说话	1	2	3
33. 威胁同伴（如将他们做的坏事告诉老师），以伤害他们或得到自己想要的东西	1	2	3
34. 打或踢其他同伴	1	2	3
35. 挑起或参与一场同伴之间的打架	1	2	3
36. 以打或殴打的方式威胁其他小孩	1	2	3
37. 推搡同伴	1	2	3
38. 说谎	1	2	3
39. 遇到问题（或做错了事），喜欢责备别人	1	2	3
40. 喜欢独来独往	1	2	3

C4. 下列陈述描述的情形与你生活中的行为或倾向相符合的程度：

陈述	1 完全不符合	2 不太符合	3 说不清	4 比较符合	5 完全符合
1. 我喜欢帮助其他同学学习	1	2	3	4	5
2. 我喜欢与其他同学分享我的想法和东西	1	2	3	4	5
3. 我喜欢和其他同学合作	1	2	3	4	5
4. 我可以从其他同学那里学到一些重要的东西	1	2	3	4	5

续表

陈述	1 完全不符合	2 不太符合	3 说不清	4 比较符合	5 完全符合
5. 当我认为我的想法和东西对其他同学有帮助时,我会和他们分享	1	2	3	4	5
6. 同学之间可以互相学到很多重要的东西	1	2	3	4	5
7. 帮助他人学习对学生来说是个好的想法	1	2	3	4	5
8. 我希望自己做得(学得)比其他同学好	1	2	3	4	5
9. 我努力使自己的分数(成绩)比其他同学的高	1	2	3	4	5
10. 我想成为班上最好的学生	1	2	3	4	5
11. 我不希望成为第二名(只争第一)	1	2	3	4	5
12. 我喜欢和其他同学比赛,看谁做得最好	1	2	3	4	5
13. 和其他同学竞争时,我最快乐(在竞争中获得快乐)	1	2	3	4	5
14. 我喜欢"看谁做得最好"这样的挑战	1	2	3	4	5
15. 与其他同学比赛是一种好的学习方式	1	2	3	4	5
16. 在学校我不喜欢和其他同学合作(如学习)	1	2	3	4	5
17. 我喜欢和其他同学合作	1	2	3	4	5
18. 当我必须和其他同学合作时,这会打扰到我	1	2	3	4	5
19. 当我独自学习时,我做得更好	1	2	3	4	5
20. 当我靠自己完成一件事时,我能做得更好	1	2	3	4	5
21. 我宁愿独自一人做作业也不愿和其他同学一起做	1	2	3	4	5
22. 小组(一块)学习比独自学习更好	1	2	3	4	5

D. 交往与社会关系

D1. 下列陈述描述的情形与你父亲教育你的方式相一致吗？

陈述	1 完全不一致	2 不太一致	3 说不清	4 比较一致	5 完全一致
1. 经常以一种使我很难堪的方式对待我	1	2	3	4	5
2. 经常当着别人的面批评我	1	2	3	4	5
3. 即使是很小的过错，也惩罚我	1	2	3	4	5
4. 经常在我不知道原因的情况下对我大发脾气	1	2	3	4	5
5. 当我遇到不顺心的事时，尽量安慰我	1	2	3	4	5
6. 总是试图鼓励我	1	2	3	4	5
7. 抓住一切机会赞美我	1	2	3	4	5
8. 当我做的事取得成功时，父亲很为我自豪	1	2	3	4	5
9. 不允许做一些其他孩子可以做的事情，他害怕我出事	1	2	3	4	5
10. 我回到家里后，他要求我向他说明我在外面做了什么事	1	2	3	4	5
11. 对我该做什么、不该做什么都有严格的限制	1	2	3	4	5
12. 喜欢干涉我做的任何事情	1	2	3	4	5

D2. 下列陈述描述的情形与你母亲教育你的方式相一致吗？

陈述	1 完全不一致	2 不太一致	3 说不清	4 比较一致	5 完全一致
1. 经常以一种使我很难堪的方式对待我	1	2	3	4	5
2. 经常当着别人的面批评我	1	2	3	4	5
3. 即使是很小的过错，也惩罚我	1	2	3	4	5
4. 经常在我不知道原因的情况下对我大发脾气	1	2	3	4	5
5. 当我遇到不顺心的事时，尽量安慰我	1	2	3	4	5
6. 总是试图鼓励我	1	2	3	4	5

续表

陈述	1 完全不一致	2 不太一致	3 说不清	4 比较一致	5 完全一致
7. 抓住一切机会赞美我	1	2	3	4	5
8. 当我做的事取得成功时，母亲很为我自豪	1	2	3	4	5
9. 不允许做一些其他孩子可以做的事情，她害怕我出事	1	2	3	4	5
10. 我回到家里后，她要求我向她说明我在外面做了什么事	1	2	3	4	5
11. 对我该做什么、不该做什么都有严格的限制	1	2	3	4	5
12. 喜欢干涉我做的任何事情	1	2	3	4	5

D3. 请你根据上个学期的情况回答下列问题。

问题	1 是	2 说不清	3 否
1. 在学校交到新朋友对你来说容易吗？	1	2	3
2. 你在学校有其他伙伴可以交谈吗？	1	2	3
3. 你在学校善于和其他伙伴合作（共事）吗？	1	2	3
4. 在学校交朋友对你来说困难吗？	1	2	3
5. 你在学校有很多朋友吗？	1	2	3
6. 你在学校感到孤独吗？	1	2	3
7. 在你需要的时候，你能找到一个朋友吗？	1	2	3
8. 在学校让伙伴们喜欢你有困难吗？	1	2	3
9. 你在学校有伙伴可以一起玩耍吗？	1	2	3
10. 你在学校和其他伙伴相处融洽吗？	1	2	3
11. 你在学校有被排挤或冷落的感觉吗？	1	2	3
12. 当需要帮助时，你在学校是否有可以求助的伙伴？	1	2	3
13. 你在学校独来独往吗？	1	2	3
14. 在学校有伙伴喜欢你吗？	1	2	3
15. 你在学校有朋友吗？	1	2	3

D4. 下列陈述描述的情形与你相符合吗？

陈述	1 完全不符合	2 不太符合	3 说不清	4 比较符合	5 完全符合
1. 我做过一些使自己更受欢迎的事，即使这意味着我要做一些平常不会（或不愿）做的事	1	2	3	4	5
2. 有时为了让自己更受他人欢迎，我会无视另一些人	1	2	3	4	5
3. 我几乎会做任何事情以免自己看起来像个"失败者"	1	2	3	4	5
4. 让人们认为我是受欢迎的，这对我来说很重要	1	2	3	4	5
5. 我和某些人成为朋友，只是因为其他人喜欢他们	1	2	3	4	5
6. 在学校我经常和他人一起做事，只是为了受欢迎	1	2	3	4	5
7. 有时我会和一些人闲逛，这样其他人就不会认为我是不受欢迎的了	1	2	3	4	5
8. 如果老师要求我做某事，我通常会去做	1	2	3	4	5
9. 我通常会顺从父母的意愿	1	2	3	4	5
10. 即使我不赞同父母的意见，我通常也会按他们的要求去做	1	2	3	4	5
11. 我非常希望得到老师的赞许	1	2	3	4	5
12. 我非常希望得到父母的赞许	1	2	3	4	5
13. 我非常希望得到同学的认可	1	2	3	4	5
14. 我非常希望得到周围人的赞许	1	2	3	4	5

D5. 我们今天处在一个高度发达的大众传播媒介时代，各种动漫、影视作品层出不穷：有的以表现<u>爱国、奉献和助（救）人</u>为主题来感染人（如《离开雷锋的日子》），有的以展现<u>打斗、凶杀和暴力</u>的情节来吸引人（如《古惑仔》《真人游戏》等），还有的以<u>娱乐搞笑</u>的情节来娱乐人（使人轻松快乐）。请你就上面三类动漫、影视作品，<u>各列出 4 部你最熟悉的，并说说你平时观看这些影视片或玩这些动漫游戏的情况。</u>

作品名称	观看影视片或玩动漫游戏的次数		
	1. 听说过，但未看过	2. 一次	3. 一次以上
一、爱国、奉献和助（救）人类影视片			
作品1：_____	1	2	3
作品2：_____	1	2	3
作品3：_____	1	2	3
作品4：_____	1	2	3
二、打斗、凶杀和暴力类影视片或游戏			
作品1：_____	1	2	3
作品2：_____	1	2	3
作品3：_____	1	2	3
作品4：_____	1	2	3
三、娱乐搞笑类影视片			
作品1：_____	1	2	3
作品2：_____	1	2	3
作品3：_____	1	2	3
作品4：_____	1	2	3

D6. 你在家里或社区见到的下列现象多不多？

现象	1 很少	2 比较少	3 说不清	4 比较多	5 很多
1. 在社区或街上看到有人吵嘴、谩骂	1	2	3	4	5
2. 在社区或街上看到有人被殴打	1	2	3	4	5
3. 在社区或街上看到有人被打伤	1	2	3	4	5
4. 在社区或街上看到有人被逮捕	1	2	3	4	5
5. 在社区或街上某角落看到有人吸毒（毒品交易）	1	2	3	4	5
6. 看到父母之间吵嘴、谩骂	1	2	3	4	5
7. 看到父母之间打架（可能伴随受伤、流血）	1	2	3	4	5

D7. 你遭遇的下列现象多不多？

现象	1 很少	2 比较少	3 说不清	4 比较多	5 很多
1. 被人嘲笑	1	2	3	4	5

续表

现象	1 很少	2 比较少	3 说不清	4 比较多	5 很多
2. 被别人在背后说坏话	1	2	3	4	5
3. 被取外号	1	2	3	4	5
4. 被排挤出某同伴群体	1	2	3	4	5
5. 没人愿意跟我说话	1	2	3	4	5
6. 被散布谣言	1	2	3	4	5
6. 被戏弄	1	2	3	4	5
7. 被打（被攻击）	1	2	3	4	5
8. 被推（倒）	1	2	3	4	5
9. 自己的东西被别人破坏	1	2	3	4	5
10. 被威胁	1	2	3	4	5

访问到此结束，再次感谢你的合作与支持！

图书在版编目(CIP)数据

青少年的道德观念与道德行为：基于跨学科的实证分析/罗忠勇等著. -- 北京：社会科学文献出版社，2023.12
 ISBN 978-7-5228-2541-0

Ⅰ.①青… Ⅱ.①罗… Ⅲ.①道德-研究-青少年读物 Ⅳ.①B82-49

中国国家版本馆 CIP 数据核字（2023）第 184275 号

青少年的道德观念与道德行为
——基于跨学科的实证分析

著　　者 / 罗忠勇 等

出 版 人 / 冀祥德
责任编辑 / 胡庆英
文稿编辑 / 张真真
责任印制 / 王京美

出　　版 / 社会科学文献出版社·群学出版分社（010）59367002
　　　　　地址：北京市北三环中路甲29号院华龙大厦　邮编：100029
　　　　　网址：www.ssap.com.cn
发　　行 / 社会科学文献出版社（010）59367028
印　　装 / 三河市尚艺印装有限公司
规　　格 / 开　本：787mm×1092mm　1/16
　　　　　印　张：18.25　字　数：284千字
版　　次 / 2023年12月第1版　2023年12月第1次印刷
书　　号 / ISBN 978-7-5228-2541-0
定　　价 / 128.00元

读者服务电话：4008918866

版权所有 翻印必究